U0394223

纺织服装高等教育“十三五”部委级规划教材
高职高专服装设计专业系列教材

服装面料构成与应用（第二版）

FUZHUANGMIANLIAO GOUCHENGYUYINGYONG

缪秋菊　刘国联 主编

東華大學出版社
·上海·

内容提要

本书概述了各种服装的特征、分类、基本功能及其对面料的要求，分析了各种服装的面料选用原则、构成和应用准则，对各种服装用典型面料的种类和性能进行了较为详细的介绍，还提供了大量典型面料的实物照片。本书适合纺织服装产品设计、经营管理、生产的人员，以及相关专业学生学习与参考，也适合服装设计爱好者阅读。

图书在版编目(CIP)数据

服装面料构成与应用 / 缪秋菊，刘国联主编. —2版. —上海:东华大学出版社，2016.9

ISBN 978-7-5669-1120-9

Ⅰ. 服... Ⅱ. ①缪...②刘... Ⅲ. 服装面料—研究 Ⅳ. TS941.41

中国版本图书馆 CIP 数据核字(2016)第 192487 号

责任编辑 杜燕峰

封面设计 魏依东

服装面料构成与应用(第二版)

缪秋菊　刘国联　主编

东华大学出版社出版

(上海市延安西路 1882 号　邮政编码:200051)

新华书店上海发行所发行　句容市排印厂印刷

开本:787mm×1092mm　1/16　印张:11.75　字数:294 千字

2016 年 9 月第 2 版　2016 年 9 月第 1 次印刷

ISBN 978-7-5669-1120-9/TS·719

定价:29.00 元

前　言

面料与服装是密切相关的整体，为了提高纺织服装从业人员的面料相关知识、服装面料的设计、选用、应用能力，对于实施品牌推广与运作，提高我国纺织服装业的国际竞争力有着十分重要的意义。基于这样的目的，我们根据市场分析和企业调研，同时结合多年从事纺织服装产品与材料应用的教学总结，共同编写了此书。

本书概述了各种服装的特征、分类、基本功能及其对面料的要求，分析了各种服装的面料选用原则、构成和应用准则，对各种服装用的典型面料的种类和性能进行了较为详细的介绍，还提供了大量典型面料的实物照片。此次修订主要是结合本书前期发行与读者使用情况，根据原章节补充与完善了基础知识、正装、休闲装、礼服、外穿针织服装等方面的内容，同时每个原章节补充了相应的思考练习内容，以进一步使读者加深理解所学知识，特别是提高运用所学知识的能力。

本书由缪秋菊、刘国联担任主编。绪论由刘国联编写，第 1、第 3 章、第 8 章由缪秋菊编写，第 2 章由缪秋菊、徐超武编写，第 4 章、第 7 章由王海燕编写，第 5 章由王宇宏编写，第 6 章由缪秋菊、蒋秀翔编写，第 9 章由刘国联、邢小娟编写，第 10 章由刘国联、李硕编写。此次修订由缪秋菊负责并统稿。

本书在不断完善过程中，得到了作者所在单位与东华大学出版社领导和同行们的大力支持和帮助，在此表示真挚的谢意。同时，欢迎读者对本书不当之处批评指正。

作　者

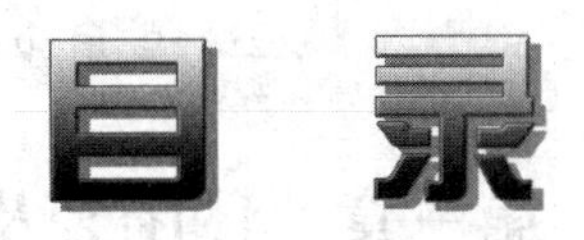

绪　论　1

一、服装面料概述　1

二、服装面料性能与服装设计　3

第一章　服装与面料构成的基础知识　4

第一节　服装构成的基础知识　4

一、服装的分类　4

二、服装的功能　5

三、服装的构成　7

第二节　面料构成的基础知识　11

一、服装用纤维材料的基本性能　11

二、服装面料的基本结构　17

三、面料的色彩与图案　22

四、面料开发趋势　24

五、面料性能与评价　26

六、面料风格　29

七、服装面料的识别　31

第二章　正装及其面料应用　33

第一节　正装概述　33

一、正装及其特征　33

二、正装的穿着礼仪　35

三、正装的变化　36

第二节　正装面料的构成与选用　37

一、面料种类　37

二、面料选用　39

三、常用面料 41

第三章 休闲装及其面料应用 54

第一节 休闲装概述 54
一、休闲装的种类 54
二、休闲装的特征 56
第二节 休闲装面料的构成与选用 58
一、常用休闲装面料的种类与特征 58
二、休闲装面料的选用 63
第三节 典型面料构成与特征 65
一、牛仔布 65
二、汗布 68
三、尼丝纺 70
四、闪光灯芯绒 70

第四章 运动装及其面料应用 72

第一节 概述 72
一、运动服装的种类 72
二、运动服装的服用特征 75
三、运动服装的功能性 76
第二节 运动装的面料构成与应用 78
一、面料构成 78
二、常用功能性面料的后加工整理及特征 81
三、常用面料及其发展趋势 82

第五章 内衣及其面料应用 86

第一节 内衣概述 86
一、内衣的种类 86
二、内衣的发展变化 88
三、内衣的特征 89
四、内衣的功能 89
五、内衣功能性的发展 91
第二节 内衣的面料构成与选用 93
一、内衣面料的选用原则 93
二、内衣及其面料的品质要求 94
三、内衣面料的种类与结构 95

四、内衣面料的风格特征 98
五、内衣面料的服用性能 101
第三节 典型面料构成与特征 103

第六章 礼服及其面料应用 108

第一节 礼服概述 108
一、礼服分类 108
二、礼服特点 110
三、礼服的功能 111
第二节 礼服的面料构成与选用 111
一、女士礼服用丝绸面料 112
二、其他面料 119
第三节 典型礼服及面料应用 122
一、婚礼服 122
二、女士晚礼服 123
三、燕尾服 123
四、中山装 124
五、中式礼服的代表——旗袍 124

第七章 外穿针织服装及其面料应用 127

第一节 外穿针织服装概述 127
一、外穿针织服装的种类 127
二、外穿针织服装的特性 129
三、外穿针织服装的发展趋势 130
第二节 外穿针织服装的面料构成与应用 131
一、外穿针织服装主要材料种类 131
二、外穿针织服装面料结构及其性能 132

第八章 儿童服装及其面料应用 137

第一节 儿童服装概述 137
一、儿童服装的种类 137
二、儿童服装的特点 139
第二节 儿童服装面料的选择 140
一、儿童服装面料的选择 140
二、儿童衣料颜色的选择 141
第三节 儿童服装的典型面料 142

一、斜纹类棉织物 142
二、起绒类棉织物 143
三、起绉类棉织物 144
四、人造棉面料 145
五、棉混纺面料 146
六、针织面料 146

第九章　功能性服装及其面料应用 150

第一节　功能性服装的种类与发展趋势 150
一、功能性服装的种类 150
二、功能性服装的发展趋势 150
第二节　功能性服装的主要功能 152
一、防护型服装 152
二、卫生保健功能性服装 153
三、舒适性服装 155
四、功能性服装的新发展 155
第三节　功能性服装的面料的构成与应用 156
一、舒适性服装面料 157
二、导电性纤维面料 159
三、防护型服装面料 159
四、智能型服装材料 164

第十章　生态服装及其面料应用 166

第一节　生态服装概述 166
一、生态服装的发展 166
二、生态服装面料的生产 167
三、生态服装必须具备的条件 168
四、生态服装的种类与功能 168
第二节　生态服装面料的构成与选用 170
一、生态服装面料的纤维原料选择 170
二、生态服装面料的加工方法选择 172
三、生态服装面料简介 173

参考文献 176

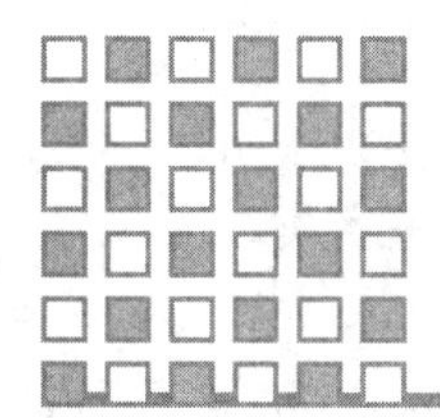

绪　论

随着新材料、新技术的发展，现代服装已经不仅仅是色彩图案的合理搭配、款式的美观新颖和做工的精细，更加重要的是服装面料的变化日新月异，使服装新产品令人目不暇接。如何根据消费者的个性和审美需求，了解各种服装面料的构成特征，合理选择性能风格各异的面料，设计出市场需求的服装产品，是每个纺织服装从业者的使命。

一、服装面料概述

服装面料是指用于作服装表层或主体的材料，面料的主要作用除满足服装服用性能的需要外，主要是满足穿着者的美观和感性需求。

（一）服装面料的功能

人们对服装的要求主要有美观性和实用性两个方面。随着信息化社会的发展，人们生活水平的提高，人们对服装的功能性要求已经远远超出保暖御寒的原始功能。人们要求服装具有表示个人身份地位的社交礼仪功能、满足自我审美需求的美观功能、保证人们生理需求的卫生性功能和活动舒适性功能，这就要求服装面料具有相应的功能，才能保证制成的服装满足人们的心理和生理需求。

（二）服装面料的分类

服装面料的种类可谓千变万化，数不胜数。可以按照面料的原料、功能性和加工方法进行分类。

1. 按照面料的原料特征分类

(1) 棉型面料——指具有棉布风格特征的面料。

(2) 毛型面料——指具有毛呢布料风格特征的面料。

(3) 麻型面料——指具有麻纤维布料风格特征的面料。

(4) 绸型面料——指具有丝绸风格特征的面料。

(5) 皮革面料——指具有皮革风格特征的面料。

2. 按照面料的功能性分类

对于具有某种特殊功能的面料，按照面料的功能性特征可以分为很多种。如远红外保暖面料、抗静电面料、透汽防水面料、阻燃面料等多种类型。

3. 按照面料的加工方式分类

按照加工方法的不同，面料可以分为机织面料、针织面料及非织造面料三大类。

(1) 机织面料

机织面料是由纵、横排列的两组丝线(纱线)按一定的规律上下交织而成。如府绸棉布、斜纹华达呢、传统品种的绸缎，绝大多数都是机织面料。

(2) 针织面料

针织面料是由一组丝线(纱线)相互串套成圈而成的织物，有经编与纬编两种。传统上针织面料主要用于内衣，如棉毛衫、羊毛衫等，近年来随内衣外穿化趋势的出现，针织面料用于外衣的越来越多，极大地丰富了服装种类。

(3) 非织造面料

非织造面料是用粘合法或针刺法等将纤维缠结为一体的织物。目前，这类织物在服装中主要还是用于衬料等，但是衬布的品种发展很快，性能也多种多样，使服装款式造型和制作质量得到很大提高。

(三) 服装面料的流行趋势

当前在舒适性和功能性成为服装主要要素的前提下，棉纤维运用相当广泛，麻类纤维的应用也呈上升趋势。休闲装面料大多采用基本组织结构，表面起绒或反面、双面起绒，手感柔软处理，水洗处理随处可见；衬衣面料普遍呈现光泽柔和、整洁、清新的风格；牛仔布和灯芯绒经久不衰。原料组合多用棉/羊毛、棉/低比例羊绒、棉/麻、亚麻/苎麻/大麻相互混合，差别化纤维如超细、异形、异收缩、复合纤维等应用越来越广泛，面料产品总体向多元化和高性能化方向发展。在织物组织结构上，简单的平纹组织、斜纹、人字纹均有诸多运用，基本组织的变化或配合条纹的运用能带来更为丰富的外观。后整理技术成为新型的设计手段，各种后整理方式创造出新的色彩效果和风格感觉。

随着人们生活质量的提高，对纺织产品的性能、花色、结构提出了新的要求，使各种混纺、交织技术得到了进一步的发展。近年来，2～3 种天然纤维的混纺、交织，或者天然纤维与化学纤维的混纺、交织，已被广泛采用。如棉/亚麻、黏/棉/涤三合一、麻/棉/涤三合一、棉/丙交织、棉/氨包芯交织、棉/Tencel、棉/Modal、锦/棉等，还有长绒棉/羊绒(30∶70)混纺纤维，有的还添加了部分水溶性维纶，提高了可纺性和附加值。据介绍，我国出口服装中，进口面料和来料加工面料占 55%左右，而进口面料中混纺、交织的面料约占其中的 50%以上。

21 世纪，随着科学技术的迅猛发展和人们生活质量的不断提高，人们越来越追求高档、舒适、环保并具有保健、保护功能的服装。近几年来，国内外对环保、功能性纺织品的研究和开发工作发展较快。在功能性方面，值得关注的有以下几方面：易护理，包括防缩抗皱整理、耐久压烫整理、聚氨酯整理、透明胶质整理和树脂整理等；与导电纤维混纺可获得抗静电功能；阻燃功能，包括与阻燃涤纶混纺或通过阻燃材料整理；利用 PTEF、PE、PU 膜着色涂层技术获得防水透湿功能；利用有机氟整理获得效果持久的防水防油功能等；另有抗菌功能、防紫外线功能、新型保温功能等。

总之，服装面料今后会重点向高档天然纤维面料、新型合成纤维面料和绿色环保面料、功能面料及高级精纺面料等方向发展。

二、服装面料性能与服装设计

（一）服装面料性能与服装款式设计

服装面料性能是服装款式设计的表征语言，是体现服装整体效果的关键因素。服装面料的塑型性、弹性、悬垂性等风格变化会表现出不同的服装整体效果，如粗糙意味着大气、粗犷，细密意味着精细、细腻，松软意味着舒适、随意，光滑意味着精美、华贵，闪光意味着前卫、华丽，轻薄意味着飘逸、柔软……。塑型性能好的面料，通常用于制作造型稳重、端庄、挺括的服装，如西服、套装、大衣等；而柔软蓬松的面料则适用于制作柔软飘逸的服装，如裙装、晚礼服等。同样款式和色彩的服装，面料构成不同穿着效果将会截然不同。

（二）服装面料性能与服装性能设计

设计不同场合、不同季节、不同年龄、不同性别以及不同职业、不同民族的服装时，所选择的面料是不同的。下面以不同季节的服装为例进行简要说明。

设计夏装时，应选择轻薄、柔软、吸湿性好、透湿快、颜色淡雅、具有良好透气性的面料。例如密度小、表面粗糙、弹性好的纯棉、苎麻和真丝针织面料，适合制作夏季T恤、背心等服装，穿起来具有吸湿透气、柔软舒适等特点。夏季外衣面料则应该选择轻薄的纯棉、苎麻、真丝和混纺的机织面料。

设计冬季外穿服装时，应选择透气性小、密度大的机织面料，服装中应尽可能多地含有静止空气，以达到保暖的目的。一般可选择毛呢类、毛皮类，或者选择羽绒、驼毛和鸭绒等保暖性材料制成羽绒服类服装。

春秋季服装的面料选择范围较大，气候适宜使人们的着装变化多样，各类机织面料和针织面料都可选用。如男士西装可选择中厚或薄型呢绒面料，衬衫可选择细支纱的纯棉或混纺机织面料，牛仔装等则选择较厚实的纯棉斜纹布；衬衫、茄克衫等在款式上可以选择收紧袖口、腰部等，风衣还可以设计可束可放的腰带，使身体上部形成没有对流的封闭空间，有利于保暖。

服装面料和服装新产品设计开发的目的都是为了满足穿着者的审美需求和服用性能需求。现代服装产品设计中，面料选择的正确与否成为服装产品设计成败的关键因素。这是因为随着现代科学技术的发展，各种新型面料不断出现，传统的天然纤维面料也因为高科技的应用不断变化其面孔。同时，服装款式的设计经过数代设计师的努力，几乎已接近完美。因此，面对越来越追求个性化和感性需求的市场，服装业人士对不断变化的服装及其面料的了解和正确选用就更为重要了。

思考与练习

1. 服装面料如何分类？
2. 简述服装与面料两者之间的关系。
3. 面料性能对服装设计有何影响？
4. 调研与分析服装面料的流行趋势。

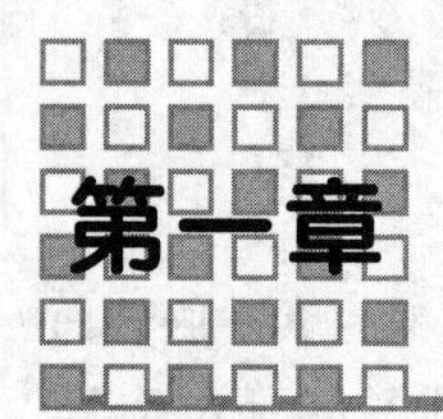

服装与面料构成的基础知识

第一节　服装构成的基础知识

一、服装的分类

服装的种类很多，由于服装的基本形态、品种、用途、制作方法、原材料的不同，各类服装亦表现出不同的风格与特色，可谓变化万千，十分丰富。服装的分类可以按照服装的起源、服装的造型、服装的形态、气候与环境、结构形式、服装特性、着装顺序、民族种类、特种服装、着装场合等情况分类。不同的分类方法，导致人们平时对服装的称谓也不同。按服装的用途、组合、材料、加工方法的不同，一般有以下几类：

（一）按服装穿着组合分类

1. 整件装：上下两部分相连的服装，如连衣裙等，因上装与下装相连，服装整体型态感强。

2. 套装：上衣与下装分开的衣着形式，有两件套、三件套、四件套。

3. 外套：穿在衣服最外层，有大衣、风衣、雨衣、披风等。

4. 背心：穿至上半身的无袖服装，通常短至腰、臀之间，为略贴身的造型。

5. 裙：遮盖下半身用的服装，有一步裙、A 字裙、圆台裙、裙裤等。

6. 裤：从腰部向下至臀部后分为裤腿的衣着形式，穿着行动方便，有长裤、短裤、中裤。

（二）按服装用途分类

分为内衣和外衣两大类。内衣紧贴人体，起护体、保暖、整形的作用。外衣则由于穿着场所不同，用途各异，品种类别很多，又可分为社交服、日常服、职业服、运动服、室内服、舞台服等。

1. 生活服装：便装或便服，即日常生活中穿着的服装，包括男女老少、春夏秋冬、里里外外所穿的服装。

2. 制式服装：简称制服，是按照统一制式设计和制作的服装，供专门人员穿着。

3. 工作服装:指按照不同工种的需要予以专门选料和设计的,具有劳动防护和标识作用的服装。

4. 礼仪服装:简称礼服,是指专门用于出访、迎宾等各种正式礼仪活动所穿的服装。

5. 运动服装:又称体育服装或竞技服装。

6. 舞台服装:是指文艺演出时所穿着的服装总称。

7. 特种服装:凡具有特殊用途的服装便称为特种服装。

(三) 按服装面料与工艺分类

按服装面料与工艺可将服装分为:呢绒服装、丝绸服装、棉布服装、毛皮服装、针织服装、羽绒服装、刺绣服装、编结服装、裘皮服装、化纤服装等。

(四) 按服装穿着对象分类

年龄:成人服(青年服、中年服、老年服)、儿童服(婴儿服、幼儿服、少年服);

性别:男服、女服、中性服。

(五) 按服装穿着季节分类

1. 春秋装:春秋穿着的服装衣料应比夏季服装厚、比冬季服装薄,春装的色彩可以鲜艳多彩一些,秋装则稍微暗沉一些为宜。

2. 夏装:夏季服装衣料要求轻薄、柔软、透气性和吸湿性好,色调宜淡雅清秀,应选择丝绸、棉或麻织物。

3. 冬装:对于冬装,在选料和配色方面与夏季服装应相反。

(六) 按民族分类

按民族不同分类,主要有西式服装、中式服装、民族服装、民俗服装。

二、服装的功能

人类的着装行为具有多重意义,这就形成了人类生活的各种目的和需求,也就产生了服装的各种机能和作用,服装的诸多机能在人类漫长的发展历程中,随着文明的进展和文化形态的变迁,不断得以发展和丰富,从而形成了今天复杂多样的衣生活形态。

人类的生存需求可归纳为面对严酷的自然环境而保存自身的生理需求以及面对复杂的社会环境表现自己、扩张自己、改变自己的心理需求。服装的功能也可以归纳为生理与心理两个方面,前者是人类在自然环境中生存所必需的,后者是人类作为社会人为适应人文环境而必需的,换句话说,服装的功能可以分为自然功能和社会功能两大类。具体表现在服装的实用、美化、遮羞、象征和经济等功能。

(一) 服装的实用功能

实用功能是服装的首要功能,也是基本功能,它是指服装对人体的保温、保护和适应肢体活动的生理性功能。具体包括三个方面:

1. 御寒隔热,适应气候变化

与人类着装有关的气候要素有温度、湿度、风、辐射、雨雪等,其中气温与人体表面散热有着极为密切的关系。气候有冷热寒暑之别,季节有春夏秋冬之分。人类为了适应气候的变化,服装也就有春夏秋冬的不同。根据不同的气候、气温,人们分别选择不同的服装以适应其变化。

2. 保护皮肤清洁，有利于身体健康

人体正常的新陈代谢作用会不断排泄汗液等分泌物，人们生活或工作在自然界里，尘埃和病菌会污染人的皮肤。服装则起到了隔离尘埃和病菌并不断吸收分泌物的作用。

3. 遮蔽人体，不受伤害

通过衣物来保护人的肉体不受外物伤害是服装狭义上的护身功能，它可以分为对自然物象的防护和对人工物象的防护，前者除了对自然气候的适应外，还有对人类接触外物时肌体遭到碰撞、摩擦引起的伤害和其他动物攻击的防护。由于人类进化而失去体毛，也就是失去了具有防护功能的动物的皮肤，因此，包裹在人体皮肤之外的这个保护层——衣物就责无旁贷地充当着动物的皮肤的防护职责和功能。一些针对来自人造环境伤害的防护服就应运而生，如劳动保护、体育保护、战争保护和日常保护服等。

总之，服装的实用功能就是保护人体不受伤害，满足人们参加各类活动时的穿着需要。进一步讲，人们穿着服装是为了征服自然、改造客观世界、促进人类社会不断地发展和进步。

（二）服装的美化功能

服装的起源学说有美化一说。俗话说，佛靠金装，人靠衣装，三分长相，七分打扮。这些均体现了服装的美化作用。

服装的审美包含两个方面的含义：一方面是衣物本身的材质美、制作工艺美和造型美；另一方面是着装后衣与人浑然一体、高度统一而形成的某种状态美。只有当这两方面的内容相互协调，高度统一时，才可能形成服装的美化功能。

1. 适体美观，给人以美的享受

服装的穿着是一门美化人体的艺术，能为人体增光添彩。尤其是现代服装非常重视人体某些部位的突出与表现，结合穿着者的年龄、体型、性别、性格、肤色等，使服装与人体协调、和谐，从而带来美感。

2. 修饰人体体型，弥补体型不足

人体体型存在差异与不足，可以在服装设计、制作与穿着过程中加以弥补与改善。

（三）服装的遮羞功能

以人类社会的伦理道德为基准，把人体的某些部位遮掩起来，这是人类特有的羞耻心，是人类文明的一种表现。盖哪个部位、遮盖到什么程度等，因不同时期、不同地区而不同。因此可以说，服装的遮羞功能实际上是使人们心理上得到平衡的具体表现。

1. 不同时期的不同要求

服装的遮羞功能与社会的礼仪习俗和意识形态密切相关。如亚马逊丛林中苏亚部落的妇女，一点也不因裸体感到羞耻，但是如果被外人看到唇盘不在应在的位置，才会感到难堪。

2. 逐步发展和完善

服装的遮盖开始只是遮盖男女的性器官，体现了人类本能的直接需要，带有原始的朴实色彩。随着人类文明的进步，文化艺术素养的提高，服装遮盖功能逐步发展变化。

3. 穿着不当时的羞涩心理

服装穿着如果不合时宜、不合场合，穿着者也会产生羞涩心理，即一种不和谐的现象。一位旅行家曾记述过这样一件事：在巴西穆卡拉的一家印度小茅屋里，女人们几乎不穿任何衣服，但这些心地纯真的妇女们根本没有觉得不好意思，其中一个穿着短上衣的，却显得格外触眼，反倒像做了什么见不得人的事一样感到羞愧难当，因为她的着装不适合当时场合。

三、服装的构成

服装的构成包括服装的款式造型、色彩、材料质地和工艺制作等因素，这些构成因素是多方面的、相互联系相互作用的整体。

（一）款式造型

服装设计是人类通过服装来表现他们对时代精神、物质、科学、技术、文化、审美的理解和应用。服装设计的对象是人，不仅满足人们保护自我、表现自我、标志自我的需要，且美化、装饰人体，通过选用一定的材料，运用一定的技法来完成具有特定功能的服装款式。

服装的款式千变万化、丰富多彩，无论多么复杂的服装造型都是由服装造型要素组成的。服装造型设计是运用美的形式法则将服装造型要素运用在实际的设计中。

1. 服装造型要素

服装属于艺术设计和产品设计的范畴，其构成元素与艺术设计的构成元素有许多共同之处，服装造型也是由点、线、面、体、材质和肌理等要素构成，这些要素在服装设计上既有其各自的独立个性，又是无法分割的整体，它们相互作用、相互关联。

2. 服装廓形

服装廓形是对服装总体概括之后形成的外观。廓形是千变万化的，指衣服与人体结合以后，其整体外轮廓在逆光下所呈现的形态。它表示对立体形态的服装进行抽象概括后形成的服装外轮廓线所具有的特征。如一件窄肩阔摆无收腰的大衣，其廓形可以概括为“A”形；宽肩、阔摆、收腰的大衣，其廓形可以概括为“X”型。服装的廓形不仅表现了服装的造型风格，而且是服装设计中表达人体美的主要因素，尤其是对腰、臀等人体主要部位的夸张和强调，更加突出人体美。

3. 服装部件

服装造型设计作为一种视觉形态，除廓形外，还有其各个局部的组合设计，包括使服装产生立体感的收省、分割，达到宽松目的的余量设计、褶饰设计，体现活泼幽雅的波浪设计，饰带设计，滚边设计，饰品设计，以及钮扣、口袋、领形、袖形、门襟设计等。这些局部的组合设计实现了服装局部与整体的统一与协调。

（二）色彩构成

服装构成的三要素（造型、色彩和材质）中，色彩是最生动、最醒目的要素。

1. 服装的配色

在生活中，从穿衣配饰到家居环境，无时无刻不存在着配色问题。是否能够灵活巧妙地运用色彩，取决于配色的调合与统一。例如，明度配色是服装中不同明暗程度的色彩组合、配置的一种方法。好的明度配色使色彩的立体感、空间感、层次感得以凸现。明亮的颜色，给人以轻感、软感、冷感、弱感、明快感、兴奋感、华丽感；深暗的颜色，则给人以重感、硬感、暖感、强感、忧郁感、沉静感、质朴感。色彩的组合能形成明度调性与对比差。如果服装色彩中的明度差异大，则会出现一种动的活跃感；如果服装中色彩的明度差异小，则会出现静而柔弱感。

2. 服饰色彩的象征作用

服装能反映一个时代的特点、文化、社会环境等等，色彩亦是如此，不同的社会赋予了色彩不同的含义。自古以来，无论是东西方，色彩都是民族和身份的象征，没有人能抹煞这一点。掌握色彩的象征意义是服装色彩学不可或缺的功课。服饰色彩的象征性是由于人们的习惯、风俗和国家、民族、宗教的需要，而给某种颜色赋予特定的含义。这也就是为什么色彩会折射出时代特性的原因。

（三）材料质地

构成服装的材料很多，就材料的作用而言，以服装面料为主要材料，其他材料称为辅助材料。而服装面料的组成主要是纤维制品。由于纺织纤维的种类不同，纤维性能不同，所构成的面料质地差异很大。

面料质地指纤维、纱线织成的面料纹理结构和性质，包括面料的软硬、厚薄、轻重、粗细、光泽等，不同纤维构成的面料，其质地也随之不同。有人将面料比作服装的皮肤，可见面料的质地直接影响人们对服装美感的认知。

常见的服装面料种类以及特性如下：

1. 棉织物

棉织物由天然棉纤维纺织而成，具有良好的吸湿性、透气性，穿着柔软舒适，保暖性好，服用性能优良，染色性能好，色泽鲜艳，色谱齐全，耐碱性强，耐热性和耐光性能较好，弹性较差，容易褶皱，易生霉，但抗虫蛀。

棉织物是最理想的内衣面料，也是价廉物美的大众外衣面料。常见的棉纤维面料有：平纹结构的平纹布、府绸、麻纱；斜纹结构的斜纹布、卡其、华达呢、哔叽；缎纹结构的横贡缎、直贡缎；色织面料有毛蓝布、劳动布、牛津布、条格布、线呢；起绒类面料有绒布、灯芯绒、平绒；起皱类面料有泡泡纱、绉布等。其中府绸是棉布中兼有丝绸风格的高档品种，是较好的衬衫面料。它用 20 tex 以上的棉纱织成，织物组织为平纹，经密大于纬密近一倍，绸面光洁，手感滑爽，面料挺括，光泽丰润。

2. 麻织物

由麻纤维纱线织成的织物称为麻织物。目前主要采用的麻纤维有亚麻、苎麻等。麻织物的共同特点是结实、粗犷、凉爽、吸湿性好，但抗皱性差。适合加工夏季服装。

代表品种有土法生产的苎麻布——夏布、苎麻布、亚麻布等。其中苎麻细纺以及亚麻细纺织物具有细密、轻薄、挺括、滑爽、透气的风格特征，价格介于棉织物与丝绸织物之间，产品很受人们的喜爱。同时，利用麻与其他纤维混纺或交织的麻型织物，在服用性能方面提高显著，产品既可以制作高档的时装也可以制作自然朴实的休闲服装。在人们越来越注重服装以及面料的环保、舒适性的今天，麻类织物必将越来越受到消费者的追崇。

3. 丝绸织物

以桑蚕丝为代表的丝绸织物是天然纤维织物中的精华，色彩艳丽、富丽堂皇，是纺织品中的佼佼者。主要特点为色彩纯正、光泽柔和、手感凉爽光滑，质地富有弹性、有丝鸣，服用舒适，不易产生皮肤过敏。品种有双绉、真丝缎、电力纺等。丝绸织物还包括以柞蚕丝、绢纺丝为原料加工的面料，柞蚕丝面料的特点是色彩较暗，外观较桑丝面料粗犷些，服用舒适，牢度较大，富有弹性，易产生水渍；绢纺丝是将真丝切断后纺纱而成的短纤维制品，其面料一般采用平纹组织结构，面料光泽柔和、手感柔软、富有弹性，穿着舒适、吸湿性好，易泛黄、起毛。其他还有以蚕丝为主以及蚕丝与化纤长丝交织而成的面料。

4. 毛织物

毛织物的应用范围较广，主要适合加工春秋装和冬季服装。毛织物的原料有羊毛、兔毛、骆驼毛、人造毛等，其中以羊毛为主要原料。毛织物弹性好，挺括抗皱，耐磨耐穿，保暖性强，舒适美观，色彩纯正。

毛织物一般根据织物加工工艺的不同分为精纺呢绒和粗纺呢绒两类。粗纺呢绒由粗梳毛纱织成。粗梳毛纱是采用品质支数较低的羊毛或等级毛，通过粗梳整理纺成具有一定粗细的纱，一般为单股纱。粗梳毛纱的毛纤维长短、粗细不匀，而且没有完全平行伸直，所以毛纱外表有许多长短不齐的毛羽，纱支较粗，织成的织物粗厚，正反面都有一层绒毛，织纹不显露，保暖性极好，而且结实耐用耐脏。主要产品有：银枪大衣呢、拷花大衣呢、麦尔登、制服呢、女式呢、法兰绒、粗花呢、大众呢等。其中麦尔登是高档粗纺产品之一，织物表面经重缩绒处理，属于匹染织物，其特点是呢面丰满，细洁平整，光泽好，质地挺实，富有弹性，表面不起球、不露底，是粗纺呢绒中最畅销的品种，多用于男女大衣面料。

精纺呢绒由精梳毛纱织成。精梳毛纱是采用品质支数较高的羊毛，经加捻合股成线再进行纺织。精纺呢绒质地紧密，呢面平整光洁，织纹清晰，色泽纯真柔和，手感丰满而富有弹性，耐磨耐用。代表品种有：凡立丁、派力司、哔叽、华达呢、花呢、啥味呢、板丝呢、贡呢、马裤呢、女衣呢等。其中派力司由混色精梳毛纱织制而成，纱支较细，采用平纹组织，重量轻，是精纺呢绒中重量最轻的一个品种，表面具有雨丝条状花纹。

5. 化学纤维面料

由人造纤维和合成纤维组成的化学纤维，其应用近年来呈明显上升势头，化学纤维面料是纺织品中的一个大类。

黏胶纤维是人造纤维中使用较多的一种，根据纤维的长短可分成棉型、毛型、中长型、丝绸型。其主要品种有：棉型黏胶纤维面料有人造棉、黏/棉平布(黏胶短纤维为人棉)；中长型与毛型黏胶纤维面料有黏/锦华达呢、哔叽；长丝或交织面料包括人造有光纺、无光纺、富春纺、美丽绸、文尚葛、羽纱。

由于合成纤维成本低、产量大，研究由合成纤维所构成的面料已经成为服装面料开发的主要途径，目前市场上主要以涤纶、锦纶、腈纶、氨纶纤维等加工的面料为主，人们正在不断地通过各种工艺条件改善合成纤维面料的服用性能与外观。

总体而言，合成纤维面料的优点主要表现为强度大、结实耐穿、缩水率小、易洗涤、易干燥、易保管，缺点是透气性和透湿性差。应用最广泛的涤纶纤维面料具有以下特点：

(1) 挺括、抗皱、尺寸稳定性好；

(2) 易洗易干，具有洗可穿性；

(3) 不霉不蛀，易保管，牢度大，耐穿；

(4) 吸湿性差，透气性差，舒适感差；

(5) 容易起毛起球，吸灰、产生静电。

为了改善涤纶面料的服用性能，在纤维加工时可采用多种措施，如细旦化、混纤化、接枝、交织、异形化等，使涤纶面料的吸湿性、悬垂性增加，手感柔软、抗静电；或者将合成纤维与其他天然纤维、人造纤维混纺，取长补短，以达到良好的服用性能。涤纶纤维的面料品种很多，有棉型、中长型、毛型、长丝型等，形成织物品种繁多，如涤/棉混纺织物、涤/棉府绸、麻纱、泡泡纱、混纺巴拿马、仿麻织物、低弹仿毛织物、涤/粘混纺织物、涤/晴混纺织物、涤纶轧光、轧花、涤/麻混纺、涤/毛混纺，特纶皱、涤丝皱、涤爽绸、华春纺等。

采用超细纤维的差别化涤纶新产品有：

(1) 仿桃皮绒织物：用超细涤纤为原料，经过织造、后处理和磨毛处理而成，表面具有细微、均匀、浓密的茸毛，似桃皮效应，手感柔软，丰满细腻，有弹性。

(2) 仿真丝织物：采用超细涤纶长丝或多种不同性能与品质的单丝混合而成。

(3) 仿毛产品：采用差别化纤维制织而成，将两种纺丝液从同一喷丝头的不同喷丝孔喷出，染色加工后可得到异色长丝，制成仿毛产品具有很好的异色效应。

(4) 仿麻产品：采用超细涤纶纤维制织而成。

6. 针织面料

近年来针织面料的需求量不断增加。针织面料的特点主要有：

(1) 外观性：针织物的线圈容易产生歪斜，用针织面料生产的服装稳定性较差，不够挺括，但近年来运用涤纶纤维使外观得到改善。

(2) 舒适性：针织物结构中存在较大的空隙，有较大的变形能力，具有伸缩性、柔软性、吸湿透气性好等特点，运动自如，与相同面密度的机织物比较，针织物的舒适性更好。

(3) 耐用性：结构松，易磨损，强度小，线圈容易脱散，其耐用性差。

针织面料按照用途可以分成内衣面料和外衣面料两种。对于内衣面料，其特点为合身随体、有弹性、舒适、运动方便、柔软性好、吸湿透气性好、防皱性能好、织物易脱散，尺寸稳定性差，易勾丝、起毛起球。品种有纬平针、网眼面料、双罗纹、单罗纹和起绒等。

对于外衣面料，其特点为坚牢耐磨、缩水率小、易洗、富有弹性。主要产品有：合纤、天然面料，色织、印花等，乔其纱面料、天鹅绒，以及混纺和交织面料。

7. 裘皮与皮革面料

动物的毛皮经加工处理可成为珍贵的服装材料，如裘皮与皮革。裘皮以动物皮带毛鞣制而成，皮革是由动物毛皮经加工处理而成的光面皮板或绒面皮扳。

毛皮为直接从动物身上剥下的生皮。经浸水、洗涤、去肉、毛皮脱脂、浸酸软化后，对毛皮进行鞣制加工，并经过染色处理，即可获得较为理想的毛皮制品，柔软，防水，不易腐烂，无异味。

一般将裘皮分为小毛细皮：毛短而珍贵，如紫貂皮、水獭皮、黄狼皮等；大毛细皮：毛长而价格较贵的毛皮，如狐皮、猞猁皮等；粗毛皮：毛较长的中档毛皮，有羊皮、虎皮、狼皮、獾皮、豹皮等；杂毛皮：皮质差、产量高的低档毛皮，如狸猫皮、兔子皮等。

皮革为动物光面皮或绒面皮，是毛皮经鞣制去毛后的制品，具有较好柔韧性及透气性，且不易腐烂，主要有猪皮革、羊皮革、牛皮革、马皮革、麂皮革等。

人造毛皮的加工主要采用超细纤维（如涤纶）来仿制麂皮等皮革制品。将聚氯乙烯树脂涂于底布，织物通透性差，遇冷硬挺；将聚氨酯树脂涂于底布，织物吸湿、通透性有所改善，较为接近羊皮革。

（四）工艺制作

服装制作是将服装的理想设计转化为现实成果的具体途径，是服装款式造型构成的重要因素之一，是实现服装设计的依据和保证。

服装制作的形式有两种：一种是单件制作；一种是成批的流水生产。服装制作的过程，这里介绍成批流水生产时的过程，一般有裁剪、缝纫、整烫三大环节。

1. 服装制图与裁剪

服装制图又称服装结构设计，具体包括平面裁剪和立体裁剪两类。服装裁剪一般指平面裁剪，主要根据服装的式样要求，在衣料或纸上进行展开，分解成平面的衣片制图，这种制图俗称裁剪图。然后再按要求进行裁剪，把整幅的衣料裁剪成衣片。

服装裁剪除严格按照服装裁剪图进行裁剪外，还需掌握衣料识别、材料整理、合理排料等知识。裁剪水平的高低，不仅直接影响服装的内在质量和外观质量，而且与节约服装用料和降低成本有着密切关系。

2. 服装缝纫

服装缝纫是服装制作过程中的主要环节，是一个承上启下的过程，通过缝纫制作将裁剪好的各个衣片缝合在一起，使服装基本成形，实现服装设计者的意图。对于不同的服装品种、造型、材料，其缝制工艺和要求也有差异。

3. 服装整烫

将缝制成的服装进行整理熨烫，使服装平整、挺括，同时弥补缝制过程中的不足，使服装式样得以定型。服装整烫对服装的外观效果具有直接影响。

总之，服装构成中的材料质地、视觉设计、工艺制作等因素是相互联系、相互制约、缺一不可的整体。美观舒适的服装必须以理想的材料、精致的工艺作为基础，同样，具有舒适功能性的材料也一定通过独特的服装设计才能得到体现，最后以服装的形式将影响其构成的各个因素有机、完美地展示。

第二节　面料构成的基础知识

面料是服装制作的主要材料，它由各种各样的原料组成，目前用于服装面料的主要是纤维材料。服装设计与制作要取得良好的效果，必须充分发挥面料的性能和特色，使面料特点与服装造型、风格完美结合，相得益彰。因此了解不同面料的外观和性能，如织纹、图案、塑形性、悬垂性以及保暖性等等，是做好服装设计的基本前提。认真学习服装用纤维材料的基本知识，掌握纤维纺纱性能与织物交织结构，有助于正确理解和运用不同类型的服装面料，使面料特征在服装中最大限度地发挥。

一、服装用纤维材料的基本性能

服装面料中使用的纺织纤维主要包括天然纤维和化学纤维两大类。

(一) 天然纤维

1. 棉纤维

棉纤维属于植物纤维，也称纤维素纤维。棉纤维的截面，由外向内，主要由初生层、次生层和中腔三部分组成。棉纤维的外观呈细长、色白、自然卷曲状态。棉纤维的种类有细绒棉

(陆地棉)、长绒棉(海岛棉)、粗绒棉。

棉纤维的性能特征为:

(1) 强度:强度比羊毛高,比麻纤维、丝纤维低;

(2) 弹性:弹性差,织物易起皱且不容易恢复;

(3) 吸湿性:由于棉纤维为多孔性材料,吸湿性较好,但易霉变;

(4) 保暖性:为热的不良导体,保暖性好;

(5) 导电性:不易导电,是电的不良导体;

(6) 耐酸碱性:耐碱性能比耐酸性能好;

(7) 耐热性:100 摄氏度以下时强度不受影响,120~125 摄氏度时纤维变黄、强度下降、炭化,超过 150 摄氏度时纤维分解;

(8) 其他性能:耐光性差,遇氧化剂,强度下降,纤维发脆变硬。

2. 毛纤维

毛纤维的种类很多,主要来源于动物的身体,有绵羊毛、山羊毛、山羊绒、骆驼毛、牦牛毛、兔毛、鹿绒等。纺织用毛纤维主要是绵羊毛,通称羊毛,它的产地遍及全世界,其中以澳洲的羊毛最细、质量最好,我国以新疆产的绵羊毛质量最好。

羊毛纤维由多种氨基酸组成,外观有自然波曲状,呈白色或乳白色。羊毛的纵向表面呈鳞片状覆盖;细羊毛截面近似圆形、粗羊毛截面呈椭圆形。羊毛的截面结构由外向内由鳞片层(表皮层)、皮质层、髓质层三部分组成。

羊毛纤维的主要性能有:

(1) 外观:具有天然卷曲,表面有鳞片,抱合性好;

(2) 强度:比棉纤维差;

(3) 弹性:弹性回复能力好;

(4) 缩绒性:是羊毛纤维的突出特性之一,由羊毛表面的鳞片结构使其制品中的毛纤维在摩擦过程中彼此纠缠所致;

(5) 保暖性:优于其他纤维,是冬季保暖御寒的佳品;

(6) 吸湿与通透性:两者均较好,其原因来自于纤维本身;

(7) 耐热性:较差,在 100~105 度时纤维泛黄发硬;

(8) 耐酸碱性:耐酸不耐碱,碱对其具有腐蚀作用;

(9) 耐光性:较差,日照时间长,纤维变黄,强力下降。

3. 丝纤维

蚕丝是由两根丝素和包覆在外面的丝胶所组成的。经过缫丝,数根合并后制成生丝,生丝含有丝胶,手感硬,光泽差,脱胶后的蚕丝称为熟丝,光泽优良,柔软平滑。

蚕丝按放养的方式不同分为家蚕(即桑蚕)丝和野蚕(即柞蚕)丝等。蚕丝的横截面呈不规则椭圆形,除去丝胶后呈三角形。蚕丝的纵面比较平直光滑,没有除去丝胶的茧丝表面带有丝胶瘤节。桑蚕丝主要性能有:

(1) 外观:质轻、细腻、光滑、柔软;

(2) 吸湿性:较好,在标准大气条件下回潮率达 11%;

(3) 强力:较好,3.0~3.5 cN/dtex,湿态时强力有所下降;

(4) 耐光性：蚕丝以其优雅美丽的光泽驰名世界，但耐光性差，在日照下蚕丝容易泛黄使其强力下降；

(5) 耐酸碱性：蚕丝纤维的分子结构中，酸性基团的含量大于碱性基团，因此蚕丝纤维的耐酸性大于耐碱性。

柞蚕为人工放养在柞树上的一种野蚕，其外形呈椭圆形。柞蚕丝含84%左右的丝素、12%左右的丝胶和3%～5%的非蛋白质物质，这些非蛋白质与丝胶合成难溶物，使其对水的渗透力差。柞蚕丝与桑蚕丝一样，由数根茧丝相互并列，靠丝胶粘合而成，由于柞蚕丝扁平，加上缫丝过程中的张力、摩擦力较大，所以柞蚕丝大多呈扁平带状。柞蚕丝具有天然的淡黄色，化学性能较桑蚕丝稳定，光泽柔和，吸湿透气性能好，但湿态下变形严重，织物保形性差。

以养蚕、缫丝、丝织生产中产生的病疵茧、废丝为原料加工而成的短纤维纱线称作绢丝。绢丝的强力、伸长率略低于生丝，吸湿性、耐热性和化学性能与生丝接近，光泽和染色性也不同于生丝。

4. 麻纤维

麻纤维有茎纤维与叶纤维两类，其中茎纤维使用的较多。麻纤维的种类很多，纺织上使用的有亚麻、苎麻、黄麻、大麻、剑麻等，其中亚麻和苎麻的品质较优，均可制织服用织物。

麻纤维的主要组成物质是纤维素，但纤维素的含量比棉纤维少，除纤维素外，还有木质素、果胶、脂肪及蜡质、灰分和糖类物质。麻纤维的纤维较长，粗糙且粗细不匀，纤维纤度比棉纤维大。麻纤维的横截面总体来说为不规则圆形，纵向大都较平直、有横节、竖纹。其主要性能有：

(1) 吸湿性：麻纤维的吸湿能力比棉强，标准回潮率为14%；

(2) 强度：棉、毛、丝、麻这四种天然纤维中，麻纤维的强度最大；

(3) 伸长率：弹性差，伸长率是天然纤维中最小的；

(4) 柔软性：手感粗硬、刚性大、不柔软；

(5) 耐酸碱性：与棉纤维相同，即耐碱不耐酸。

(二) 化学纤维

1. 人造纤维

人造纤维的生产是从蚕吐丝中得到的启发。它的生产已有八十多年的历史，目前，主要有黏胶纤维、醋酯纤维、铜氨纤维等，我国主要生产黏胶纤维。

黏胶纤维以天然纤维素(棉短绒、木材、芦苇)为原料，经过碱化生成碱纤维素，再与二硫化碳作用生成纤维素黄酸酯，溶解于稀碱溶液中获得黏稠溶液(纺丝液)，然后经过湿法纺丝及一系列后处理工序后成为黏胶纤维。

黏胶纤维的基本成分是纤维素，横截面呈锯齿形，有明显的皮芯结构，纵面平直有沟槽。其性能特征为：

(1) 吸湿性优于棉纤维，一般大气条件下其回潮率可达13%，但不耐水洗，尺寸稳定性差，湿态时伸长变大；

(2) 较耐碱，而不耐酸，比棉的耐酸碱性差；

(3) 染色性能好，因吸湿与透气性能好，故纤维易吸色；

(4) 牢度差，耐磨性差，其湿态强力仅为干强的40～60%；

(5) 舒适性好，黏胶纤维制作的服装穿着舒适，宜加工内衣及夏季面料；

(6) 光泽好，手感柔软，有棉的柔软和丝的光滑。

2. 合成纤维

合成纤维是以煤、石油、天然气及一些农副产品等低分子物为原料制成单体后，经过化学聚合和缩聚制成高聚物(聚合体)，然后再制成纤维。使用较多的合成纤维有涤纶、锦纶、腈纶、氨纶等。

(1) 涤纶纤维

涤纶纤维的学术名称为聚脂纤维。涤纶纤维的生产比锦纶纤维晚十几年，但是它具备各种应用所要求的多种性能，而且又有丰富而廉价的原料，因此它是合成纤维中发展速度最快、产量最高的一种纤维。

涤纶纤维的外观光滑，横截面一般为圆形。为了改善涤纶纤维的吸湿、染色性能，开发了各种异形截面的纤维。其主要性能特征为：

a. 强力和伸长：强力较高，干态断裂强力为0.38～0.53 cN/tex，干态断裂伸长率为20%～30%，干态与湿态的强力与伸长相同；涤纶纤维的耐磨性仅次于锦纶纤维；

b. 弹性与初始模量：涤纶的弹性回复能力比较好，略差于锦纶；在外力作用下，涤纶不易变形，其织物挺括，不易褶皱；热定型后，织物尺寸稳定，可具有永久性褶裥，洗后还可免熨烫；

c. 比重与吸湿：涤纶纤维的比重比锦纶纤维大，是疏水性纤维，吸湿能力很小，织物具有易洗快干的特点，但舒适性差，因此涤纶纤维制成的服装穿着时有闷热不爽的感觉，且穿着时容易产生静电；

d. 耐热性与防燃性：涤纶纤维的耐热性与热稳定性超过其他常用的纺织化学纤维和天然纤维。涤纶纤维属于可燃纤维，燃烧前纤维发生卷缩并熔融成粘稠珠状液滴，所以涤纶织物不宜接近火种，否则会引起灼伤事故。

e. 耐酸碱性与染色性：具有较好的耐酸性，而耐碱性一般，染色性差，一般采用分散染料，以改善其上色能力；

(2) 锦纶纤维

锦纶纤维是我国对聚酰胺纤维的统称。锦纶纤维的品种很多，目前纺织上应用最广泛的以锦纶6和锦纶66为主。锦纶又称尼龙，是世界上最早的合成纤维品种，由于其性能优良，原料资源丰富，一直是合成纤维中产量最高的品种，直到20世纪70年代以后才退居第二位。

其主要性能特征为：

a. 强力：锦纶纤维的强力在合成纤维中是最高的，锦纶6的干态强力为0.42～0.56 cN/tex；

b. 弹性：锦纶的弹性回复性能好，伸长10%时的弹性回复率为93%～99%，但织物的抗皱性和成衣保形性差；

c. 耐磨性：耐磨性居纺织纤维之首，这是锦纶纤维的最大特点之一；

d. 比重和吸湿：锦纶的比重小、质量轻，吸湿性比涤纶纤维好；

e. 耐热性和防燃性：锦纶纤维的耐热性和热稳定性较差，强力随温度变化而变化 ；

f. 耐光性：耐光性差，日晒后纤维强力剧烈下降，但耐腐蚀、不发霉、不易虫蛀；

g. 耐酸碱性：耐碱性好，而耐酸性差；

h. 染色性：是合成纤维中染色性能较好的；

i. 电学性质：为电的不良导体，电绝缘性好。

（3）腈纶纤维

腈纶纤维的学名为聚丙烯腈纤维，是合成纤维中问世较晚的一个品种。腈纶纤维的外观呈白色、卷曲、蓬松，手感柔软酷似羊毛，截面为圆形或哑铃形，纵面平滑或有沟槽。常用于混纺，或作羊毛的代用品使用。

腈纶纤维的主要特性为耐酸碱性较好；吸湿性比涤纶好、但比锦纶差；强力较涤纶和锦纶差；耐磨性是合成纤维中最差的；耐光性极佳，居纺织纤维之首；触觉优良、膨松保暖。

（4）氨纶纤维

氨纶纤维也可称弹性纤维，近几年在服装中应用较多。氨纶的研究始于20世纪30年代，德国拜耳公司和IC公司最早开发了聚氨酯树脂及其纤维，1959年，美国杜邦公司首先实现了氨纶的工业化生产，并命名为Lycra（莱卡）。

氨纶纤维一般与其他纤维一起纺成包芯纱线，或与其他种类纤维的纱线捻合在一起使用，其特性为具有高弹性、高伸长、高回复性，耐酸碱性、耐磨性较好，耐热性较差，吸湿性差，公定回潮率为1%左右。

氨纶的主要用途包括运动服、游泳衣、紧身衣、袜类（短、中、高统袜）、手套、松紧带类、汽车或飞机用安全带、花边饰带、医疗保健用品、护膝、护腕、弹性绷带等。

随着国内氨纶市场的开发和发展，氨纶的应用领域不断扩大，已从过去的针织用扩大到机织用；从过去单一的服装内用，扩大到服装外用、包装用、医药用等领域。随着人们生活水平的不断提高，氨纶产品的舒适性越来越受到人们的喜爱，氨纶的需求量迅速增加。随着我国经济的发展，出口纺织品和服装的档次不断提高，氨纶必将有广阔的发展空间。

（三）新型纤维

据专家预测，21世纪将会出现如高强高模纤维、高耐热纤维、超轻纤维、可生物降解纤维、新纤维素纤维、生物纤维、保健、阻燃等各种超级纤维，它们将充分利用纳米技术、生物技术和信息技术。

1. 彩棉纤维

传统的棉花是白色的，它从原料到制品需要纺织印染加工。在印染加工过程中，通常使用大量的化学助剂，不仅增加了生产成本，而且造成环境污染，还可能影响人体健康。彩色棉的出现，使棉织品不再需要经过染色加工，因此获得国际市场的青睐。

顾名思义，彩色棉纤维具有与生俱来的缤纷色彩，是真正意义上的环保产品。在20世纪80年代，彩色棉花的培植及其制品受到世界各国的重视，澳大利亚、美国、秘鲁、巴西、法国、俄罗斯、以色列和我国等国家先后试种并培育彩色棉花，成果显著。目前，世界主要棉产国均有种植，特别是各国研究人员不断利用基因工程培育更多的颜色种类，及时满足市场发展的需要。我国彩色棉花的色彩主要有绿色、褐色和棕色三种。

2. 改性羊毛

所谓羊毛改性，是改变羊毛原有的某些性能，如轻薄、缩绒、不可机洗等，使羊毛制品具有凉爽的感觉，成为夏季的理想面料。

改性的途径和方向主要有表面变性、拉细羊毛、超卷曲羊毛、彩色羊毛。其中，表面变性羊毛的产品，在市场上已经出现，通常称为丝光羊毛和防缩羊毛。它主要是通过特殊化学处理使羊毛纤维变细，手感柔软、细腻，光泽变亮，吸湿性、耐磨性、保暖性、染色性能等均有提高。

3. 纤维素纤维

新一代人造纤维素纤维中，具有代表性的是Tencel纤维，也称天丝，是传统人造纤维的换代产品。Tencel纤维具有良好的吸湿性、染色性以及生物降解性，其面料柔软光滑，经过加工可产生桃皮绒效果，富有弹性，悬垂感增加。Tencel纤维一般与其他纤维混纺或交织成织物，以增加面料的附加值。

竹纤维是以竹子为原料，经特殊工艺处理，把竹子中的纤维素提取出来，再经制胶、纺丝等工序制造的再生纤维素纤维。竹纤维是一种可降解的纤维，在泥土中能完全分解，对周围环境不造成损害，所以是目前比较理想的环保材料。同时，竹子自身具有抗菌、抑菌、防紫外线等特征，所以，虽经多次反复洗涤、日晒，竹纤维织物仍保持其固有的自然性和环保性，加上吸湿性、透气性、悬垂性好以及具有丝绒感、滑爽、易染色、防皱性好等风格，所开发的面料，适应范围广。

甲壳素纤维属动物纤维素纤维，其原料来自自然界中的虾、蟹、昆虫等甲壳类动物的壳。将甲壳粉碎干燥后进行化学以及脱灰和去蛋白质等生化处理，获得甲壳质粉末后将其溶于适当的溶剂，最后以湿法纺丝法形成甲壳素纤维。甲壳素纤维呈碱性，化学活性高，具有良好的吸附性、黏结性、杀菌性和透气性，可广泛用于医疗卫生等领域。

4. 再生蛋白质纤维

再生蛋白质纤维指以天然动物乳液或植物中提取的蛋白质溶解液为原料，经过纺丝而成的纤维，包括再生动物蛋白质纤维和再生植物蛋白质纤维。再生动物蛋白质纤维有酪素纤维、牛奶纤维、蚕蛹蛋白丝、再生蚕丝等；再生植物蛋白质纤维有玉米、花生、大豆等蛋白质纤维。

5. 差别化纤维

差别化纤维通常指经过化学变性或物理变形等方法使纤维的表面形态结构、物理化学性能与常规化学纤维具有明显差异的变形或变性纤维。

差别化纤维的品种很多，形态结构发生变化的有异形纤维、中空纤维、复合纤维、超细纤维等；物理化学性能发生变化的有抗静电纤维、抗紫外线纤维、高收缩纤维、阻燃纤维、抗起毛起球纤维、抗菌防臭纤维等。

差别化纤维的开发研制是纤维开发的主要方向，特别是功能性纤维的研制与开发将成为重点项目。

6. 碳纤维

高性能碳纤维包括丙烯腈碳纤维和沥青碳纤维。碳纤维的质量轻于铝，而强力高于钢，其化学性能非常稳定，耐腐蚀性高，同时耐高温和低温、耐辐射、能消臭。碳纤维可以使用在各种不同的领域，但由于制造成本高，目前大量用作航空器材、运动器械、建筑工程的结构材料。美国伊利诺伊大学发明了一种廉价碳纤维，强力高，韧性强，同时有很强劲的吸附能力，能过滤有毒气体和有害生物，可用于制造防毒衣、面罩、手套和防护性服装等。

7. 抗菌纤维

目前已实现工业化的抗菌纤维有日本开发的纳米级含银沸石无机抗菌纤维，以及上海合纤所开发的有机 AMF 系列抗菌纤维。AMF 纤维具备广谱抗菌效果，抗菌率高，耐久性好，已成功用于内衣、床上用品、卫生材料、鞋袜、过滤材料等。

8. 远红外纤维

将陶瓷粉末加入基质材料熔体中纺丝而成，基质材料可用涤纶、锦纶、丙纶、黏胶等。这种纤维能吸收太阳能，并转换成人体所需要的热能，从而促进血液循环，改善人体机能，增强体质。

9. 抗紫外纤维

在基质中添加紫外线屏蔽剂经熔融纺丝制成，基质包括合纤或人纤，这种纤维制成的织物对紫外线的屏蔽率在95%以上，适合制作衬衣、沙滩装、T 恤衫、遮阳伞遮阳帽等夏季服装。

10. 罗布麻

罗布麻为天然野生植物纤维，具有止咳、平喘和降血压的功能，对治疗冠心病、高血压、高血脂有一定的疗效，因而其织物具有神奇的药用价值。这种治疗作用和保健功效已通过中华医学会专家论证，该纤维被用于制作服装、保健品和床上用品。罗布麻主要产自我国新疆地区，目前，日本和韩国是最大的罗布麻消费地区。

11. 麦饭石纤维

麦饭石是一种天然的药物矿石，含有多种对人体有益的微量元素，当前，我国是麦饭石原料的主要产地。应用麦饭石原料，经高科技处理后制成的纤维，能补充人体微量元素，产生人体能吸收的远红外线，激活人体细胞，改善和促进血液循环。其织物可用于制作衬衣、内衣、保健品、床上用品和部分家用纺织品。

二、服装面料的基本结构

面料一词是最能被人们普遍理解的最简单的词汇。随着科学技术的发展，用来制作服装的面料越来越多，其知识面和难度也越来越大。面料所涵盖的内容非常广泛，机织物、针织物、编织物、皮革、非织造织物等等均可以作为服装的面料。本章主要针对常见的面料加工方法，即机织、针织以及不断采用的非织造等，以及对所形成的面料基本组织结构形式进行讨论。由于面料的基本结构形式不同，无论在面料的外观风格，还是在面料的内在质地方面，都必然显现差异，最终影响服装的视觉效果和触觉效果。

（一）机织面料的表示方法、种类特征

机织面料俗称梭织面料，是服装面料中的主要组成部分。机织面料由水平方向的纬线和垂直方向的经线相互沉浮交织而成。

机织物的组织结构种类包括原组织、变化组织、联合组织、重组织、双层组织、起绒组织、纱罗组织、提花组织等。常见组织结构及其特征如下：

1. 原组织

又称基本组织，包括平纹组织、斜纹组织和缎纹组织，通常称三原组织，是各种组织的基础。

(1) 平纹组织

平纹组织是机织物组织中最简单、最基本的组织,如图 1-1 所示。它是由经线与纬线一上一下相互交织而成的。织物两面的经组织点数与纬组织点数相同,故平纹组织称为同面组织,其织物称为同面织物。

平纹组织是机织物组织中交织点最多的组织,纱线的屈曲最多,织物坚牢而挺括,表面平整,手感较硬,光泽差。

如果采用不同粗细的经纬纱线,或者改变织物经纬密度、捻度与捻向、纱线的颜色、织造张力等条件,均可以改善平纹织物的外观,使织物呈现条纹、格子、皱纹等效果。

平纹组织的应用极为广泛,常见的织物品种主要有府绸、凡立丁、法兰绒、双绉、电力纺、夏布、塔夫绸等。

图 1-1　平纹组织

a　1/2 ↗斜纹

b　2/1 ↖斜纹

图 1-2　斜纹组织

(2) 斜纹组织

斜纹组织是以连续的经组织点或纬组织点构成斜向织纹为特点的组织。根据斜向的不同分为左斜纹和右斜纹两种。如图 1-2 所示,为 1/2 ↗斜纹,读作一上二下右斜纹;2/1 ↖斜纹,读作二上一下左斜纹。

斜纹组织的应用广泛,常见的织物品种有哔叽、斜纹绸、卡其等。

(3) 缎纹组织

缎纹组织的特点在于一组纱线在织物中形成单独的、不连续的、均匀分布的经组织点或纬组织点,其周围被另一组纱线的浮长线所遮盖。织物表面富有光泽,手感柔软滑润,但坚牢度较平纹和斜纹组织差,如图 1-3 所示。

图 1-3　5/2 缎纹组织

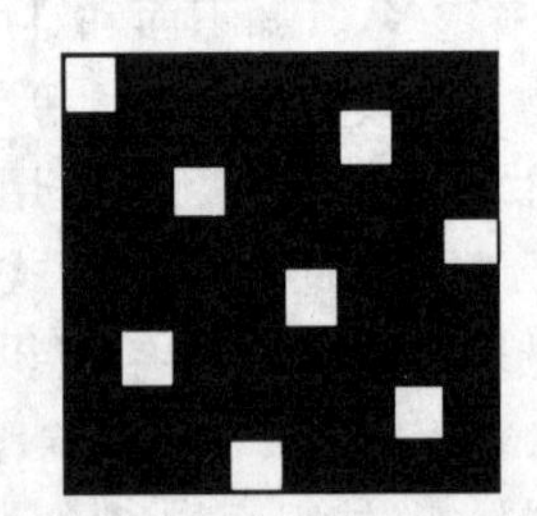

图 1-4　8/3 经面缎纹

在缎纹组织的分式表示方法中,分子代表一个组织循环数即枚数 R,分母代表飞数,经面缎纹用 S_j,纬面缎纹用 S_w,读作几枚几飞经面(纬面)缎纹,如图 1-4 所示。

采用不同的飞数、捻度、捻向、密度、枚数,可以得到不同外观及质量的缎纹织物。由于缎纹织物光泽明亮、质地细腻、手感柔软,因此应用非常广泛,仅次于平纹组织,特别是在丝绸织物中应用很多。常用的织物缎纹组织有 5 枚、8 枚、16 枚。常见的织物品种有直贡缎、横贡缎、软缎、绉缎、提花织物等。

2. 变化组织

变化组织是在原组织的基础上利用增加(减少)组织点或改变循环数、飞数、组织点分布与排列方向等手法而派生出来的组织,某种程度上仍保留着原组织的基本特征,但是总体效果已经不同。变化组织包括平纹变化组织、斜纹变化组织和缎纹变化组织,其中以斜纹变化组织的变化手法最多,生成的新组织也最多,应用广泛。

(1) 平纹变化组织

平纹变化组织是在平纹组织的基础上沿着经向、纬向或斜向单一或同时地、等同或不等同地增加(减少)同类型组织点所形成的具有横向、纵向、格子等凸纹效果的组织,如图 1-5 所示。

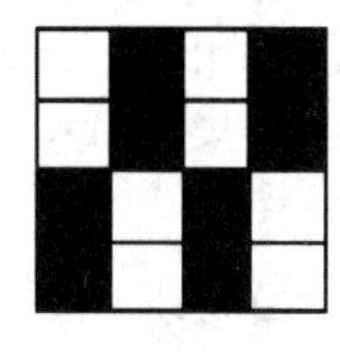

a 经重平

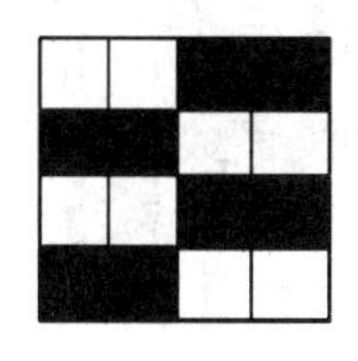

b 纬重平

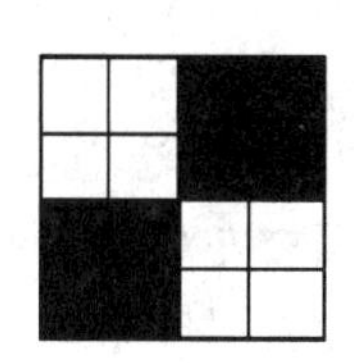

c 方平

图 1-5 平纹变化组织

平纹变化组织在织物中既可以单独使用,也可以与其他组织联合使用,纬重平组织主要用作织物的布边。

(2) 斜纹变化组织

斜纹变化组织是在斜纹组织的基础上,采用增加组织点、改变飞数值、变换斜线方向等方法将简单的组织进行重新排列组合而形成的。由此可见,斜纹变化组织形成的途径很多,组织效果也是多种多样,应用广泛。斜纹变化组织可以加强织物表面的斜线效应,使织物表面形成宽窄不一的直向或曲向斜路,特别是形成一些具有装饰性的几何形纹路与图案。

斜纹变化组织主要有加强斜纹组织、复合斜纹组织、山形斜纹组织、菱形斜纹组织、破斜纹组织、急斜纹组织、缓斜纹组织、阴影斜纹组织、曲线斜纹组织等。如图 1-6 所示。

a 加强斜纹

b 复合斜纹

图 1-6 斜纹变化组织

(3) 缎纹变化组织

规则缎纹组织中,飞数是一常数,相反,如果一个缎纹组织中飞数为变数,则称该组织为变则缎纹组织。也就是说,变化缎纹组织主要是利用组织点的增加与减少来不断改变飞数值的大小,最终形成变则缎纹组织。

缎纹变化组织主要有加强缎纹、变则缎纹、阴影缎纹三种,一般在毛纺织物中应用。如

图 1-7 所示。

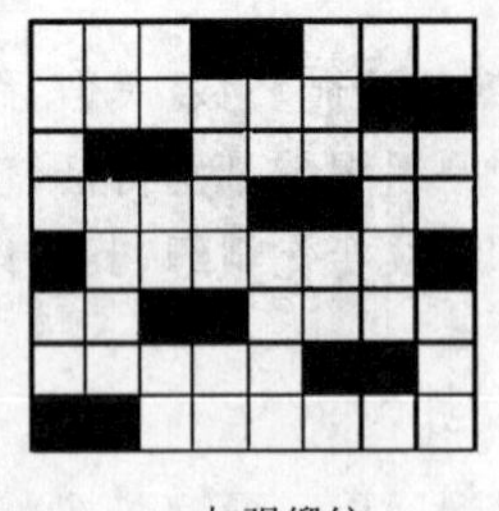

a 加强缎纹

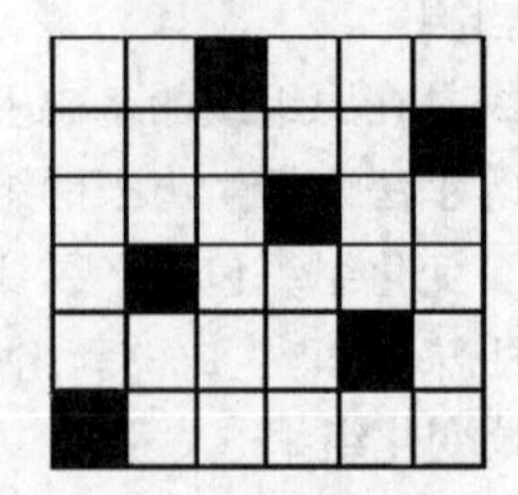

b 6 枚变则缎纹

图 1-7 缎纹变化组织

3. 联合组织

联合是指将原组织、变化组织中某两种及两种以上的组织再次组合与变化，并通过不同的联合方式、方法，使织物表面形成各种平面或立体的几何图案或小花纹效果。联合组织所形成的织物外观、质地均与原组织、变化组织差异较大，别具一格。

联合组织按照联合的方式、方法以及效果不同，一般分为条格组织、绉组织、蜂巢组织、透孔组织、凸条组织、网目组织、小提花组织等。

4. 重组织

重组织也可以理解为重叠组织，它与原组织、变化组织、联合组织的本质区别在于该组织结构是由两组及两组以上的经线（纬线）与一组纬线（经线）重叠交织而成的。

按照纱线组数，可分为二重组织、三重组织、四重组织；按照重叠的纱线类型，可分为经重组织、纬重组织。习惯上将两者合二为一地命名组织，如经二重组织。

重组织更多地是用在丝绸制品的提花织物上，如著名的丝绸三大锦：宋锦、云锦、蜀锦，以及优秀的传统织锦缎、古香缎等都是以重组织为基础进行设计制作的，在礼服中使用较多。

5. 双层组织

双层组织是由两组经线与两组纬线分别构成织物的上下两层，其特点主要是织物厚度增加。利用多组经纬纱线的色彩、粗细的不同搭配和上下层之间的交换连接形成独特的花纹图案，在现代装饰纺织品中得到应用。

双层组织包括管状组织、表里接结组织、表里换层组织。

6. 起绒（毛）组织

起绒组织由一个作为底版并用于固结毛绒的地组织和另一个形成毛绒的绒组织联合而成，再经过整理加工使部分纬线或经线被切断形成毛绒。起绒织物的特点是表面覆盖着一层丰满的毛绒，织物的耐磨性提高、光泽柔和、手感柔软、保暖性和抗皱性增强。典型品种有灯芯绒、平绒、金丝绒、乔其绒等。

毛巾组织由毛、地两组经线与一组纬线组成，织物表面形成毛圈效应。

7. 纱罗组织

纱罗组织由绞经线和地经线相互扭绞并与纬线交织而成，绞经有时在地经的左侧，有时在地经的右侧，使纬线间不易靠拢，从而在扭绞处形成明显的孔眼。纱与罗是两种不同的组织结构，每当织入一根纬线时，绞经与地经扭绞一次所形成的组织为纱组织；每织入三根及其以上奇数根的纬线时，绞经与地经扭绞一次所形成的组织为罗组织。纱罗组织的织物质地轻薄、透气性好、结构稳定、装饰性好，可以用作夏季服装的面料，常用的有杭罗、涤棉纱罗等。

（二）针织面料

针织面料的加工分为机器加工和手工加工两种。针织面料是由一组纱线按照一定规律沿着单一方向相互以线圈套结而成的织物，机器加工时有经编与纬编之分。手工加工时又分为棒针编织与钩针编织两种方法，具体方法不在此介绍。

根据线圈结构形态以及相互间的排列方式，一般可将针织物组织分为基本组织、变化组织和花色组织三类。其中原组织是基础，其他组织都是由它变化而来的。原组织包括：纬编针织物中的纬平组织、罗纹组织和双反面组织；经编针织物中的经平组织、经缎组织。常见的针织物组织有：

1. 纬平组织

纬平组织又称平针组织，是纬编针织物中最简单的组织，由连续的单元线圈单向相互串套而成，为单面纬编针织物的原组织。如图 1-8 所示。

织物的特点主要表现为：织物正面由呈链形的圈柱组成，反面是呈波纹形的横向弧线；沿断裂处上下都易脱散；易卷边，纵向边缘向反面卷，横向边缘向正面卷，但四角不卷；横向延伸性大。织物主要用于汗衫类的服装以及袜子、手套等服饰品。

图 1-8　纬平组织

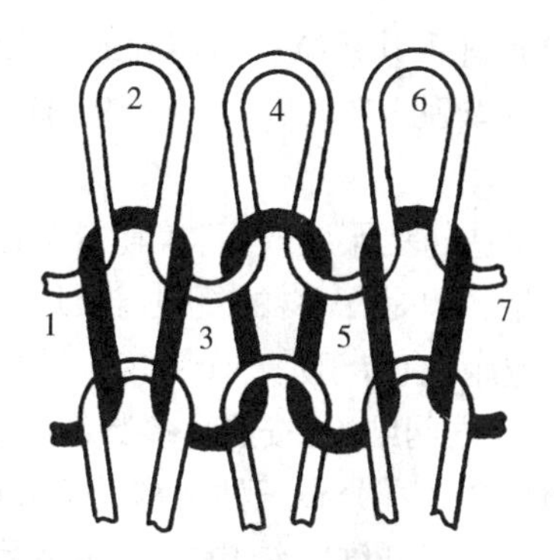

图 1-9　罗纹组织

2. 罗纹组织

罗纹组织是双面纬编针织物的原组织，由正面线圈纵行和反面线圈纵行组合配置而成，如图 1-9 所示。

罗纹组织正反面的线圈纵行可以进行不同的组合配置，如 1＋1、2＋2、2＋3 等，正面线圈数与反面线圈数的相同或不同变化，可使织物的外观条路宽度不同、层次感增强。

罗纹组织所构成的织物具有织物不卷边、横向延伸性和弹性好等特点。主要用于弹力衫、棉毛衫裤、羊毛衫、袜口、针织服装和其他服装的袖口、领口、袋口等服用和装饰性部位。

图 1-10　双反面组织

3. 双反面组织

双反面组织也是纬编组织的一种，是由正面线圈和反面线圈横向相互交替配置而成。如图 1-10 所示。

双反面组织因正反面线圈列数的组合不同而有许多种类。织物的纵横向延伸性、弹性都很大,不会产生卷边,但容易脱散。主要用于婴儿服装、手套、袜子、羊毛衫等。

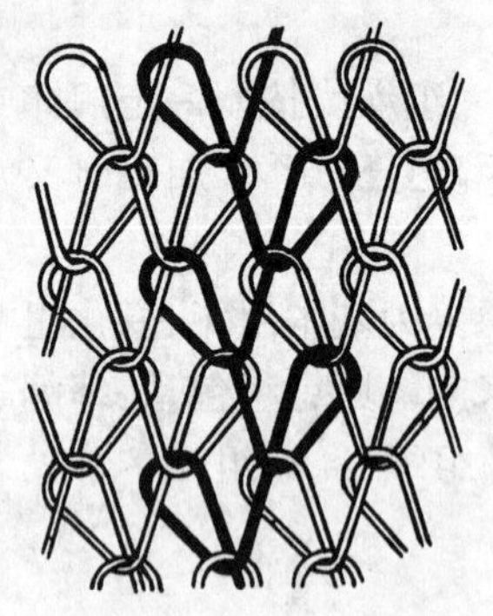

图 1-11 经平组织

4. 经平组织

经平组织是由同一根经线所形成的线圈轮流配置在两个相邻线圈纵行中形成的组织。如图 1-11 所示。

经平组织织物的特点主要表现为织物正反面均呈菱形网眼、织物纵横向都具有一定的延伸性、卷边不明显、纵向易反方向脱散。主要用于夏季 T 恤及内衣。

5. 经缎组织

每根经线顺序地在相邻纵行内构成线圈,并在一个完全组织中有半数的横列线圈向一个方向倾斜,而另一半横列线圈向另一方向倾斜,在织物表面形成条纹效果。

经缎组织形成的织物延伸性较好,卷边性与纬平组织相似,同等条件下较经平组织织物厚实。它主要与其他经编组织复合使用,在织物表面形成一定的花纹效果。

(三) 非织造布

非织造布又称无纺布,是指不经过传统的纺纱、机织、针织等工艺过程,直接由纤维层构成的面料。其纤维层可以是经过梳理的纤维网,也可以是直接制成的纤维网,而且纤维之间可以杂乱排列、也可以定向铺置,最终通过机械或化学的方法加固形成片状纤维制品。

非织造布在服装的面料、辅料中已经广泛采用,特别是医用的一次性服装、口罩以及辅助医用品。但是,面料的外观与质地,如织纹、悬垂、弹性、强伸性等,与机织物和针织物仍存在一定差距,有待于进一步研究与改善。常见的非织造面料结构有:

1. 纤维网结构:按照大多数纤维在纤维网中取向的趋势,分成纤维平行排列、纤维横向排列和纤维杂乱分布三种结构,按照纤维加固的方式分为部分纤维加固、外加纱线加固和热粘加固三种。纤维网结构形成的制品主要用于服装的衬里、垫衬料、人造革底布、童装面料等。

2. 纱线型缝编结构:缝编结构的非织造布,其外观与传统的机织物或针织物相似,但与纤维网结构的非织造布不同,广泛用于服装面料和人造毛皮等。

三、面料的色彩与图案

(一) 面料的色彩

面料的色彩是服装构成的主要因素之一,随着生活及科技的进步,色彩在人们的着装生活中扮演着越来越重要的角色。国际流行色协会每年定期发布流行色预测,对面料设计师和消费者都起到了积极的引导作用。

1. 色彩三元素

色彩是由于光的折射产生的,基本的构成元素有色相、明度和纯度,即色彩的三属性。

(1) 色相

色相就是指色彩的相貌，是由光波的波长来决定的，色相是色彩的最大特征。人们一般描绘的色彩，如红、黄、蓝等，就是色彩的色相，也是色彩的相貌。

(2) 明度

明度是指色彩的明亮程度，也就是色彩的深浅度。色彩的明度分为两种情况，即同一色相的明度和不同色相的明度。同一色相的明度是指同一色相与不同比例的白色或黑色混合后，明度所产生的变化。

(3) 纯度

纯度是指色彩中含有某种单色光的纯净程度，又称饱和度或鲜艳度。显而易见，色彩的纯度越高就说明色彩中的单色光越纯净。纯度最高的颜色就是在极限纯度下光谱中的各种单色光。

(4) 色调

色调是构成色彩整体倾向的组合。色调的形成是色相、明度、纯度、色性等多方面因素共同作用的结果。所以色调表现了以色彩为主题的情调和意境，包含了更丰富的内容。

色调的类别是根据色调中起主导作用的因素划分的。例如，以色相为主导因素会形成红色调、黄色调、蓝色调等；以明度为主导因素会形成高明色调、中明色调、低明色调；以纯度为主导因素，就形成亮色调、浊色调；以色性为主导因素则形成冷色调、暖色调、中性色调等。

2. 面料的色彩设计

设计师对面料的色彩设计是根据流行趋势、面料的用途、面料的材质等因素综合考虑进行的。

(1) 按照色彩的流行趋势设计

流行色协会定期发布的流行色预测，是色彩专家们依据人们的生活方式、经济形势、心理变化、文化水平和消费动向等因素预测确定的，是在一定的市场调研基础上产生的，反映了整个消费群体对色彩的需求。因此，面料设计师与服装设计师们都非常关注流行色，把流行色作为面料和服装色彩设计的主要参考依据。

(2) 按照面料的用途设计

面料的用途主要指面料用于哪类服装。男装与女装、成人服装与儿童服装、冬装与夏装、户外装与职业装等不同类别的服装对色彩有着不同的要求，因而用于不同服装的面料，其色彩也必须随之变化。例如，作为工作场合穿着的职业装，要求服装的色彩高雅、稳重，一般采用黑白灰系列色彩的面料；我们中国人认为红色是吉祥、喜庆的象征，因此我们的节日服装、庆典服装常采用红色系列的面料制作；米色给人以亲近、淡雅的感觉，米色面料常用于女性日常装和职业装。

(3) 按照面料的材质设计

面料的纤维性能和组织结构不同，对光的吸收和反射程度也不同，其色彩效果就各不相同，色彩与面料的材质密切相关。例如，丝绸面料的色彩富贵华丽，羊毛面料的色彩温暖高雅，棉麻纤维面料的色彩浑厚自然。

(二) 面料的图案

面料的图案指面料的花纹纹样。面料图案的最大作用在于它的装饰性。纹样的摆放位置对于服装来说，具有画龙点睛的作用。穿着者可以利用图案来弥补自身的不足。图案同样是各民族文化、传统的载体，例如中国的龙、古希腊的镶边图案等，这些图案既是装饰，也传承了民族的文化底蕴和内涵。

1. 图案的种类

面料图案的类型很多,按图案造型可分为具象图案和抽象图案。具象图案指模拟客观物象的图案,例如花卉图案、人物图案、动物图案、自然风景图案、人造器物图案等等;抽象图案指通过点、线、面等元素按照形式美的一定法则所组成的图案,例如几何图案、随意形图案、幻变图案、文字图案、肌理图案等等。按照成型工艺可分为印染图案、编织图案、拼接图案、刺绣图案以及手绘图案等等。

2. 图案的构成形式

图案构成一般分为独立式图案构成和连续式图案构成。

独立图案指可以单独用于装饰的图案,具有独立性和相对完整性。独立图案分为自由纹样、适合纹样、角隅纹样、边缘纹样。

连续式图案指将单位纹样按照一定格式有规律的反复排列而形成的能无限延续的图案,具有连续性和延伸性。连续式图案分为二方连续和四方连续两种。

四、面料开发趋势

随着科学技术的发展,社会物质的极大丰富,人民生活水平的提高,以及人们穿着观念的改变,纺织品的生产也呈现出飞速发展的态势。纺织品的功能已从御寒、蔽体发展到美观、舒适,从安全、卫生发展到保健、强身。并出现了许多具有新功能、多功能、高功能的纺织品,极大地适应了现代人对服装的新需求。

当前国际服装面料的发展趋势主要呈现出新素材、新工艺、新风格等特点,具体表现为:

1. 天然纤维继续占有优势;
2. 进行多种纤维组合利用;
3. 开发新型、功能性纤维;
4. 面料组织结构变化;
5. 后整理高新技术的应用。

为了增强服装的美感和功能,面料创新应主要体现在三方面:一是纤维的开发利用;二是面料的视觉效果设计;三是功能性面料的开发。

(一) 纤维的开发利用

棉、麻、丝、毛四大天然纤维因其独特的性能,在今后服装中仍然占主要地位,但由于其抗皱性、色牢度、耐酸碱性、防霉防蛀、价格等方面的因素,大大制约了天然纤维在服装中的使用。因此,人们不断地开发价格较低、加工便利,既具备天然纤维的优点,又能弥补及改善其缺陷的新型替代纤维。例如近年来开发的天然纤维有大豆纤维、天然色泽纤维、竹纤维、甲壳素/壳聚糖纤维、玉米纤维、蜘蛛纤维等;开发的化学纤维有 Tencel/Lyocell 纤维、PTT 纤维等等。

新纤维的开发还包括改性纤维的研制、各种纤维的组合利用。例如,目前国外所采用的化学纤维大多是差别化纤维,舒适性很好,如高吸汗透湿性的涤纶。采用棉/真丝/黏胶/莱卡混纺纤维制成的面料,制作精细且富有弹性,深受消费者喜爱;加入氨纶可改善服装的运动舒适性和保形性,加入 2%~5%的莱卡,则使面料具有一定的弹性。

（二）面料的视觉效果设计

1. 色彩与图案

色彩与图案可以反映人们生活、环境的气氛。柔和而淡化的色彩是单纯而熟悉的生活方式的描述，冰冷与深沉的色彩能掩饰人们的心理变化，温暖且感性的色彩可以挑逗人类的本性。“绿色”思想是21世纪全球呼唤的主题，“绿色”设计是以节约和保护环境为主旨的设计理念和方法。从美术设计的角度，更多的以回归大自然的环境为出发点，将自然界的形态，特别是色彩、图案引入面料设计，唤起人们热爱自然、保护自然的意识。

色彩图案必须具备时尚性，与时俱进。利用各种设计手法、高新技术，以大自然中的各种景物为素材，作为面料色彩图案设计的基础，在传统色彩图案的基础上赋予变化，增添新颖感、时代感。创新既是大胆的、前所未有的，又是规范的，设计的色彩图案应符合人们的审美共性，并体现现代艺术的风格。

2. 纱线线型

利用不同的纱线线型结构，可以产生不同的面料外观效果，改善面料组合的服用性能，这是在面料开发中使用较多的方法。如采用加捻纱线、复合纱线、不同纤维组合纱线，可以使面料形成起皱、闪色、凹凸效应，从而改善面料的立体效果。为了满足服装悬垂感、立体视觉、舒适性的要求，花式线型的不断推出立下了不可磨灭的功劳。圈圈线、竹节纱、金银线、包芯纱、雪尼尔纱等线型，已广泛使用。它们可以增强服装面料的局部或整体的立体感，风格别致，服用和装饰性提高。而纳米技术的应用，对纺织纤维、纱线结构的设计也将起到推动作用。

从国内外服装流行趋势分析，利用纱线线型来改善面料和服装的外观、品质，仍然是面料开发的主要途径之一。

3. 组织结构

织物组织结构的变化会产生各种风格新颖的面料产品，如今的消费者越来越重视自身的风格和气质与穿着相呼应，因此织物的质感和风格也越来越被强调。组织结构的变化，可以使面料和服装形成独特、持久的风格。如条格组织、蜂巢组织、透孔组织、纱罗组织、重组织、双层组织、凸条组织等变化组织，就其组织结构本身，已具备了纹理清晰、光泽明暗、凹凸立体、厚薄相间、通透亮丽等视觉效果。它们可以单独使用，也可以再次联合，在面料的局部或整体使用。另外，还有针织物中经编、纬编、钩针等不同组织的应用。如果在变化组织的同时，配合不同粗细的纤维、不同种类的纤维或纱线、色彩、图案及后整理加工，必将营造出更独特的品质与风格。各种具有精细表面、平滑有光的高支纱织物、手感柔软的起绒织物和表面效应独特、有立体感的织物大受欢迎，例如各种起绒织物和双层组织形成的皱织物以及异支纱形成的凹凸花纹织物等，都具有独特质感与风格。

4. 后整理技术

面料的后整理技术往往作为改善织物外观效果的一种有效途径。有时可以把后整理称为面料的“化妆”，通过一定的化学、物理、机械方法，使其外观变得更加漂亮，增强美的吸引力。如目前很流行的褪色、磨花牛仔服装，是在经水洗或砂洗处理的基础上，再通过脱色、摩擦等工艺，使衣物褪色或局部褪色而成，改善织物手感，达到自然柔软。除此之外，利用后整理可以改变面料的肌理，如褶皱、起绒或局部起绒、拉毛、磨毛、植绒、烂花、轧光、涂层等。光亮类面料不仅已应用在时装面料中，而且正逐渐扩展到其他类服装。

我国后整理加工技术水平的限制，某种程度上对服装、面料的开发、创优产生了一定影响，使得一些品牌服装、高档服装在选择面料时往往以进口面料作为首选材料或主要材料。因此在后整理方面，除了加大自身的钻研开发外，应积极引进国际先进设备与技术，尽快赶上国际水平，提高面料或服装的附加值。

（三）功能性面料开发

随着人们环境意识和自我保护意识的加强，对纺织品的要求也逐渐从柔软舒适、吸湿透气、防风防雨等扩展到防霉防蛀、防臭、抗紫外线、防辐射、阻燃、抗静电、保健无毒等方面，而各种新型功能性纤维的开发和应用以及新工艺新技术的发展，则使得这些要求逐渐得以实现。

功能性面料指具有易护理、抗紫外线、抗菌消臭、防静电、防辐射、阻燃以及减肥保健等功能的面料。功能性面料具有很好的实用性，且与人体健康有着密切关系，受到广泛欢迎。功能性和环保纺织品的开发，将成为本世纪纺织产业的主流。

1. 防缩免烫面料

防缩免烫面料是为了使服装在穿着过程中不出现褶皱、形态不发生变化，最终提高面料的服用性能、适应现代生活节奏而产生的。

棉织物在制造过程中受张力作用，松弛后会逐渐产生缩水现象，从而导致服装尺寸的不稳定性。经过加热、压缩处理，强制性地使其缩水，可使服装和棉布用品在使用过程中的缩水量降低。

而羊毛纤维的结构特征决定了其缩绒性能，为了防止缩绒，一般可采用氯化法、树脂法、冷热压缩法使其结构稳定。

2. 防水透湿面料

防水与透湿是服装穿着舒适性能中两个基本的但又相互矛盾的条件。防水透湿面料的加工途径有三种：一是经过拒水整理的高密织物；二是层压织物；三是涂层织物。如在面料的表面用树脂处理，使之形成一个密致的多孔性网，人体产生的湿汽能够排除，而雨滴却不能渗入。

3. 防燃面料

利用化学药剂处理后，使布料对火有抵抗性，以提高人身安全性。

4. 抗菌面料

抗菌加工方法具体分为两类：其一是防止虫蛀或微生物侵害的加工；其二是防止细菌再次侵害和除异味的加工。

5. 防静电面料

面料中织入导电纤维，或利用具有防静电功能的表面活性剂或亲水性树脂处理织物表面。

6. 防紫外线面料

紫外线的防护原理是采用紫外吸收剂、光反射陶瓷或金属氧化物对纤维或织物进行处理。具体方法是将紫外线遮蔽剂附着于纺织品，包括浸入和涂层加工处理。

7. 远红外加工

将远红外材料融入纺丝体中，再经加工而成。

8. 纳米技术及制品

运用高新技术，如纳米技术以及后整理技术，是进行功能性面料开发的主要途径。

五、面料性能与评价

如何将服装和服装面料有机地结合起来，是追求和探索服装美的一个重要课题。掌握服装面料的基本服用性能和染整加工方法，有利于合理地选择面料，使设计的服装更好地满足消费者的要求。

面料的性能是由多种因素构成的，除了纤维材料本身的特性外，还有面料加工过程所形成的各种特性，如面料的纱线结构、纱线性能、织物结构、织物整理加工等。了解与掌握面料的服用和加工性能是合理选择和加工服装的必要前提。

面料的基本性能可以分为外观性能和服用性能两部分，具体可包括：

1. 强度：拉伸强度、撕裂强度、顶破强度、耐磨强度；
2. 形态稳定性能：弹性、塑性、收缩变形；
3. 物理化学性能：热传导、耐热性、耐光性、耐化学品性能、耐疲劳性；
4. 外观性能：抗皱、刚柔、悬垂、起球、色彩、光泽、色牢度；
5. 保健卫生性能：透气性、保暖性、吸湿性、透湿性、耐水性、带电性、防蛀、防霉、洗涤；
6. 感官性能：主观风格、客观风格。

（一）面料的耐用性能

服装在穿着过程中要受到破坏，衡量其耐用性能的指标有织物的拉伸、撕裂、顶破、燃烧性能和熔孔性、耐磨性。

1. 面料的拉伸性能

用来衡量拉伸性能的指标有：拉伸断裂强度和断裂伸长率。断裂强度指面料在连续力的作用下所能承受的最大力，是评价面料内在质量的主要指标之一。断裂伸长率指织物在拉伸断裂时伸长的量与原长度之比。断裂强度和断裂伸长率的影响因素主要有纤维的性能、纱线的结构、面料结构等。

纤维本身的性能是面料断裂强度和断裂伸长率的决定因素。织物的断裂强度和伸长率与纤维的强伸性能有关，如合成纤维断裂强度大小排列为：锦纶＞维纶＞涤纶＞腈纶＞氨纶，氨纶是所有纺织纤维中强力最低的一种。合成纤维的断裂伸长率比天然纤维的大，合成纤维的伸长率排列为：氨纶＞锦纶＞涤纶＞丙纶＞腈纶＞维纶；黏胶纤维的伸长率大于棉、麻，而小于羊毛和蚕丝；天然纤维的伸长率排列为：羊毛＞蚕丝＞棉＞麻。

天然纤维中，麻纤维的断裂强度最高，其次是蚕丝和棉，羊毛最差。化学纤维中，锦纶的断列强度最高，并且居所有纺织纤维之首，其次是涤纶、丙纶和维纶，它们与麻纤维相似；腈纶、氯纶、富强纤维的强度与蚕丝和棉纤维相似；黏胶纤维强度低，但比羊毛高一些，特别是在湿态时，黏胶纤维的强度只有干态时的50％左右。

有研究证明：

（1）高强高伸的面料最耐穿；低强高伸的面料比高强低伸的面料耐穿；低强低伸的面料最不耐穿。合成纤维的面料比天然纤维的面料耐穿，且高强高伸的最耐穿，如锦纶和涤纶面料；低强高伸的面料比高强低伸的面料耐穿，如维纶面料不如涤纶耐穿。天然纤维中，低强高伸的羊毛面料比高强低伸的麻面料耐穿。氨纶属低强高伸的纤维，所以面料比较耐穿。黏胶纤维低强低伸，其面料最不耐穿。

（2）拉伸性能与衣料的密度有关，经密较大的面料结实耐穿。

（3）组织结构紧密的织物耐穿，如平纹组织的面料较斜纹组织耐穿，斜纹组织的面料较缎纹组织耐穿。

2. 面料的撕裂性能

面料在经过一段时间穿用后，由于局部受到集中负荷的作用而撕成裂缝。撕裂是纱线依次逐根断裂的过程。纱线强力大则织物耐撕裂，故合成纤维的面料较天然纤维和人造纤维的面料耐撕裂。实际应用中可以采用混纺的手段，以改善面料的抗撕裂性能，织物结构紧密的面料耐撕裂。

3. 面料的顶破性能

将一定面积的织物四周固定，给面料以垂直的力使其破坏，称为顶破，如服装在膝部、肘部的受力情况。当经纬密度差异较大时，顶裂强力较小；当经纬密度相近时，顶裂强力较大。此外，它还与纤维的强度和伸长率有关。

4. 面料的耐磨性能

面料抵抗磨损的性能称为耐磨性。面料的耐磨性能与纤维的伸长率、弹性恢复率有关，纤维伸长率较大、弹性好，则织物耐磨性能好。纺织纤维中，锦纶的耐磨性能最好。天然纤维中，羊毛虽然强力较低，但伸长率较大，弹性恢复率也较高，在一定条件下，织物耐磨性较好。锦纶、涤纶、氨纶的伸长率高，弹性恢复率较大，且锦纶、涤纶的强力也较大，所以锦纶织物的耐磨性最好，其次是涤纶、氨纶织物。腈纶织物的耐磨性较差。

5. 面料的阻燃性和抗熔性

面料阻止燃烧的性能称为阻燃性。棉、人造纤维和腈纶是易燃的，燃烧迅速；羊毛、锦纶、涤纶、维纶等是可燃的，容易燃烧，但燃烧速度较慢；氨纶是难燃的。

面料接触火星时，抵抗破坏的性能称为抗熔性。天然纤维和黏胶纤维的吸湿性较好，回潮率较大，抗熔性较好。涤纶、锦纶等由于吸湿性较差，熔融所需的热量小，抗熔性差。为了改善其抗熔性，可采用与天然纤维或黏胶纤维混纺的方法，也可以在织成面料后，进行抗熔性或防燃整理。

（二）面料的外观性能

面料的免烫性、折皱性、刚柔性、悬垂性、收缩性、起毛起球性统称为面料的外观性。

1. 面料的免烫性

面料洗涤后不经熨烫仍保持平整状态的性能称为免烫性，又称为“洗可穿性”。面料的免烫性与纤维的吸湿性、面料在湿态下的折皱弹性及缩水性密切相关。纤维吸湿性小，面料在湿态下抗折皱性好，缩水率小的织物，其免烫性能较好。合成纤维较能满足这些性能，涤纶最为突出。天然纤维和人造纤维吸湿性较强，下水后不易干燥，面料有明显的收缩现象，表面不平挺，故天然纤维织物的免烫性普遍比较差。

2. 面料的抗折皱性

面料受到外力作用会产生变形，如纤维弹性回复率较高，急弹性形变的比例大，则面料抗折皱性较好，面料挺括，如涤纶面料。锦纶的弹性恢复率虽较高，但缓弹性形变的比例大，折皱回复时间长；另外，在外力的作用下，锦纶也易变形，因此锦纶面料较不挺括，不宜做外衣面料。羊毛面料弹性好，并且弹性回复率较高，故有优良的抗折皱性。麻面料在外力作用下，形变小，面料挺括，但形成折皱后，不易回复。棉、黏胶纤维的面料弹性差，弹性回复率也低，一旦形成折皱，也不易回复。

3. 面料的刚柔性

织物的刚柔性指织物的抗弯刚度和柔软度，与纤维性能、织物组织结构和风格有关。平纹组织中，交织点多，面料较刚硬。随着浮长线的增加，布身随之变得柔软。抗弯刚度大，手感硬挺；抗弯刚度小，手感柔软。毛面料抗弯刚度小，手感柔软，且同时具有良好的抗折皱性，因此穿在身上舒适、挺括。黏胶纤维面料的抗弯刚度小，变形大，又不易回复，因此面料有飘逸感。麻面料手感比较硬挺，外观挺括。涤纶纤维的抗弯刚度较大，并且抗折皱性能好，因此布料比较挺括。锦纶的抗弯刚度小，面料手感柔软、不挺括，不宜做外衣面料。天然蚕丝弹性好，抗弯刚度小，面料手感柔软、舒适。长丝化纤面料比中长纤维或棉纤维面料抗弯度小，手感柔软。面料的刚柔性还与后处理工艺有关，经过硬挺处理的面料硬挺、光滑；经过柔软整理的面料，手感柔软。

4. 面料的悬垂性

机织物、针织物在自然悬垂状态下能形成平滑和曲率均匀的曲面的特性，称为良好的悬垂性。面料的悬垂性与其抗弯刚度有关，抗弯刚度大，悬垂性差。天然纤维及合成纤维长丝织物的悬垂性较好。

5. 面料的起毛起球性

面料经受摩擦，纤维端易伸出面料表面形成绒毛及小球状突出的现象，称为起毛起球性，与纤维性能、织物风格等因素有关。化学纤维中，短纤维面料较中长型、长丝和异型纤维面料易起毛起球。纤维强力高、伸长率大、弹性好，面料易起毛起球，如锦纶、涤纶面料起毛起球严重，丙纶、维纶、腈纶面料稍轻。毛料的弹性好，易在面料表面形成毛球，精梳毛料中短纤维少，因而面料表面不易起毛起球，棉、黏胶纤维面料表面不易起毛起球，所以，为了改善面料的起毛起球性，可采用合成纤维与棉、黏胶纤维混纺。平纹组织面料不易起毛起球，经过后处理的合成纤维面料不易起毛起球。

（三）面料的舒适性能

1. 面料的通透性

织物的透气性、透湿性、防水性称为通透性。天然纤维面料较合成纤维面料好。其中面料透过水汽的性能称为透湿性，它是一项重要的舒适性能指标，直接关系到面料的排汗能力，与纤维的吸湿性有关，吸湿性好的纤维，面料透湿性也较好。

2. 面料的保暖性

面料的保暖性包括三方面，即导热性、冷感性和防寒性。结构松软厚实的面料，因其中包含的孔隙多，存留的静止空气多，因而保暖性好。

六、面料风格

由于材料本身的物理性能和化学性能等本质属性存在差异，不同面料的表面效果是不同的。选用不同材料构成的面料，使人产生不同的美感，体现不同的面料风格。如厚实的面料给人以稳重之美；轻薄的面料给人以浪漫之美；硬质的面料给人以挺括之美；粗糙的面料给人以自然之美。面料风格主要包括冷暖感、坚固感、柔软感和透明感等，是面料给予人的心理感受和评价。不同风格质感的面料，在服装、家纺用品的款式造型和工艺加工等方面都会产生不同的影响，并最终影响产品的风格。表 1-1 为常见面料的风格特征与构成。

表 1-1　常见面料的风格特征与构成

风格	特征	构　成	典型面料
立体感	平整	采用平经平纬或条份均匀的低捻纱线，大多为平纹组织和纬平针组织，结构紧密，表面平整、细腻、朴实	细平布、细纺、府绸、高密度斜纹布、凡立丁、派力司、驼丝锦、电力纺、塔夫绸、纬平针织物等
	起绉	采用绉组织、异收缩线型、特殊整理工艺使织物表面产生绉纹效应，手感富有弹性，透气性、悬垂性好	绉纹布、双绉、乔其纱、碧绉、顺纡绉（柳条绉）、特纶绉、重绉、和服绸、留香绉等
	凹凸	采用易收缩纱线、双层组织、织造送经量控制、特殊化学与机械处理等方法，使织物表面呈现富有立体感的凹凸起绉图案或肌理效果	泡泡纱、树皮绉、轧纹布、冠乐绉、凹凸绉、定型褶皱布等
	凸条	采用凸条组织、起绒组织、不同粗细的纱线、联合不同的组织和密度或轧纹整理等方法，使织物表面呈现明显的凸条效果	麻纱、罗布、罗缎、灯芯绒、经条呢、巧克丁、马裤呢、文尚葛、四维呢、缎条绡、凸条绸、轧纹布、罗纹针织物、双反面针织物
光泽感	光感	采用具有不同光感的纤维材料或其他材料、纱线线型、织物组织以及丝光或轧光等方法，使织物表面呈现不同风格和亮度的光泽感，织物光滑、细腻、夸张，给人以扩张的感觉，装饰性较好	细纺、贡缎、贡呢、洋纺、电力纺、塔夫绸、柞丝绸、素绉缎、桑波缎、有光纺、美丽绸、羽纱、人丝软缎、金银人丝织锦缎、醋丝缎、拷花布、蜡光布、轧光布、涂层织物、驼丝锦等
	暗淡	采用棉、麻、绢丝等光泽较为暗淡或粗细不匀的短纤维纱线、易产生漫反射的变化组织或经过磨绒等处理，使织物光泽较为暗淡、风格朴实	粗平布、绵绸等
粗犷感	粗犷	采用条份不均匀的粗纱线或花式纱线、变化组织等方法，织物具有粗犷、松散、质朴和稳重感	粗平布、粗斜纹布、竹节布、疙瘩绸、麻布、粗花呢、杭纺、双宫绸、绵绸、鸭江绸、装饰布、手工编织物等
	细腻	采用细而均匀的精纺高支和超细纤维构成的纱线等，并配以较高密度，使织物细腻、精致	塔夫绸、细纺、织锦缎、驼丝锦、特细巴里纱、特细府绸等
刚柔感	柔软	采用抗弯刚度低的纤维如毛、丝、棉、黏胶、超细纤维等，较低的紧度，长浮组织或针织组织，拉绒、拉毛和柔软整理等方法，织物具有柔软和温和的质感，悬垂性较好	细平纺、黏胶织物、细纺、细斜纹布、黏胶哔叽、贡缎、绒布、牛津布、水洗布、女衣呢、法兰绒、洋纺、真丝斜纹绸、真丝缎、素绉缎、人丝软缎、乔其绒、金丝绒、天鹅绒、桃皮绒、人造毛皮、法兰绒针织物、驼绒针织物、毛巾布等
	硬挺	采用抗弯刚度大的纤维、纱线、组织，如麻纱线、捻线、交织点多的组织，高紧度制织，硬挺或涂层等处理，织物具有坚硬、挺括的风格	夏布、苎麻汗布、麻布、塔夫绸、涂层布、帆布等

续 表

风格	特征	构　　成	典型面料
厚薄感	薄透	采用透孔组织、经编网眼组织、细纱线、捻线、低紧度等方法，织物轻薄、透明、透气	东风纱、迎春绡、伊人绡、巴里纱、烂花布、洋纺、蝉翼纱、乔其纱、缎条绡、锦玉纱、雪纺绸、蕾丝、经编网眼织物、经编花边织物
	厚重	采用粗纱线、重组织、多层组织或特殊缩绒、拉毛等工艺，织物具有较厚的厚度以及良好的保暖性和强度	灯芯绒、双面女衣呢、麦尔登、海军呢、制服呢、学生呢、大衣呢、毛毡、填芯织物、双面提花针织物等
	质实	采用较粗的纱线和高紧度的设计方法制织而成，织物紧密、结实、质朴、耐用	华达呢、卡其、牛仔布、灯芯绒、平绒、帆布、粗服呢、防雨布等
	毛绒	采用花式纱线、起绒组织或特殊整理工艺，织物表面呈现耸立或平卧的绒毛或绒圈，有平素、提花和印花产品，手感丰厚、柔软、蓬松、保暖	灯芯绒、平绒、仿麂皮、雪尼尔、人造毛皮、骆驼绒、乔其绒、金丝绒、天鹅绒、起绒针织物、毛圈针织物、毛巾布、经编起绒、经编毛圈等

七、服装面料的识别

面料的形成需要经过一系列的纺织染整加工。以纤维、纱线为原料，然后赋予面料一定的组织结构、外观风格和内在质地，最终形成感观特征。由于服装面料外观与性能的不同，对服装的视觉美感和触觉美感等服用性能产生直接影响，因此，对于千变万化的服装面料，无论是消费者还是从业人员，都应对面料的外观和性能进行认识与鉴别。

服装面料的外观是人们接触服装时的第一感觉，无论是服装的加工方式还是面料的服用性能，都会对人们的消费心理产生直接影响。

（一）面料的经纬向识别

1. 从布边看：若面料有布边，则与布边平行的纱线方向是经向；
2. 从浆纱看：浆纱的是经纱方向；
3. 从密度看：织物密度大的一般是经纱；
4. 从筘痕看：筘痕明显的布，则筘痕方向是经向；
5. 从捻度看：织物经纬纱捻度不同，捻度大的多为经向；
6. 从结构看：毛巾类织物，起毛圈的纱线方向为经向；纱罗织物，有扭绞纱的方向为经向；
7. 从效果看：条子织物，条子方向通常是经向；
8. 从纱线看：有一个系统的纱线为不同的细度时，这个方向多为经纱；
9. 从配置看：交织物中，棉毛、棉麻、棉一般为经纱；毛与丝交织物中，丝为经纱；天然丝与绢丝交织物中，天然丝为经纱；天然丝与人造丝交织物中，天然丝为经纱。

（二）面料的正反面识别

1. 根据组织来判断

平纹：正面光洁，麻点少，色泽较匀净；

斜纹：正面纹路清晰、光洁；

缎纹：正面光滑有光泽，反面织纹模糊。

2. 根据组织类判断

条格面料、凹凸织物、纱罗织物、印花织物的正面图案或纹路清晰，反面则模糊。

3. 根据毛绒结构判断

单面绒：正面有绒毛，反面平整；

双面绒：正面绒毛光洁整齐，反面绒毛少。

4. 根据布边的特点判断

正面布边光洁度好、纱头少，反面布边粗糙、纱头多些。

5. 根据商标判断

内销产品反面粘贴有成品说明书、检验印章、出口产品证明等。

（三）面料的成分识别

由于服装面料的纤维材料种类很多，识别时一般有凭借人们视觉与触觉的经验积累的感官法、有观察纤维材料燃烧过程差异性的燃烧法、有分析纤维材料在化学试剂中变化的化学法以及借助于专业仪器设备进行检测的仪器法等，简便易行的方法是感官法和燃烧法，当面料成分复杂且准确率要求高的情况下往往运用不同方法同时进行识别。

思考与练习

1. 服装是如何构成的？
2. 服装具有哪些功能？
3. 简述常见纺织纤维的主要服用性能。
4. 列举出 4 种不同类型纤维材料，并评述其服用性能。
5. 总结各种纺织纤维性能的最突出特性。
6. 平纹、斜纹、缎纹组织的特点是什么？
7. 说明简便常用的纺织纤维种类鉴别方法。
8. 简述服装面料正反面的识别依据。

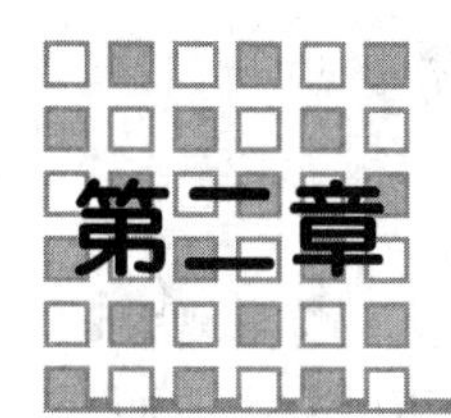

第二章

正装及其面料应用

服装是历史发展和社会进步的产物，古今中外的服装各式各样，种类繁多。服装不仅仅能御寒保暖，又是表现自我、代表人的身份与地位的一种标志。在人类历史上，社会发展产生了不同的职业。随当今社会的不断发展，社会分工越来越细，职业的分类也越来越多，由此产生了体现各种职业身份的服装。在比较正式的职业场合穿着的职业装一般都具有一定的规范，由此产生了正装的概念。

第一节　正装概述

正装指的是正式场合——具有公众身份或者职业身份场合的着装。正装与其他的时装、便装、礼服都有区别，正装中用于工作场合的职业装最多。

正装通常有三种含义：一是指有些单位按照特定的需要而统一制作的制服，如公安制服、交警制服、军队制服等；第二种是指人们自选的在正式场合，如参加聚会、观看大型演出、出席音乐会等场合穿着的服装；第三种是指人们在工作场合穿着的服装，有时也称为上班服。制服反映一定的职业要求，它由社会分工、社会角色决定，其基本特点是庄重、保守，适合工作，形象统一。正式场合穿着的服装和上班服则不同，它要求着装者在注重穿着场合、工作环境的同时，也要注重塑造自我形象，既要给人以成熟干练、稳重得体的感觉，又要不失优雅、大方、美观，同时反映和表现一个时期服装的流行趋势。

一、正装及其特征

通常人们穿着的正装主要包括西装、套装和衬衫等。

（一）西装(Suit)

西装，一般指西式上装或西式套装，包括男西式套装以及与男西装式样类似的女式套装。西装诞生于19世纪中叶，据说源自英国王室的传统服装，最早出现于欧洲。西装清朝末年传入我国，经过一百多年的演变与完善，现已在全世界广泛流行，深受世界各个国家、民族的欢迎。西装一直是男性服装王国的宠物,"西装革履"常用来形容文质彬彬的绅士俊男,西装是当代男士必备的国际性正装。

西装根据其款式特点和用途的不同,一般可分为正规西装、休闲西装两大类。

正规西装是指在正式礼仪场合和办公室穿用的西装。休闲西装是随着人们穿着观念的变化更新,在正规西装基础上变化的产物,休闲西装由于款式新颖、时髦、穿着随意大方而深受青年人的喜爱。

由于西装造型大方、选材讲究、工艺精致、外观挺括、稳重高雅,适合不同国籍、肤色、年龄的人穿着,因此自问世以来,经久不衰,成为当今男性必备的首选服装。

西装的主要特点是造型大方、选材讲究、做工精致,因此西装能够体现人们高雅、稳重、成功的气质,可以展示人们的职业、身份、品位。西装选择的面料一般是挺括、色彩沉稳而偏暗的毛织物,面料本身的质感烘托了西装的凝重、严谨和洒脱。所以,总体上西装具有稳重、高雅、严谨、合体的特点,一件得体的西装能给人们扎实能干、沉稳老练的形象。

三件套西装矜持、稳重,适用于重大正规场合使用,很适合中老年男士的穿着趣味,但在我国不太流行。两件套西装穿着广泛,无论是上班、赴宴、出席会议等正规场合,还是户外小憩、散步等休闲活动,都显得雅致、得体。

中山装是中国特有的服装,在20世纪既作为为中国男子的制服,也作为礼服,更是正装。相关介绍见本书第六章。

(二)套装(Suit of clothes)

套装是一种两件套、三件套等多套组合的服装,与西装相比既有差别又有相似之处,且以女套装为主。

套装是近年来女性穿着广泛的服装,可分为西装套装和时装套装两种。西装套装通常为职业女性在办公室穿着,式样基本上与男式西装相类似,体现女性的干练和精悍,但比较严肃刻板。西装套裙是目前职业女性最基本的日常服装,它能很好地体现出白领女性高雅、端庄、脱俗的风度。相比较而言,时装套装款式变化丰富,流行周期短,可充分突出女性的秀丽、柔美。套装的概念,狭义理解应该是使用同种面料制作的上装和下装,后来逐步扩展为可以使用质地与色彩相呼应的不同面料的上下装组合,使上装与下装的配套组合具有更多的变化。

套装的款式、造型很多。领型除了西装领外,还常用青果领、披肩领、圆领、V字领等。上装的造型可以是宽松的,也可以是束腰紧身的,长度可以短至齐腰,也可长至大腿。松身式造型自然、流畅,它所追求的是一种自由、洒脱的衣着风格。

(三)衬衫(Shirt)

衬衫在服装中的地位相当重要,穿着十分普遍。衬衫是西方服饰逐步演化的产物,而且不断被人们接受、改进,成为男性服装中必不可少的组成部分,也广泛地被女性穿用。

衬衫也称衬衣,是穿在人体上半身的贴身衣服,指前开襟带衣领和袖子的上衣。穿着时,下襟掖在裤子或裙子里面。衬衫根据穿着场合与功效一般可以分为正规衬衫和便服衬衫两大类,其中便服衬衫又可分为休闲衬衫、运动衬衫、劳动衬衫等。

正规衬衫可以在正式社交场合使用,也能在办公室等半正式场合使用。男式正规衬衫的款式变化不多,设计重点一般放在衣领上。常用的领型有翻领、钮领、圆领、尖领、立领、翼领等。如今，主要是翻领衬衫、钮领衬衫、立领衬衫这三种比较流行。与男式衬衫的稳重大方相比，女式衬衫款式多，色彩丰富，名目繁多。从领型角度来看，女式衬衫有端庄文雅的硬翻领衬衫，简洁明快的无领衬衫，秀气脱俗的立领衬衫，适用面广的开领衬衫等。同时女式衬衫比较注重款式的局部变化、装饰、点缀，如花边、刺绣、绳带、磨花、烫花、拼接等手法在女式衬衫中应用很多，成为服装中的亮点。

二、正装的穿着礼仪

现代社会十分注重个人形象的塑造，每个人日常的穿衣打扮要满足一定的礼仪要求。一般服饰礼仪有如下原则：

1. 注意场合：工作场合要求庄重保守；社交场合要求时尚个性；休闲场合要求舒适自然。

2. 角色定位：要符合身份，体现个人职业素质和风貌。

3. 扬长避短：特别要避短，如脖子短不宜穿高领衫，O 型、X 型身材的女性不宜穿短裤等。

（一）西装

拥有合体大方的西装是男人高雅、稳重、职业、身份、品位的象征与体现，而西装的穿着与搭配大有学问。一般来说穿西装要遵循以下原则：

1. 面料

西装的面料一般多选用纯毛面料或毛混纺面料，利用纤维材料的优质特性展示西装品质与品位。纯化纤面料看上去则显得廉价、质低。

2. 色彩

西装一般是深蓝、灰、深灰等中性色彩。黑色西装比较正统常见，灰色和藏青也很正式。而浅色亮色就属于休闲西装比较常用的颜色。在西方，棕色西服被认为是低品位的表现，黑色西服只能用于婚、葬或作为燕尾服。

3. 花纹

男性西装只能是纯色或暗而淡的含蓄条纹。带条纹的西装一般以条纹不太明显的作为正式场合西装，而反差大的条纹或者格子西装多不用于正式场合。任何大格、花呢的图案都不会使人产生良好的印象。深蓝色西装加暗条纹被西方人认为是强有力的男性西服。

4. 造型

这里指单排扣或双排扣，目前国际上流行的西装是单排扣，双排扣西装更加正规和拘谨。若是单排双粒扣，其第二粒是样扣，故忌全部扣上，一般只扣第一粒或两粒都不扣；若是双排扣西装，一般应把钮扣全部扣上，以显稳重；若是单排三粒扣，第一、三粒是样扣，也忌全部扣上，可以只扣中间一粒或都不扣。

5. 领带

穿西装一般应配领带，如不打领带，则忌扣紧衬衫的领口。领带的标准结法应是扎实的倒梯形。领带下垂忌过长，粗端下垂至皮带扣，忌露出。

6. 衬衫

着西装忌西装袖子比衬衫长，应比衬衫短 1 cm 左右。忌衬衫下摆放在西裤外。

7. 其他

西装口袋的使用有一定的规则。如上衣的左胸袋可在礼仪场合插胸花,左右大袋一般不放东西。

(二) 套装

女性在工作场合穿着的套装,款式最好是翻领套装,颜色要稳重,衬衫与套装的颜色要协调。适当添加一些点缀,会让平日里严肃的正装显得更温柔、更女性化,例如系丝巾、戴胸花及其他饰品。

女士穿西装套装,显得利索干练。但在穿着方面有些讲究。

1. 颜色

明智、实用、正确的选择是基本色,即黑色、灰色、米色、深蓝色、褐色和白色。若是浅色西装外套,如白色、米黄色等,可选择深色衬衫、毛衫。反之,若是深色西装外套,如黑、深蓝色、深咖啡,可选择浅色的衬衫与毛衣。

2. 质地

对于年轻女性,套装的面料不一定十分高档,因为年轻女性应以活泼健康为主,高档质地的面料会限制人的行动,因此可选择混纺类、亚麻料、化纤产品等。成熟的女性以及白领职业女性可选择高档面料,如羊绒、羊毛作为套装的衣料。

3. 场合

现代社会中,女性在职场上扮演着越来越重要的角色,职业妇女的衣着要一切以端庄、大方为原则。因此,职业套装是永不过时的时装,无论办公、出外旅游、走亲访友,甚至出席宴会,都是最舒适、简便、正式的服装。套装里面可以穿衬衫、毛衣、背心,搭配裙子或长裤,变化多端,随心所欲,但需有色系的规划才能显出高贵典雅的气质。

(三) 衬衫

衬衫包含贴身穿、外穿衬衫和与西装等配套穿着的衬衫三种。重要会议、签字仪式、礼仪会见等正式场合与西装配穿的衬衫必须扣上领口扣子,系上领带,以示自尊、端庄的形象。平时衬衫外穿时,则可不系领带,敞开领口,也可以卷起袖子。

三、正装的变化

如今,"休闲"已经成为一种时尚,涵盖了运动、旅游等众多方式,对服装的变化产生了极大的影响。大量生活化正装、休闲化正装、时尚化正装、商务休闲装不断出现,这些服装跳脱了传统正装或休闲装的领域,使之成为与正装和休闲装并列的新一类服饰。

(一) 男休闲正装

同样的一身服装,工作时间穿着,给同事、客户的感觉是职业、智慧和非凡,下班之后同朋友一起休闲娱乐,又会给人一种休闲、洒脱和亲和的感觉,这就是现今日渐流行的"休闲化正装"。"休闲化正装"不仅继承了"正装"的职业与经典,同时注入了"休闲装"的洒脱与休闲,是顺应市场需求应运而生的男装品牌"第三派别"。

国际T台上引领休闲时尚的男正装在款式上做足了功夫,多采用大胆袒露胸膛的低开领设计和颇具女装风韵的腰线点缀,宽松的西裤剔除口袋和一切装饰,衬衫袖口大多外翻。甚至男模们还将牛仔风格的领巾卷成长条优雅地系在脖子上,再搭配一条珠光喇叭裤和上翘的尖头皮鞋，很好地勾勒出男人优雅、庄重、随和的雅皮形象。而有些知名国际品牌的新款男装多采用双排扣、大翻领的设计，领带和口袋窄小花哨，款式简洁，版型收腰，线条修长却不厚重——这些当季最时尚的男装设计，为男人在正装和休闲装之间找到了一个完美契合点。

与此同时，如今的男装西服还大量使用中性色彩来淡化男正装的商务风情，典雅的鹅黄、率性的橙色、中性的咖啡色，简约中透露出春夏的休闲活力和运动风情。

对于变化不大的男衬衫而言，色彩的运用和领型的变化是至关重要的，流行趋势的变化将主要集中在领型和条纹的变化。许多休闲风格的正装衬衫采用手感细腻舒适的亚麻纱、纯棉、真丝作为主要面料，轻松中透出浓郁的休闲风格，着重突显男性颀长的身型和优雅的品位。

（二）女休闲正装

一直给人以中规中矩感觉的女士套装，现在也明显地有了些休闲化的趋向，商务休闲的概念越来越被女性所接受。在制服化、职业化的款式基础上，融入了更多时装元素。色彩上，米色、可可色，显现出华贵高雅的风格，而粉红、粉蓝等轻柔色系，“软化”了面料的粗犷。女性商务休闲装，能表现职业女性多方位的形象，紧身的款式显然是不受欢迎的，休闲化倾向的宽松款式成为一大潮流。

随着女性择业的多元化，简单的职业套装已经不再是单一的选择，当灰色、黑色、咖啡色这些职业装的传统色彩让人感觉无比沉闷时，全新的职业春装开始寻求突破——一些大胆的色彩，如水蓝、鹅黄、粉红、艳橙这些稍显亮丽的色彩出现在女性职业装中，增添了女性青春的活力。

而衬衫的变化更加多姿多彩。胸口多出现条纹、格子、花朵等明朗轻快的图案，融合镂空、褶皱、蕾丝等精致工艺，加之手工绘画、印染、刺绣等多种手法的处理，或抽象或写实的风格，令人浮想联翩。

第二节　正装面料的构成与选用

21世纪随着人们生活质量的逐步提高，人们对纺织品的要求将向“现代、美化、舒适、保健”的方向发展，着重点是崇尚自然、注意环保。

在面料选用方面应该注意以下几点：

第一，面料纤维与纱线的种类、粗细、结构与服装档次一致；

第二，面料结构，男装强调紧密、细腻，女装注重外观、风格；

第三，面料色彩图案稳重、大方、不单一，适应面广；

第四，面料性能，对于提高服装功能与效果发挥作用较为显著。

一、面料种类

用于正装的面料种类较多，包括棉、麻、丝、毛和化纤等面料，每种面料都特色、风格各异。

(一) 西装面料

精纺毛料以纯净的绵羊毛为主,亦可用一定比例的毛型化学纤维或其他天然纤维与羊毛混纺,通过精梳、纺纱、织造、染整而制成,是高档的服装面料。它具有良好的弹性、柔软性、独特的的缩绒性、抗皱性和保暖性。精纺毛料做成的服装,坚挺耐穿,质地滑爽,外观高雅、挺括,触感丰满,风格经典,光泽自然柔和,格外显得庄重,通常作为高档西装的首选面料。按面料的成分可分为纯毛、混纺、仿毛三种。

1. 纯羊毛面料

纯羊毛面料包括纯羊毛精纺面料和粗纺面料两类。

纯羊毛精纺面料大多质地较薄,呢面光滑,纹路清晰,光泽自然柔和,有膘光。该种面料身骨挺括,手感柔软而弹性丰富。紧握呢料后松开,基本无皱折,既使有轻微折痕也可在很短时间内消失。如华达呢、哔叽、直贡锦等。

纯羊毛粗纺面料则质地厚实,呢面丰满,色光柔和。呢面和绒面类不露纹底,纹面类织纹清晰而丰富。手感温和,挺括而富有弹性。

近年来开发流行的各种精纺羊绒面料,既可制成各种正装面料,也可以制成质地厚实的绒面大衣面料,高贵华丽。

2. 毛混纺面料

毛可以与多种纤维混纺制成混纺面料,品种有毛涤混纺、毛黏混纺、毛腈混纺、毛丝混纺,以及毛黏腈、毛黏锦三合一混纺等。常用的是毛涤混纺和毛黏混纺面料。

毛涤混纺面料挺括但有板硬感,缺乏纯羊毛面料柔和的柔润感。弹性较纯毛面料要好,但手感不及纯毛和毛腈混纺面料。紧握呢料后松开几乎无折痕。

毛黏混纺面料光泽较暗淡,精纺类手感较疲软,粗纺类则手感松散。这类面料的弹性和挺括感不及纯羊毛和毛涤、毛腈混纺面料。若黏胶含量较高,面料容易皱折。

3. 化纤仿毛面料

以各种化纤为原料,通过毛纺工艺制成外观似毛呢的面料称为化纤仿毛面料。传统上以黏胶(人造毛)纤维为原料制成的仿毛面料,光泽暗淡,手感疲软,缺乏挺括感。随着纤维种类的增加,仿毛产品在色泽、手感、耐用性方面都有了很大的改善。

(二) 套装面料

女式套装在面料选配方面较男士西装更为讲究,也更为繁复。用于男士西装的各种面料均可用于女士套装,只是男装要求同色配套,而女士套装可以在不同色套之间进行搭配,不同颜色之间也可以互相映衬。

此外,具有垂顺感和舒适手感的面料成为职业女装的新宠,并且,这些适合做职业女装的面料都具有平整、易打理的特点。在面料上,采用水洗、免烫等休闲面料,服装外型坚挺又易于保养。在花色上,彩色、几何图案的运用,使整体风格显得自然随意。

(三) 衬衫面料

衬衫面料是衬衫用衣料的总称,主要指薄而密的棉纺织品、丝绸制品等。男士衬衫的常见面料主要有府绸、细平布、以及精纺高支毛型面料等。

质地轻柔飘逸、凉爽舒适的真丝织物是女士衬衫的理想衣料。如真丝砂洗双绉、真丝绉缎、软缎、电力纺、绢丝纺等时有选用。各种新颖印花、提花及手绘花卉图案真丝绸,更得女性青睐。各式棉织物、麻织物、化纤织物也是女士衬衫的常用面料，如府绸、麻纱、罗布、涤纶花瑶、涤棉高支府绸细纺及烂花、印花织物常用来制作女士衬衫。代表性的女士衬衫面料有府绸、双绉、涤棉细布、夏布等等。

二、面料选用

面料的选用是服装设计中很重要的一项工作，面料选用的成功与否直接影响服装设计的成败，所以每位服装设计师都特别重视面料的选用。

（一）西装

1. 西装面料的总体选择

西装尺寸严谨，外形有棱有角，线条锐利整齐，穿着它使人显得高雅庄重。男式西装面料以毛料为佳，其他面料可视着装场合加以选择。各类全毛精纺、粗纺呢绒是西装套服的上好面料，精纺织物如驼丝锦、贡呢、花呢、哔叽、华达呢等，粗纺织物如麦尔登、海军呢等。这些面料表面平整、光洁，质地柔软、细密，厚薄适中。另外，各类混纺面料、化纤面料，如中长花呢、华达呢等，也是当今看好的面料。

2. 不同款式西装的面料选择

男西装的面料与款式也有很大关系，一般情况下，中、高档面料适合做合体的职业男西装，而休闲类的毛、麻、丝绸等面料则多做成宽松、偏长的样式。由于服装的中性化，男、女服装面料的中性化也日益渐多。比如，男装常用的贡呢、驼丝锦等面料在女装上使用，而女装的特色面料——丝绸，如今在男装上同样也有运用。

3. 西装面料的图案与色彩选择

西装面料的图案相对比较简单。常用的有细线竖条纹，这种条纹多为白色或蓝色。粗条纹或大方格则多见于娱乐场所中。对于色彩的选用，深色系列如黑灰、藏青、烟火、棕色等，常用于礼仪场合穿的正规西装，其中藏青最为普遍。当然，在夏季，白色、浅灰也是正式西装的常用色。

（二）套装

1. 套装面料的总体选择

在春秋季节，一般选用各类精纺或粗纺呢绒来制作套装。精纺花呢具有手感柔滑、坚固耐穿、织物光洁、挺括不皱、易洗免烫的特点，因此是女套装的理想面料。女套装常用的有精纺羊绒花呢、女衣呢、人字花呢等。花呢类是呢绒中花色变化最多的品种，有薄、中、厚之分。织物结构的不同使花呢形成丰富多彩的外观特点，比较保暖，价格也适中，一般适合深秋或初春较为寒冷季节穿着，像麦而登、海军呢、粗花呢、法兰绒、女式呢等。对于毛织物，选料的口诀是“挺、软、糯、滑”。挺，就是织物的弹性好，不易起皱，用手抓捏织物，松手后织物复原性好，无折痕。软，就是织物软而有弹性。糯，就是织物丰厚而不呆板，无笨重之感。滑，就是织物表面结构匀整、光洁、滑润。除了毛织物外，其他棉、麻、化纤面料也可选用，如窄条灯芯呢、细帆布、条纹布等棉、麻织物，麻织物制成的西装风格粗犷、朴实，别具一格。而各种化纤及混纺面料，由于结实耐磨、抗皱免烫、价格低廉，也是女套装常用的面料。

2. 不同季节套装的面料选择

春秋冬季穿着的女式套装一般选用各类精纺或粗纺呢绒。精纺花呢具有手感柔滑、坚固耐穿、光洁挺括的特点，是女套装的理想面料。常用面料有精纺羊绒花呢、女衣呢、人字花呢等。粗纺呢绒一般具有蓬松、柔软、丰满、厚实、保暖的特点，如麦尔登、海军呢、粗花呢、法兰绒、女士呢等，适合制作秋冬季的厚型西装。

夏季薄型套装的面料主要为丝、毛及麻织物，丝哔叽、毛凡立丁、单面华达呢、薄花呢、格子呢是薄型女套装的理想用料。麻类织物具有挺而不爽、滑而不糙、爽而不皱、飘而不轻的特点，所制成的西装风格粗犷、朴实，有返朴归真的寓意。但由于纯麻、棉织物易起皱，穿着不雅观，所以一般选用毛麻、麻涤的混纺织物。

3. 套装面料的色彩选择

服装颜色，对于职业女性来说，色彩宜选素雅、平和的单色，或以条格为主，如蓝灰色、烟灰、茶褐色、石墨色、暗紫色等。穿着时，除了要注意上下装面料的质地、性能、手感、厚薄等方面相互匹配外，上装面料的色彩和花型也要与下装匹配，如暖色调的深棕色上装配黄色裤子，大方格上装配细格裙子。

(三) 衬衫

选用衬衫面料时，需要根据其不同用途进行选择。通常，选择的原则是要求面料具有透气性好、吸湿性强、柔软、滑爽、穿着舒适、平挺抗皱、易洗快干、易保管等特性。

1. 不同档次衬衫的面料选择

衬衫面料的选用非常广泛，高档衬衫一般选用高支全棉面料、全毛面料、羊绒面料、丝绸面料等，普通的衬衫选用涤棉面料或进口化纤面料，低档衬衫一般选用全化纤面料或含棉量较低的涤棉面料。选购衬衫产品时，应注意面料的成份标识和面料的质地，最好选用手感柔软、透气性好的面料，如全棉面料。一般，配合西服穿着的衬衫，宜选用比较挺括的面料，外穿的衬衫应选择透气性较好的面料。

2. 男衬衫的面料选择

男衬衫面料以全棉或涤棉混纺为主，全棉精梳高支府绸是正规衬衫用料中的精品，麻织物也常用作高档正规衬衫。有时，根据季节的需要也可以选用全毛或毛涤混纺面料，面料以轻薄型为主，春夏季面料的面密度一般为 120～130 g/m^2，秋冬季面料的面密度为 150～200 g/m^2。春秋穿衬衫以端庄、雅致的风格为主，要求织物平整丰满，厚实细密，柔软吸湿，耐洗耐穿。面料主要选用毛、丝、棉及化纤织物，代表性面料为精梳府绸、精纺色织平布、绢纺以及精纺高支毛型面料等，如全毛单面华达呢、凡立丁、花平布、条格呢、罗缎、细条灯芯绒以及薄型涤棉织物和中长纤维织物。中厚型衬衫可以选用真丝面料、全毛凡立丁、单面华达呢，也可以选用纯棉绒布和印花织花布以及涤棉中长纤维织物。

3. 女式衬衫的面料选择

女式衬衫的面料选择依用途而定，主要选择棉、蚕丝、绢纺、黏胶、涤纶以及混纺面料，面密度一般为 40～100 g/m^2。轻薄型衬衫用于夏季或与套装相配，故要符合季节和时尚两方面的需要。质地轻柔飘逸、凉爽舒适的真丝织物是女式衬衫的理想衣料，如真丝砂洗双绉，其表面有细密毛绒，并具有砂石磨洗外观，穿着舒适、轻盈清爽、柔和凉快，受到女士们的偏爱。真丝绸缎、软缎、电力纺、绢丝纺也有选用。各种新颖印花、提花及手绘花卉图案真丝绸，更得女性青睐。各式棉、麻织物、化纤织物是女式衬衫的常用面料，如府绸、麻纱、罗布、涤纶花瑶、涤棉高支府绸、细纺及烂花、印花织物，常用来制作女式衬衫。

4. 衬衫的颜色选择

正规衬衫的颜色选用一直是比较敏感的问题，在选料时要倍加注意。单色正规衬衫总选用最浅淡最柔和的颜色，如象牙色、淡褐色、浅蓝、淡黄、白色。这些颜色丰醇漂亮，十分适宜工作时间和较正式场合使用。条纹衬衫一般选条纹宽度较窄的面料，质地较好的明细条纹面料具有华丽的风格。格子衬衫不如条纹衬衫正式，颜色宜浅不宜浓艳。

三、常用面料

（一）毛型面料

1. 华达呢

华达呢是精纺呢绒的重要品种之一。华达呢的名称一般认为来自音译，商业上有时也称作轧别丁(gabardine)。

华达呢采用精梳毛纱织制，织物表面光结平整，正面斜纹纹路清晰、细密、饱满，斜纹角度约63°左右，其手感结实，挺括。紧密、滑挺、结实耐穿的华达呢，一般用作男外衣；滑糯柔软、悬垂适体、结构适当松散的华达呢，用作女外衣和女裙。华达呢密度较高，且经密大于纬密近一倍，经纬纱为21～16 tex×2的股线，面密度为250～450 g/m^2，以300 g/m^{2}左右最为普遍。颜色以藏青、咖啡、灰、米色为主。近几年多采用流行色调，以符合时装的要求。华达呢按组织结构分为三种。

（1）单面华达呢：采用二上一下斜纹组织。正面斜纹向右倾斜，反面没有明显斜纹。质地滑糯柔软，悬垂适体，是较好的裤料和裙料，流行色产品是上乘的女装面料。

（2）双面华达呢：采用二上二下加强斜纹组织。正面纹路向右倾斜，饱满粗壮；反面纹路向右倾斜，不如正面清晰。质地较厚，挺括感强，用于礼服、西服、套装，沉稳庄重。

（3）缎背华达呢：采用加强缎纹组织，经浮线较长，密集地排列在背面。因此正面为右斜纹，反面为缎纹面。这是华达呢中最厚重的品种。常见面密度480～570 g/m^2，质地厚重，挺括保暖。但这种面料易起毛，故不宜做经常摩擦的服装，若制作裤子，裤线难以持久。适合做上衣和风衣面料。

华达呢品种很多，从外观上看，有素色华达呢、采用染色花线织制的花色华达呢和经纬采用异色线织制的闪色华达呢，如图2-1所示。从采用原料种类看，除纯毛华达呢外，还有毛涤、毛粘混纺及纯化纤华达呢。

图2-1　毛华达呢

华达呢主要用于外衣面料、帽料、鞋料，经防水整理可制作高档风雨衣。华达呢在穿着中，由于经常摩擦部位的织物表面纹路被压平，易产生极光。此外，应注意勿直接熨烫织物正面，以免出现极光。

2. 哔叽

哔叽是精纺呢绒产品中的传统品种，一般采用二上二下双面斜纹组织结构。经密略大于纬密，斜纹角度在45°左右，斜面纹路明显，间距较宽，多数为匹染单色，以藏青色最为普遍。

与华达呢相比，织物表面纹路较平坦，间距较宽，经纬交织点清晰，密度适中，质地丰糯柔软。哔叽的用纱范围较广，一般为 34～12.5 tex×2 股线，且捻度适中，经纬纱细度和经纬密度接近，斜裁也不会走样。面密度为 190～390 g/m²。

哔叽种类很多。按呢面分为光面哔叽与毛面（绒面）哔叽。光面哔叽纹路清晰，光洁平整；毛面哔叽经轻度缩绒，呢面有一层短绒毛，纹路隐约可见，光泽柔和，丰糯感强。按用纱粗细和织物质量分为厚哔叽、中厚哔叽、薄哔叽。厚哔叽经纬均用双股线；薄哔叽经向用股线，纬向用纱的纱支较细。按原料分，有纯毛哔叽、毛涤、毛粘混纺和纯化纤涤粘哔叽。哔叽滑糯而有弹性，身骨柔而不烂，光泽自然，无陈旧感，可制作西服、套装、学生服。薄哔叽主要做夏令女装和裙子。

3. 花呢

花呢是精纺呢绒中品种花色最多、组织最丰富的产品。利用各种精梳的彩色纱线、花色捻线、嵌线做经纬纱，并运用平纹、斜纹或经二重等组织的变化和组合，使织物呢面呈现各种条、格、小提花及颜色隐条效应。

按纤维原料种类分，有纯毛、毛混纺、纯化纤花呢三类。纯毛花呢包括纯羊毛花呢、马海毛花呢、驼绒花呢、羊绒花呢、丝毛花呢；毛混纺类花呢有毛黏、涤毛、毛涤黏三合一花呢和凉爽呢；纯化纤类花呢有涤黏、涤腈、黏腈、纯涤纶花呢等。

按外观花型分，有素花呢、条花呢、格花呢、隐条隐格花呢、海力蒙（人字型）花呢等。

按呢面风格分，有纹面花呢，表面光洁，织纹清晰；绒面花呢，织纹不清楚，呢面覆盖密而匀的绒毛，手感丰厚；轻绒面花呢，织纹略隐蔽，呢面有短而匀的绒毛。

按面密度分有薄、中、厚三种类型，薄型的面密度一般在 200 g/m² 左右。

图 2-2　混色中厚花呢

花呢一般以条染、复精梳、色经、色纬织造为主，匹染较少。花呢用途较广，可做四季服装，特别是时装。常见的花呢有：

（1）素花呢

素花呢是外观无明显条格的中厚花呢，采用条染复精梳工艺，先将毛条染成各种深浅不同的颜色，经拼色混条纺成各单色毛纱，再并成花色线作为经纬线织造而成，其外观特点是：呢面上有非常细小的不同色泽花点，均匀地散布于呢面上，远看像素色，近看有微小的色点，显得素雅大方别致。如图 2-3 所示。

图 2-3 高级防蛀礼服花呢

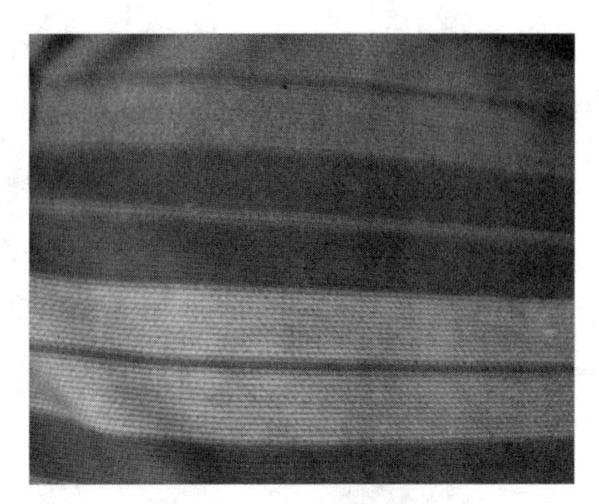

图 2-4 化纤条格花呢

(2) 条花呢

条花呢为外观有明显条子的中厚花呢，是在素花呢的基础上，再用单色纱作嵌条或通过组织变化构成不同的条纹。条花呢分为阔条、狭条、明条、隐条等数种。凡条型宽度在 10 mm 以上的称为阔条花呢，条型宽度在 5 mm 以下的称为狭条花呢。用色纱或组织变化构成与地色有明显区别的条型，称为明条花呢，反之，与地色基本一样或用正反捻向纱分别排列的称为隐条花呢。如图 2-4 所示。

(3) 格子花呢

格子花呢是在条子花呢的基础上，运用构成条子花型的方法，在横向(即纬向)作同样的安排，使之与条型垂直相交，成为大小不同的格型。格子花呢又因花型、格型的不同，分为大格、小格、明格等。如图 2-5 所示。

图 2-5 毛格子花呢

图 2-6 化纤凉爽呢

(4) 凉爽呢

凉爽呢是涤毛混纺薄花呢的商业名称，因织物具有轻薄透凉、滑爽、挺括、弹性良好、易洗快干、穿着舒适等特点，又名毛的确良，适于制作春夏季男女套装、裤子、衫裙等。如图 2-6 所示。

4. 凡立丁

凡立丁又名薄花呢，是精纺呢绒中质地较轻薄的品种之一。该织物采用平纹组织，品种繁多，有素色、条纹、格纹、隐条、隐格、纱罗和印花凡立丁等，其中色彩以浅、米色为主。适宜做春末夏初的西服套装、裙子、两用衫、中山装等。凡立丁分全毛、混纺和纯化纤等，其中毛/

涤混纺凡立丁外观薄滑挺爽，具有抗皱、免烫等优点，倍受消费者欢迎。一般为匹染产品，织物面密度在 180～350 g/m² 之间。

风格特点：呢面光洁平整，经直纬平，色泽鲜艳匀净，光泽自然柔和，手感滑、挺、爽，柔软有身骨，活络富有弹性，具有抗皱性，透气性能好，适于制作各类夏季套装等。

5. 驼丝锦

驼丝锦是近几年来西服厂家用料的主要大类之一，国内许多知名品牌西服均选用此面料。一般以高级细羊毛为原料，经纱为股线，纬纱多为单纱，经纬密度较大，采用缎纹变化组织，呢面由阔而扁平的凸条和狭而细斜的凹条间隔排列，正面带有轻微的毛绒，反面较光洁。

图 2-7　毛驼丝锦

驼丝锦大多采用匹染单色，以黑、灰色为主，也有条染混色的。主要用作大衣、上衣和礼服面料等。其组织为三上一下和四上一下斜纹结构，面密度在250～350 g/m² 之间，纱支高。织物的风格特点是呢面光洁细腻，手感丰满、滑挺，光泽自然柔和，结构紧密无毛羽。如图 2-7 所示。

6. 板司呢

板司呢是精纺毛织物中最具立体效果的职业装面料，采用平纹组织结构，花纹细巧，花色新颖，外观有深浅对比的阶型花纹。制成的服装具有薄、软、挺等特点，是目前消费者追求个性化的主选品种，是精纺面料中的佼佼者。

织物风格特点主要是呢面光洁平整，织纹清晰，悬垂性好，滑糯有弹性。

7. 贡呢

贡呢为中厚型缎纹结构毛织物，是精纺毛织物中经纬纱细度小、面密度大且厚重的品种。经纬纱细度为 20～14 tex×2(50/2～70/2 公支)，面密度为 270～350 g/m²。贡呢以纯毛为主，少数为涤/毛和毛/黏混纺。采用五枚加强缎纹组织织制，表面有细致明显的贡条纹路，间距较窄。按纹路倾斜角度分为三类。

(1) 直贡呢：经面缎纹组织，经浮线长而多，纹路倾角约 75°，是贡呢的主要品种。

(2) 横贡呢：纬面缎纹组织，纬浮线长而多，纹路倾角 15°左右，生产量较少。

(3) 斜贡呢：纹路倾角约 45°，已为华达呢和哔叽所代替。

直贡呢是贡呢类的主要品种，精梳毛织物，也是我国传统织物。所用纱支较细，经纬密度较大，表面呈斜纹，斜纹倾斜角度为 75 度。除传统直贡呢外，还有条形直贡呢，亦称“新条直贡呢”。直贡呢颜色深且鲜艳，常匹染成乌黑色，又称“礼服呢”，也有藏青、灰色等，此外还有花线和夹花直贡呢。高档品种一般用条染。贡呢光泽明亮柔和，呢面平整光滑，纹路清晰，身骨紧密、厚实，手感活络而有弹性，穿着悬垂贴身。由于浮线较长，耐磨性不佳，易起毛擦伤。

风格特点：纹路凹凸分明，呢面平整细洁，质地紧密厚实，手感丰厚饱满，富有弹性，光泽明亮，穿着舒适，是高挡西服面料。全毛直贡呢的主要用途是西装、大衣、礼服，尤其是正规西装，属男性化的衣料。此外，还可做鞋面呢、帽料和中式马甲等。

8. 派力司

派力司是采用混色精梳毛纱织制的轻薄型平纹毛织物。一般经向用 17～14 tex×2（60/2～70/2 公支）股线，纬向用 22～25 tex(40～45 公支）单纱。面密度比凡立丁稍轻，一般为 140～160 g/m²。混条前先将部分毛条染上深色，再与本色或浅色毛条混合纺纱。由于深色纤维分布不匀，在呢面上呈现不规则的混色雨丝纹，形成其独特的混色夹花风格。

派力司手感滑、挺、薄、活络、弹性好，呢面平整，光泽自然，以中灰、浅灰、浅米、浅绿色为主。除了全毛派力司外，还有毛涤派力司、纯化纤派力司等。适宜做春秋和夏季的上衣、裤子、裙子等。

9. 女士呢

又称女衣呢、女服呢，主要用于女装，其呢面密度比较疏松，质地较轻薄，常采用变化原料、纱线线密度、组织等手段来适应女装多变的需要。除纯毛制品外，混纺制品也很多，有毛黏、毛涤黏、毛腈等混纺比例不等的女士呢，也有腈纶、腈锦等纯化纤女士呢。采用斜纹、破斜纹组织、小提花组织、变化组织和大提花等组织制织。经缩绒、起毛加工，使织物正反面具有均匀的绒毛，但不浓密，纹底隐约可见，身骨柔软松薄，色泽大多鲜艳明快。近年来还出现了印花女士呢、针织女士呢。各式女士呢如图 2-8 所示。

女士呢的组织结构多种多样，常见的除平纹、斜纹外，更多地采用联合组织、变化组织和提花组织，大多结构较松，浮线长，构成各种细致花纹。女士呢的呢面风格有光洁平整的，也有绒面的、透孔的、凹凸的、带枪毛等多种。花型有平素、直条、横纹及传统格子。花式线也多用于女士呢的织制。面料颜色大多鲜艳明快，有大红、桔红、嫩黄、草绿、湖蓝、白色等。女士呢按外观风格可分为以下几类：

（1）平素女士呢：表面绒毛较细密，不露底。

（2）立绒女士呢：表面有短而直立的绒毛。

（3）顺毛女士呢：表面绒毛朝一个方向倒伏。

（4）松结构女士呢：不经过缩绒或轻缩绒，质地疏松轻盈。

10. 海军呢

海军呢过去被称为细制服呢，是海军制服呢的简称，多用作海军制服，故得名。其外观与麦尔登呢无多大区别，织纹基本被毛茸覆盖，不露底，质地紧密，但手感身骨较麦尔登差。

海军呢所用原料较好，纺成 100～83.3 tex(10～12 公支)的粗梳毛纱，采用二上二下加强斜纹组织织制，经缩绒、起毛、剪毛等整理工艺。成品以藏青色为主，少数为军绿、米色、灰色、驼色等。除用作军服外，还可做制服、春秋外套、中短大衣等。

主要品种有全毛海军呢、毛粘海军呢及毛粘锦海军呢。面密度为 360～490 g/m²。

11. 制服呢

制服呢相对于海军呢来说，也称粗制服呢，是粗纺呢绒中的大路品种，原料品质较低。经纬纱细度为 166.5～111 tex(6～9 公支)，面密度为 450～520 g/m²，用斜纹或破斜纹组织织制。经缩绒、起毛、剪毛等整理工艺，呢面有均匀的毛绒，但不及麦尔登和海军呢丰满，稍露纹底。由于所用羊毛品级较底，且纱号粗，呢面较粗糙，色光较弱，手感不够柔和。经常摩擦易落毛露底，影响外观，但价格便宜。主要品种有全毛、毛粘、毛粘锦和腈毛粘制服呢等。匹染为藏青、黑色等。可制作秋冬制服、外套、茄克及劳保服装。如图 2-9 所示。

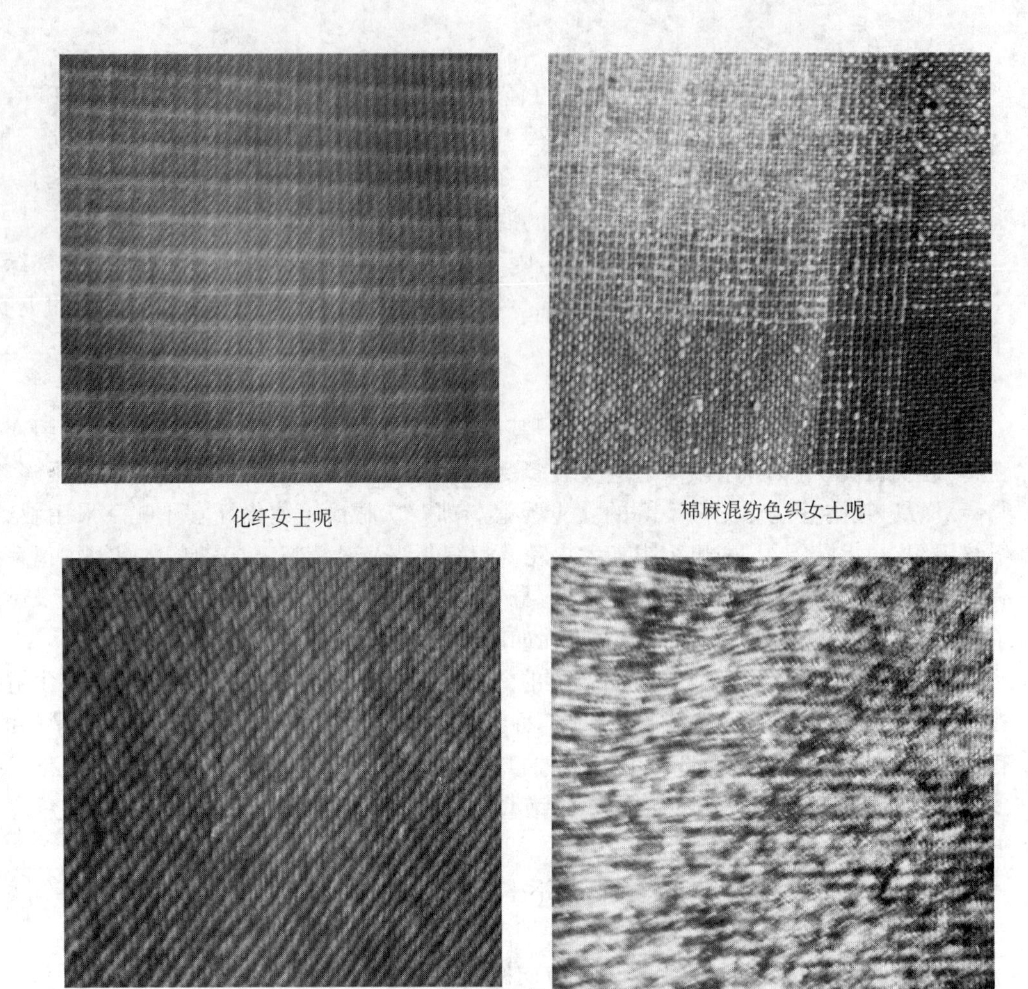

化纤女士呢

棉麻混纺色织女士呢

毛粗纺混色女士呢

针织女士呢

提花女士呢

图 2-8　各式女士呢

精纺呢绒

粗纺人字呢

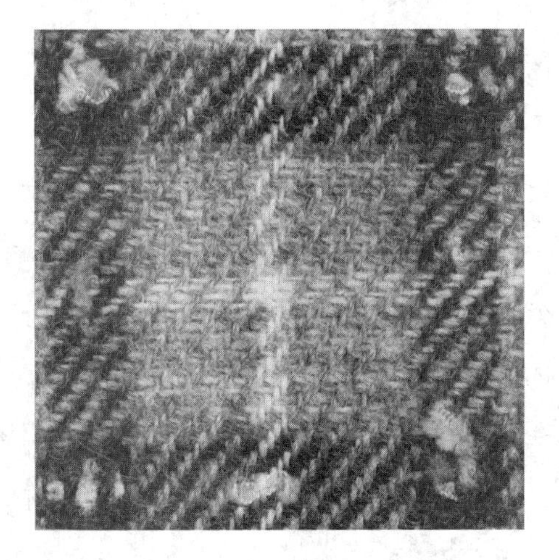
粗花呢

图 2-9　毛呢绒面料

12. 法兰绒

法兰绒(Flano,Flannel)一词系外来语,于 18 世纪末在英国首制。国内一般是指混色粗梳毛纱织制的具有夹花风格的粗纺毛织物,以掺入 5%～15%粗绒棉或 30%以下的黏胶纤维为原料,按色谱需要,先将部分纤维染色,然后与本白色纤维混合,纺成 100～62.5 tex(10～16 公支)粗纺毛纱,用平纹或斜纹织制,经缩绒、拉毛整理而成。呢面绒毛细洁、丰满,混色均匀,不露或稍露纹底,有薄型和厚型之分。该织物手感柔软而有弹性,颜色柔和,以中、浅、深灰色为主。可用于西装、茄克、大衣、西裤、裙子、童装等。如图 2-10 所示。

13. 大众呢

又称学生呢,原料品级较低,采用精梳短毛或再用毛,混以 20%～30%黏胶纤维,纺成 111～100 tex(9～10 公支)的粗梳毛纱,用二上二下破斜纹织制。呢面较粗糙,色泽不够匀净,半露纹底,面密度为 400～500 g/m^2。穿着中易起球、落毛、露底,因价格较便宜,主要用作学生制服和秋冬季外衣。如图 2-11 所示。

图 2-10　法兰绒

图 2-11　大众呢

14. 丝毛呢

以蚕丝、羊毛混纺纱制织的呢类丝织物。混纺比一般为丝 55/毛 45，以二上二下方平组织制织。织物质地厚实而富有弹性，有较强的毛型感。宜作西服面料或套装。如图 2-12 所示。

图 2-12　丝毛呢

图 2-13　纯棉细纺

(二) 棉型面料

衬衫类面料要求薄、柔软、挺括、光洁清晰、细腻的布面纹理与光泽感、抗褶皱、透气吸湿导汗等，棉型面料属首选，如柳条细布(条纹布)、府绸、牛津布、波纹绸等，一般用平纹组织或其他花纹织制。除漂白之外，也有染成纯一色或印花的。

1. 细纺

细纺是采用 6～10 tex 的特细精梳棉纱或涤棉混纺纱作经纬纱线制织的平纹织物。因其质地细薄，与丝绸中的纺类织物相似，故称细纺。有漂白、染色、印花三种。细纺经纬向均采用精梳特细棉纱，经纬密度一般为 240～370 根/10 cm 面密度为 80～120 g/m²。该种织物通常为白色，手感柔和，布面平整细洁，轻薄似绸，高级的精织细平布有近丝绸的感觉，但是较丝绸坚牢。经过丝光整理后，光泽特别柔和，光滑感强，吸湿透气。适宜做夏季服装，特别是衬衫。也可以刺绣加工成手帕、床罩、台布、窗帘等装饰用品。如图 2-13 所示。

2. 府绸

府绸是高支高密、表面呈现菱形颗粒状外观效应的平纹织物。经密大于纬密，一般为2∶1或5∶3，织物具有质地轻薄、结构紧密、颗粒清晰、布面光洁、手感滑爽、丝绸感等特点。由于经纱紧密挤靠，凸起部分使织物表面呈现明显均匀的菱形颗粒，这是府绸区别于平布和细纺等织物所特有的颗粒效应，又称“府绸效应”。

府绸用纱较细，一部分还采用精梳纱，织物质地细密、轻薄、布面柔软、滑爽、挺括，表面织纹清晰，颗粒饱满，光泽莹润。因此，较同线密度纱的平布质地要好，舒适感强。由于府绸经密比纬密大，经向强度比纬向强度高，所以府绸面料的服装往往容易出现纵向裂口，即纬纱先断裂。

府绸的品种很多，根据所用纱线不同，分为纱府绸、半线府绸和全线府绸。根据纺纱工艺不同，分为普梳府绸、半精梳府绸、精梳府绸。根据织造工艺不同，分为平素、条格、提花府绸。根据染整加工不同，分为漂白、杂色、印花府绸。根据织造和印染过程不同，分为白织府绸和色织府绸。有些还经过防缩、防雨和树脂整理等。如图 2-14 所示。

图 2-14　条格府绸

府绸穿着舒适，是衬衫、内衣、睡衣、夏装和童装的理想面料。经特殊整理的精梳府绸可制成高档衬衫面料，柔软挺括而不易变形。

棉布类衬衫面料常用的还有泡泡纱、贡缎等，如图 2-15、2-16 所示。

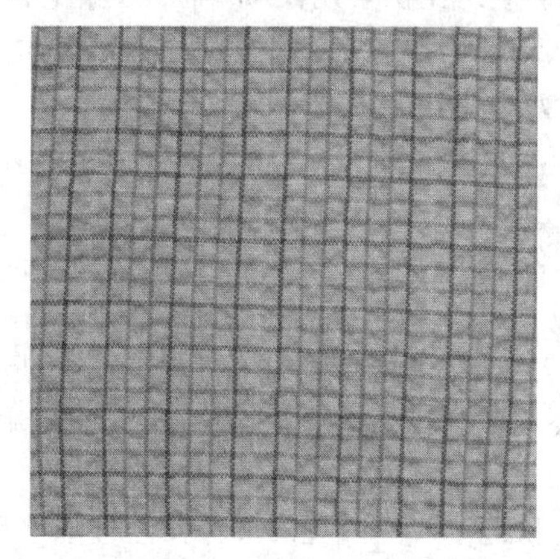

图 2-15　色织条格泡泡纱

图 2-16　棉绉格子布

3. 条格平布

条格平布是用染色棉线和漂白棉线织成的衬衫衣料，配色多为白与红、白与蓝、白与黑等。既可用作运动衬衫，也适宜作礼服衬衫。如图 2-17 所示。

图 2-17 各种条格平布

4. 涤棉平布

涤棉平布是采用涤纶短纤维与棉纤维进行混纺后制织的平纹机织面料，俗称“棉的确良”，具有布面光洁、手感滑爽、挺括免烫、耐穿、易洗快干、易保管等优点。混纺比例常用涤 65/棉 35，涤纶含量低于 60%为低比例混纺，其面料的吸湿、透气、透湿性能较好。如图 2-18 所示。

图 2-18 涤棉平布

（三）丝型面料

1. 杭纺

又名“素大绸”、“老纺”，因盛产于浙江杭州而得名，是历史悠久的传统品种。杭纺是以桑蚕丝为原料的平纹组织，面密度在 109 g/m² 左右，是纺类中的厚型品种，属生织丝绸。光泽以练白、光青、灰色为多，也有少量藏青色，缩水率为 5% 左右。

杭纺绸面光洁平整，织纹颗粒清晰、色泽柔和、手感厚实紧密、富有弹性且坚牢耐穿，可做夏季衬衫、裙、裤等。如图 2-19 所示。

图 2-19　杭纺

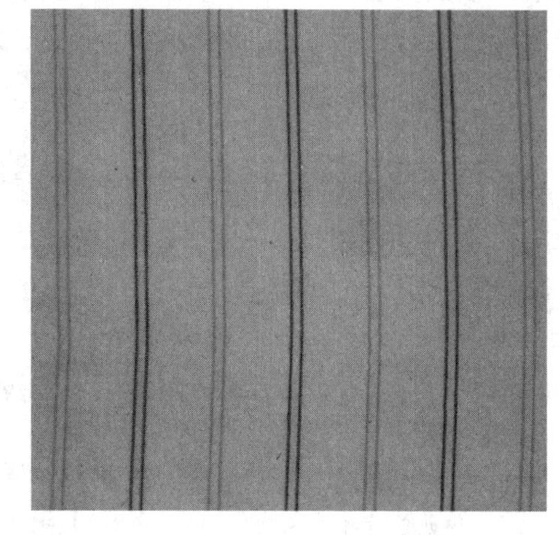

图 2-20　彩丝绉

2. 碧绉

碧绉是白织或半色织条格形绉类丝织物，有素碧绉和格子碧绉之分，素碧绉又称更新绉、印度绸。碧绉织物的纬向采用碧绉线（它是由一根加捻的粗丝与一根较细的无捻或弱捻丝合并，并反向加捻而成），组织为平纹，织物经染整加工后便形成水浪形绉纹。按碧绉所用的原料可分为真丝碧绉，蚕丝、锦丝交织碧绉，蚕丝、人造丝交织碧绉等。素碧绸可染色、印花。碧绉类织物质地紧密细致，手感柔软滑爽，绉纹自如，光泽柔和，弹性好，轻薄透气，主要用作夏令男女衬衫、妇女衣裙、中式衣衫等。图 2-20 所示为真丝彩丝绉。

3. 绉缎

绉缎是平经绉纬的桑蚕丝缎类织物，采用五枚经面缎纹组织。纬丝以 2S、2Z 间隔织入。绉缎一面平整柔滑，有细微绉纹，另一面为缎面，光滑明亮。织物品种以素绉缎为主，经染色或印花加工而成；也有少量提花绉缎，绸面的绉纹地上呈缎纹花，地暗花明。绉缎质地紧密坚韧，绸面平整滑糯，穿着舒适，可作衬衫、连衣裙、袄里及戏装等，两面均可用于服装的正面。成品缩水率为 5%左右。图 2-21 为真丝弹力素绉缎。

图 2-21　真丝弹力素绉缎

4. 真丝斜纹绫

又称真丝绫、桑丝绫，为纯桑蚕丝生织绫类丝织物。组织为二上二下斜纹，坯绸经精练、染色或印花加工，织物质地轻柔、光滑，色泽明亮而柔和，纹路细密清晰，有薄型和中型之分。薄型的面密度为 35～44 g/m²；中厚型的面密度为 55～62 g/m²。缩水率为 5%，适宜作衬衫、连衣裙、睡衣及头巾等。

5. 采芝绫

又名立新绸，是桑蚕丝与黏胶人造丝交织的提花绫类织物，以一上三下破斜纹作地组织，上面提织有人造丝和桑蚕丝的经面缎花。也有经纬向全部采用人造丝织制的人造丝采芝绫。织物质地中型偏厚，绸面起中小花纹或散花，可染成各种颜色。可制作春秋女装、儿童斗篷等。

6. 绢丝纺

又称绢纺，是用桑蚕绢丝织制的平纹纺类丝织物。有坯绸精练而成的练白绸，也有印花和色织彩条、彩格绢丝纺，质地丰糯柔软，织纹简洁，光泽柔和，并有良好的吸湿性和透气性。由于是短蚕丝原料，表面有极细微的绒毛，光泽不如电力纺和杭纺明亮，易泛黄起灰。绢丝纺主要用于男女衬衫、内衣、睡衣裤等。

柞绢丝纺比桑绢丝纺坚牢，但粗糙，色泽较黄。

7. 美丽绸

美丽绸是纯黏胶丝平经平纬丝织物，采用三上一下斜纹或山形斜纹组织制织，坯绸经练染而成。织物纹路细密清晰，手感平挺光滑，色泽鲜艳光亮，其缩水率较大，是一种高级的服装里子绸。如图 2-22 所示。

图 2-22　美丽绸

图 2-23　花富纺

8. 富春纺

富春纺是黏胶人造丝与棉型黏胶短纤纱交织的纺类丝织物，织物经密大于纬密，经染色或印花而成。这种织物绸面光洁，手感柔软滑爽，色泽鲜艳，光泽柔和，吸湿性好，穿着舒适，主要用作夏季衬衫、裙子面料或儿童服装，杂色富春纺也可作冬季棉衣的面料等。如图 2-23 所示。

9. 涤美缎

涤美缎为涤纶仿真丝绸提花缎类丝织物，手感滑糯，富有弹性，具有免烫、洗即穿的优良特性。经丝采用半光弱捻涤纶丝，纬丝用异形截面的涤纶丝，在八枚缎组织地上起纬花，花纹光泽明亮、晶莹闪烁，宜作女装衣料。

丝绸类面料还有很多，也可以作为衬衫的面料选用，如图 2-24 所示。

真丝疙瘩绸

香云纱

图 2-24 真丝衬衫面料

思考与练习

1. 正装怎样注意穿着礼仪？
2. 正装与职业装有何区别？
3. 正装的面料选用应考虑哪些因素？
4. 分别说明毛华达呢、凡立丁、哔叽、派力司的特性。
5. 简述棉府绸面料的特性与用途。
6. 分析某一品牌正装的特色与市场销售情况。

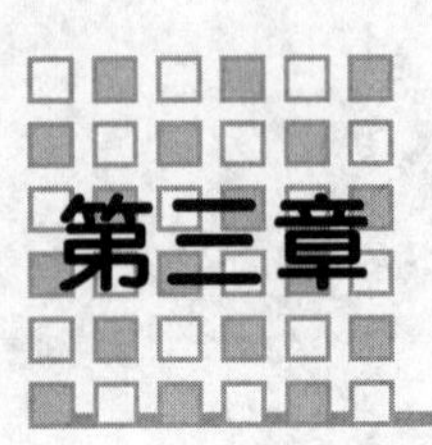

休闲装及其面料应用

第一节　休闲装概述

随着全球经济、文化的发展与交融，服装多元化、个性化发展的趋势越来越明显。人们的业余生活丰富多彩，自然更加注重服装的轻松、舒适功能。同时由于现代工作与生活节奏的加快，使人感到十分疲倦和浮躁，回归自然，追求宁静已经成为一种时尚。人们越来越崇尚一种简单便捷的生活方式，各种各样的时尚休闲理念充斥着社会生活的各个方面，休闲服装应运而生，休闲概念逐渐成为现代生活的主题，成为人们追崇的热点。从某种意义上讲，休闲是社会经济发展繁荣的体现，是人们放松心情的心理反映。

休闲一词在服装界所覆盖的范围非常广泛。休闲装又称便装，表达现代生活中随意、放松的心情，通过简洁、自然的风格展示于人，通常在轻松自如、自由自在的休闲生活中穿着。休闲服装从 20 世纪 60 年代开始兴起，很快受到人们的欢迎；80 年代，随着我国改革开放的深入，讲究品位、追求个性的理念促使休闲服装在国内开始流行；90 年代开始，随着社会经济的快速发展，人们在紧张节奏下加强对自然朴实生活的渴望，回归自然之风再度兴起，休闲服装的轻松、随意风格，满足了人们的心理需求。

休闲服装原指人们在工作学习以外的休息、度假等闲暇时间所穿着的服装，但是，随着时代的变迁和社会的进步，人们的着装观念发生了改变，服装行为随之发生变化。特别随经济水平提高，人们对服装的要求不仅仅局限在服装的穿着耐用等性能上，而是向往更加舒适、美观、自然的休闲服装。如今，休闲服装已经成为服装领域中享有独特风格、已独立门户的服装类别。

一、休闲装的种类

休闲装的范围很广，从牛仔服到休闲西装，从 T 恤衫到家居服，都可以成为它的产品，而且随着人们各种休闲活动内容的不断丰富与变化，休闲服装无论是功能还是面料种类与风格都必将越来越多。按照休闲装的风格特性一般可以分为向往未来的前卫型、运动时充满自由度的运动型、线条与色彩多变的浪漫型、简洁典雅的古典型、风土人情韵味的民俗型、自然真情流露的乡村型等几种类型。

1. 前卫休闲装

运用新型质地的面料，风格偏向未来型，比如用闪光面料制作的太空衫，是对未来穿着的想象。

2. 运动休闲装

具有明显的功能作用，以便在休闲运动中能够舒展自如，它以良好的自由度、功能性和运动感赢得了大众的青睐。如全棉T恤、涤棉套衫以及运动鞋等。

3. 浪漫休闲装

以柔和圆顺的线条、变化丰富的浅淡色调、宽宽松松的超大形象，营造出一种浪漫的氛围和休闲的格调。

4. 古典休闲装

构思简洁单纯，效果典雅端庄，强调面料的质地和精良的剪裁，显示出一种古典的美。

5. 民俗休闲装

巧妙地运用民俗图案和蜡染、扎染、泼染等工艺，有很浓郁的民俗风味。

6. 乡村休闲装

讲究自然、自由、自在的风格，服装造型随意、舒适。用手感粗犷而自然的材料，如麻、棉、皮革等制作服装，是人们返朴归真、崇尚自然的真情流露。

休闲服装有时按照穿着的场合不同，也可分为社交休闲装、家居休闲装两种。

由于现代人生活节奏的加快和工作压力的增大，使人们在业余时间追求一种放松、悠闲的心境，反映在服饰观念上，便是越来越漠视习俗，不愿受潮流的约束，而寻求一种舒适、自然的新型外包装。因此，休闲服装便以不可阻挡之势侵入了正规服装的世袭领地。

图 3-1　休闲装 1

图 3-2　休闲装 2

图 3-3　休闲装 3

图 3-4　休闲装 4

图 3-5　休闲装 5

二、休闲装的特征

休闲服装近年来倍受消费者的青睐，它不仅顺应国际潮流，而且体现了人的休闲心境，强调对人及其生活的关心，并参与到人们改造现代生活方式的活动中来。实际上，休闲并非是另一种生活方式，而是人们对久违了的纯朴自然之风的向往，休闲服装作为人们摆脱各种压力而寻找的一种舒适、自然的新型外包装。休闲服装的内涵很广，种类很多，它遍布不同的品牌、不同的性别、不同的年龄、不同的季节、不同的区域。

休闲服装的本质特点在于“休”与“闲”，具体表现为以下几方面：

（一）舒适与随意性

人在社会环境中的行为受到社会制度、道德规范、行为准则、传统习俗的约束，因而人们的穿着具有社会效应，长期以来，各种礼服、制服为人们在不同场合担任不同角色定下了不少清规戒律。时代刚刚进入 21 世纪，人们在紧张的工作学习之余，呼唤健康、渴望休闲，希望通过服装的穿着改善心情、解除疲劳、摆脱约束，更加注重服装的舒适、随意性。因此，传统服装有了相应的改变：用劳动布或灯芯绒代替精纺呢绒；西装的宽松版型、领形变化、局部镶拼、暗线变明线等使正规的西装休闲化，穿着时舒适不刻板，突出服装整体设计的人性化。如图 3-6 所示。

图 3-6 随意性休闲装

（二）实用与功能性

实用性与功能性是休闲服装的一个最大特点。如服装在刮风的时候可以挡风，下雨的时候可以防水，天凉的时装可以保暖；再如多层拉链，防浸水的口袋设计，可放可收的帽子。尤其是多口袋或多功能暗袋的设计，前者使你随身携带的小东西有“藏身之地”，而且分类清楚，找起来也方便得多；后者则能让你的重要物件“贴身收藏”，避免被窃等等。因此适应日常生活与学习工作、旅游、出差、运动（如跑步、游泳、溜冰、登山、打网球）等不同功能的休闲服装层出不穷。如图 3-7 所示。

图 3-7 休闲装

（三）时尚与多元性

休闲服装无论在款式造型、色彩设计，还是在面料结构、制作工艺方面都从单一向多元化发展。一直以来，纯棉面料是休闲服装的首选面料，它的吸汗性能好，穿着相当舒适，但是易起皱，影响美观，而且较厚的纯棉不易洗、不易干。随着流行趋势变化，很多休闲服装，除采用棉质面料外，还运用了大量的涤棉和各种含高科技成分的混纺面料，生产的服装在色彩方面较鲜艳，如桔色、红色、艳蓝、翠绿等。白涤棉及锦纶、涤纶、尼龙等合纤面料和镶色的拼配手法也被大量运用，针织面料是这种时尚、舒适潮流的元素之一。面料的多元化使休闲服装在保证基本实用功能的同时，也保证了服装在时尚、流行方面的空间。如图 3-8 所示。

图 3-8　时尚休闲装

第二节　休闲装面料的构成与选用

在许多人的概念里，把穿着休闲装当成一种毫无节制的放松，不讲究色彩的搭配、质地的谐调、服装与配饰之间的配合。其实，在逛街、散步、假日亲友间小聚等场合穿的休闲装，最能体现个人的品位。

休闲装面料应以轻盈、柔软、悬垂、质朴的风格为主。休闲装的制作、结构、工艺与其他服装有很大差别，它的设计十分自由，不受任何条条框框的束缚。在服装的款式上，自由想象空间大，宽松、简洁不刻板；色彩与图案的题材相当广泛，表现形式与风格情调也各有不同。

一、常用休闲装面料的种类与特征

由于休闲服装的范围很广泛，休闲服装的面料选用种类也很多，一般常用的有棉、麻、毛、混纺或化纤等机织面料与针织面料，其中棉类织物、麻类织物和化纤织物应用最多。

（一）棉类织物

棉类织物是休闲装的常用面料，主要品种有平纹布、麻纱、卡其、哔叽、华达呢、牛仔布等，第二章中介绍的用于衬衫面料的细纺、府绸等也常用于各类休闲装。

1. 平纹布

又称平布。织物所用的经纬纱细度相同或差异不大，经纬密度也很接近。布料经纬向强力较为平衡，结实耐穿，布面平整，但缺乏弹性。

平布的主要品种根据所用经纬纱的粗细不同分为粗、中、细三种。

(1) 粗平布：又称粗布，采用 32 tex 以上棉纱线织成，织物表面粗糙、布面杂质较多、织物厚实、坚牢耐用。

(2) 细平布：采用 19 tex 以下棉纱线织成，织物轻薄、表面平整光洁、平滑细洁、手感柔韧、杂质少，富有棉纤维的天然光泽，应用范围很广，是休闲装棉面料的主要品种。

(3) 中平布：纱线粗细介于粗平布与细平布两者之间，效果比较大众化，用途与细平布相似，只是面料外观没有细平布细腻。

三类平布经过漂白、染色、印花以及特殊的加工如扎染、蜡染后，织物风格独特，典雅大方，富有浓郁的民族色彩与风格。

2. 麻纱

麻纱是以棉纱作经纬织成的一种平纹变化织物，利用捻度较高的细支纱，并在经纱中采用两根双纱和一根单纱相互间隔排列与纬纱交织而成。麻纱采用较高捻度的中细特纱线，经纱以单根和双根间隔排列，密度较低，因而布面出现高低不平、宽窄不一的凸起条纹和明显纱孔。其布面挺括凉爽，组织比较稀疏，因外观和手感都很像麻织物而得名。麻纱挺爽如麻，轻薄透气，无贴身感，极为舒适，是理想的夏季衣料。麻纱纬向缩水较经向大。

3. 卡其

卡其是斜纹棉织物中比较重要的一个品种，其经密度比纬密度大 1 倍，结构紧密，手感比较硬挺，其织物用途较广。

图 3-9　棉卡其

卡其是高紧密度的斜纹织物，品种较多。单面卡其采用三上一下斜纹组织，正面有斜向纹路，反面没有。双面卡其采用二上二下加强斜纹组织，正反面都有斜向纹路。正面纹路向右倾斜，粗壮饱满：反面纹路向左倾斜，不及正面突出。变化卡其可以采用变化斜纹组织如山形斜纹等。纱卡其的经纬向均采用单纱，大多为三上一下斜纹组织，外观与斜纹布相似，但正面纹路比斜纹布粗壮明显。此外，还有半线、全线卡其；普梳、半精梳和精梳卡其。根据原料可分为纯棉、涤棉和棉维卡其等。如图 3-9 所示。

卡其紧密程度很大，经纱密度已接近最大限度。织物紧密厚实，挺括耐穿，织纹清晰。纱卡其质地较柔软，不易折裂。线卡其光滑硬挺，光泽较好，但折边处如领口、袖口、裤口等处容易磨损折裂。卡其主要为色布，纱卡有少数印花，用于制服、运动裤、外衣、裤等。极细号纱卡可制做衬衫。高密度双面卡其经防水整理即为防雨卡其，可做风衣、雨衣。卡其还可作为沙发套等装饰用布。

涤/棉卡其是涤棉织物的主要品种，由涤纶和棉纤维的混纺纱线织成，俗称“涤卡”。涤纶与棉的混纺比例有 65/35、50/50、35/65 等，涤棉卡其与纯棉卡其比较，具有外观挺括、耐穿、耐用、尺寸稳定、免烫等优点，但是吸湿性和透气性较纯棉织物差。涤/棉卡其细洁挺括、坚牢耐磨、不缩不皱、易洗快干的特点使其成为深受大众欢迎的面料。常用的颜色有藏蓝、棕黄、铁灰、白色等。

4. 哔叽

棉哔叽采用二上二下加强斜纹组织，结构较松，经纬纱细度和密度接近，质地柔软。面料斜纹倾角约为45°，正反面纹路方向相反，纹路较平坦且间距较宽，经纬交织点明显，是斜纹组织中密度最小、以双面斜纹为基础织成结构松散的素色棉织物。它的经纬密度比华达呢小，斜纹纹路比华达呢宽，质地稀松，手感柔软，其平挺度及耐用性均不如华达呢。

其类型一般有纱哔叽和线哔叽两种。纱哔叽柔软松薄，经纬纱线密度均为28～32 tex，采用2/2左斜纹，经向密度283～330根/10 cm，纬向密度216～248根/10 cm。染色小花型纱哔叽适用于妇女、儿童服装。线哔叽质地结实，布面光洁，呈右斜纹，一般加工成色布，以黑、藏青、灰色为主，一般用作棉、夹衣面料，藏青色的多做外衣面料，是我国部分少数民族喜欢的传统产品。

5. 华达呢

华达呢又名轧别丁，有半线及全线两类，是以棉纱为原料仿效毛华达呢风格织制的斜纹织物，一般采用2/2斜纹组织。其特点是经纬密度差异大，经向强力较高，经密度是纬密度的二倍，织物经向密度可达401～575根/10 cm，纬向密度147～248根/10 cm。斜纹间距比较适中。织物手感厚实且不发硬，比哔叽挺而不发脆，却比卡其显得柔软，可谓软硬适度，适用于春秋冬季各种男女服装。

6. 牛仔布

牛仔布又称坚固呢或劳动布，是一种世界范围内应用的传统纺织品。由于它具有许多优点，从19世纪中叶起，历经百余年仍经久不衰，受到各类消费群体的喜爱。随着现代纺织技术的进步以及人们对服装要求的提高，牛仔布从原料种类、纱线粗细、组织结构、印染加工等方面都不断变化与改进，使产品在质地与风格方面旧貌换新颜，不断注入时代的气息与活力。

(二) 麻类织物

麻织物系用麻纤维纺纱加工成的织物，也包括麻与其他纤维混纺或交织的织物。

1. 苎麻织物

以苎麻纤维为原料的苎麻织物，由手工土织的夏布发展而来。苎麻纤维细长而富有光泽，性能较好。其织物除具有麻织物的共性外，还具有布身细洁匀净、结构较紧密、质地优良的特性。苎麻织物主要有以下品种。

(1) 夏布

手工织制的苎麻布统称夏布，是中国传统纺织品之一，盛产于江西、湖南、四川、广东、海南、江苏等地。织制时，用手工将半脱胶的苎麻韧皮浸湿，撕成细丝缕状，捻绩成纱，称为“绩麻”，最后经手工织造而成。夏布以平纹为主，有纱细布精的，也有纱粗布糙的。

夏布有本色、漂白、染色和印花等品种，染色也均为土法加工。细特纱的夏布条干均匀、组织紧密、色泽匀净，适宜作夏季衣着用布，穿着时吸汗不贴体、透气散热；粗特纱的夏布组织疏松，色泽较差，可作衬料。

夏布的生产过程主要为：浸湿——脱胶——成丝——捻丝——整经——上浆——织布。

土法生产的苎麻布，纱支粗细不匀，密度稀松，手感粗糙，质地较硬，色泽暗黄。除了本色以外，夏布也可以漂白、染色和印花，一般以本色和染色的较多。组织结构采用平纹组织，纱线的粗细完全由操作者掌握。夏布的服用风格特点是粗犷朴实、透气凉爽、不贴身、耐用、手感硬、伸缩性差。以往，主要用作蚊帐以及夏季服装，其生产已趋于衰落。但是由于它具有朴素自然、粗犷原始的特殊风格以及手工加工的传统工艺，在当今世界流行的回归自然、怀旧的浪潮中，夏布重新被人们记起，并被人们所推崇。特别是在传统的工艺中融入带有民族文化的元素使该传统产品焕发新的活力。

(2) 苎麻布

苎麻布的外观品质较夏布细致、光洁，纱线粗细适中，有漂白、染色、印花等品种。因纤维长短不同，织物质地也有所不同。

以纯纺为主的苎麻织物，有平纹、斜纹和小提花组织，多为漂白，也有浅色和印花布。中国的抽绣品，如床单、被套、台布等常以这类织物为坯料。

以切段成中长型(90～110 mm)的苎麻纤维为原料，以涤麻混纺为主，可织成中长苎麻织物。其股线织物可作春秋外衣面料，单纱织物可作夏装面料。中长苎麻还可与棉或中长化纤混纺。

以苎麻精梳落麻或切成棉型长度(40 mm)的苎麻为原料，可织成短苎麻织品，一般与棉混纺，组织为平纹或斜纹，用于低档服装、牛仔裤及茶巾、餐布等。也有混纺的雪花呢或色织布等外衣织物。

苎麻混纺布如涤麻混纺布，可使涤麻两种纤维取长补短，既保持了麻织物的挺爽，又克服了涤纶织物吸湿性差的缺点，穿着舒适，易洗快干。轻薄织物可做夏装衣料，稍厚的用于春秋外衣面料。

涤麻混纺花呢指苎麻精梳落麻或中长型麻纤维与涤纶短纤维混纺织成的中厚型织物。产品大多制成隐条、明条、色织、提花等类型，染整后具有仿毛花呢风格。适宜做春秋装面料。

精梳苎麻与棉纤维混纺的织物外观不如纯棉织物匀净，但光泽稍好，有柔软感，较挺爽，散热性好。细薄织物可做衬衫，稍粗厚的适于作裙料、裤料。如图 3-10 所示。

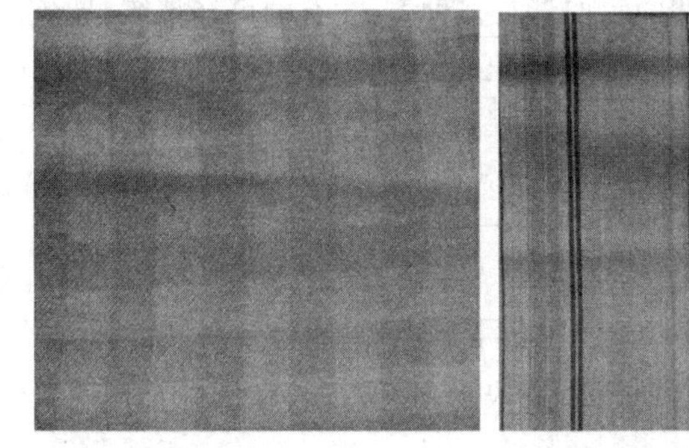
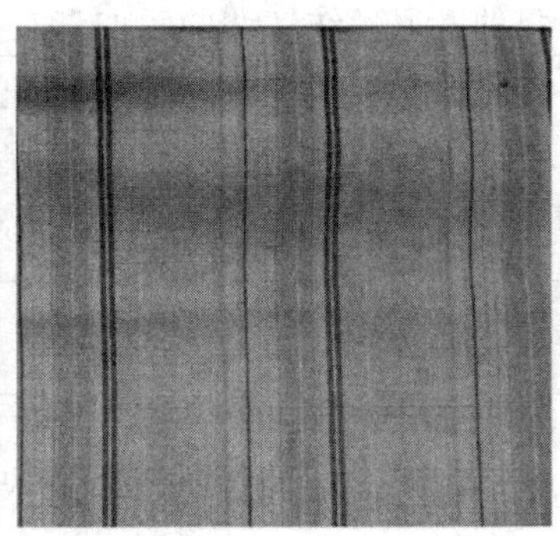

图 3-10　棉麻混纺面料

2. 亚麻织物

以亚麻纤维为主纺织而成的织物，表面具有特殊光泽，不易吸附灰尘，吸湿散热性良好，易洗涤，耐腐蚀。亚麻织物还包括棉麻交织物、涤麻混纺织物。亚麻织物主要有以下品种：

（1）麻细布

一般泛指中细特纱线的亚麻织物，是相对于厚重的亚麻帆布而言的。亚麻细布具有竹节风格，光泽柔和，以平纹组织为主，部分采用变化组织和提花组织。有原色、半白色、漂白、染色和印花织物。主要用于夏装、抽绣、装饰和巾类。

（2）亚麻布

亚麻布可分为内衣和外衣用两种。专供制作内衣的亚麻织物，一般用 40 tex 以下的纱线，纱支条干比较均匀，常用平纹组织，有漂白、染色及半白织品。为改善尺寸稳定性及增加紧度，可经碱缩或丝光处理。这种织物穿着十分舒适，是高档内衣用料。用于外衣面料的亚麻织物，有原色、半白、漂白、染色、印花，组织结构仍然比较简单，主要有平纹组织和变化组织，外观有隐条、隐格等。外衣用亚麻织物的纱线较粗，通常在 70 tex 以上。有些面料要求风格粗犷，则选用 200 tex 的短麻纤维，对条干均匀要求较低。采用碱处理和树脂整理或与涤纶混纺，可改善亚麻织物易皱、尺寸稳定性差的性能，使之更适合于外衣要求。图 3-11 所示的是绣花麻布面料。

图 3-11　绣花麻布

（三）化纤类织物

化学纤维制织的面料主要是仿制天然纤维制品，一般可以分为仿棉、仿麻、仿丝、仿毛等类型以及特殊功能的面料，其中以涤纶仿丝、仿毛最为常见。化学纤维中，涤纶与锦纶使用的也较多。

1. 尼丝纺

尼丝纺为锦纶长丝制织的纺类丝织物。根据织物单位面积克重大小不同，可分为中厚型（80 g/m^2）和薄型（40 g/m^2）两种。尼丝纺坯绸的后加工有多种方式，有的可经精练、染色或印花；有的可轧光或轧纹；有的可涂层。经增白、染色、印花、轧光、轧纹加工的尼丝纺，织物平整细密，绸面光滑，手感柔软，轻薄而坚牢耐磨，色泽鲜艳，易洗快干。主要用作男女服装面料。涂层尼丝纺不透风、不透水，且具有防羽绒性，是用作滑雪衫、雨衣、睡袋、登山服的常用面料。

2. 涤棉绸

涤棉绸是涤纶丝与棉交织的平纹组织结构的织物。绸面光洁挺括，色泽柔和，光泽不及真丝绸润亮，但由于含涤多，质地坚韧耐磨，抗皱性好，易洗快干，免烫。适宜作男女春秋服装、裤子。

3. 涤乔绉

采用涤纶纤维制织的绉组织结构织物，织物具有光泽柔和、手感柔爽、富有弹性等特点，与真丝乔其绉相近。织物以染色、印花为主，适合做夏季服装。

4. 涤丝纺

涤丝纺是经纬均采用涤长丝白织的纺类丝织物，用平纹组织织制，经炼漂、染色、印花、定形整理等加工，成品作运动服、滑雪衣、阳伞或装饰用面料。

5. 涤纶华达呢

涤纶华达呢是典型的化学纤维仿毛产品，也是仿毛织物的代表产品之一。涤纶华达呢的产品规格与毛华达呢相仿，织物具有表面光洁平整、纹路清晰、色泽柔和、手感滑爽、尺寸稳定、价格较低的特点。

6. 涤棉混纺面料

涤棉混纺是已经非常成功的范例，在国际纺织品市场上深受欢迎，品种很多，效果各异。一般的混纺比例为涤/棉 65/35 较为理想，产品性能互补。通常，涤纶纤维采用棉型纤维(0.13～0.17 tex、32～42 mm)进行混纺制织。

主要品种有涤/棉细纺、平布、府绸、卡其等，涤棉混纺面料以及其他纤维的混纺面料将是今后一定时期内面料的主体产品。

7. 凉爽呢

凉爽呢为涤毛混纺薄花呢的商业名称，用“凉爽”两字来概括它的特色，又名“毛的确良(凉)”。

通常，织物采用平纹组织，面密度为 155～190 g/m^2。纱线细度为 10 tex×2 以下的(100/2 公支以上)只有 120 g/m^2 左右，最为轻薄。凉爽呢的花型、色彩由全毛薄花呢演变而来，所以其加工工艺与全毛薄花呢相仿。按花式要求可采用匹染或条染。

凉爽呢轻薄、透凉、滑爽、挺括、弹性好，定型持久，易洗快干，尺寸稳定，且有一定的免烫性，穿着舒适，坚牢耐用。凉爽呢以其轻薄、挺括等优异的服用性能，逐步取代了全毛或丝毛薄花呢。凉爽呢适宜作春夏季男女套装、裤料、衫衬、连衣裙等。

二、休闲装面料的选用

休闲服装是用于公众场合穿着的舒适、轻松、随意、时尚、富有个性的服装。由于休闲服装的风格特性不同，选用面料的要求也有所不同。

(一) 时尚型休闲服装

时尚型休闲服装是在追求舒适自然的前提下，紧跟时尚潮流甚至前卫的一类休闲服装。这类服装属于流行服装类别，通常是年轻的时髦一族张扬个性、追求现代感的主要着装，拥有广泛的消费群体，一般用于逛街、购物、走亲、访友、娱乐等休闲场合的穿着。

牛仔风格、田园情趣，现代年轻人在休闲服装中更多地注入了时尚的元素。前卫流行的色彩、横竖的条纹、夸张可爱的卡通图案以及各式各样的服饰配件，都是充满朝气的青春风格。时尚风格的服装以活泼、轻快和具有现代感的明朗色调，体现了蓬勃的青春气息和独特而时尚的个人情趣。

例如牛仔装以其粗犷、洒脱、随意、舒适的靛蓝魔力始终畅行不衰，给人一种轻松自如、休闲愉快的感觉。牛仔装的特点主要是粗犷、朴实、舒适、经洗耐穿、色彩自然。

牛仔装在面料的选用上，纯棉斜纹布以其粗犷、厚实、坚固而经久不衰。近几年来又陆续开发出外观与牛仔布接近，而特性突破了粗犷风格而显得飘逸潇洒的新面料。此外，由于全棉织物透气性、吸湿性好，穿着特别舒适，甚至在夏天也有许多人还穿着中厚型牛仔裤。

牛仔装在色彩运用上，蓝色是牛仔布的最原始色彩。通过水洗、石磨洗、漂洗、生物洗等方式形成的不同蓝色，在一段时间里几乎成了牛仔布的专用色彩，同时还创造了牛仔布粗犷、浪漫、田园、原始、质朴等气质。随着时代的发展和人们审美情趣的变化，越来越多的色彩被运用到牛仔面料上，使牛仔布色彩斑斓，给人以刚柔相济的美感。

在款式造型上，牛仔装的基本特征始终采用双线、铆钉、金属拉链、纽扣等工艺，并伴有简洁的拼块分割，代表了粗犷、随意的传统风格。

时尚型休闲服装的面料种类很多，无论是机织面料、针织面料，还是无纺布、裘皮、皮革，以及涂层、闪光、轧纹等经过特殊处理的面料，都可选作时尚型休闲服装的面料，体现时尚与前卫。

（二）运动型休闲服装

运动意识是现代人都市休闲风潮中的一种现代意识。在现代生活中，体育锻炼、旅游已经成为人们放松自己、融入自然、享受自然的愉快休闲形式。为适应这类生活方式，出现了将运动与休闲完全相融的休闲服装。

运动型休闲服装具有运动服装和休闲服装的双重功能，常用于一般的户外活动，如旅游、网球、高尔夫球、登山等，表现健康、闲情逸致、紧张后有意放松的情调和朝气蓬勃、乐观向上的形象特征。这类服装的色彩大胆鲜明、配色强烈，面料主要用透气、轻薄、保暖、防水的机织、针织面料，有时注重防水透湿，有时注重弹性、轻便与宽松。

运动型休闲服装的款式造型简洁大方，便于肢体活动，主要强调服装的运动功能性。

1. T恤衫

运动型休闲装中的T恤衫一般分为文化衫、T恤衫两种，有短袖、长袖、无袖、有领、无领等款式。由于T恤衫是人们在各种运动场合和其他场合都可穿着的服装，款式上可略有变化，如在T恤衫上作适当的装饰，即可增添无穷的韵味，使它们带有较强的舒适、随意、潇洒的休闲感觉。

T恤衫的所用原料很广泛，一般有棉、麻、毛、丝、化纤及其混纺织物，尤以纯棉、麻或麻棉混纺为佳，具有透气、柔软、舒适、凉爽、吸汗、散热等优点。T恤衫常为针织品，但由于消费者的需求在不断地变化，设计制作也日益翻新，因此，以机织面料制作的T恤衫也纷纷面市，成为T恤衫家族中的新成员。在机织T恤衫面料中，首选贴肤穿着特别舒适并具有轻薄、柔软、滑爽等特点的真丝面料。采用仿真丝绸的涤纶绸或水洗锦纶绸制作的T恤衫，使T恤衫增添了特殊风格和艺术韵味，深受青年男女的钟爱。此外，还有由人造丝与人造棉交织的富春纺，经特殊处理的桃皮绒涤纶仿真丝绸，经砂洗的真丝绸、绢纺绸都是T恤衫选用的理想面料。而物美价廉的纯棉织物更成为T恤衫面料的宠儿，它具有穿着自然、轻松以及吸汗、透气、对皮肤无过敏反应、穿着舒适等特点，在T恤衫中所占比例最大，满足了人们返朴归真、崇尚自然的心理要求。

T恤衫具有衬衫与汗衫双重功能，主要体现在它的款式造型以及色彩图案上。T恤衫的特点也主要是它的图案和色彩。各种色彩与图案的运用旨在体现自然本色或者古典意象。T恤衫的色彩图案构成方法有印花、色织、刺绣等。现在，出现很多转移印花的T恤衫，其图案具有凹凸立体感，主要用在文化衫上，造型活泼动感十足，受年轻人和喜爱艺术人士的钟爱。在高档男装的T恤衫图案中，基本以横条纹和格纹为主，端庄典雅沉稳又不失潇洒，深受成功男士的青睐，同时也成为夏季里显示身份的一种新标识。女性穿T恤衫则可显露女士的帅气和洒脱。女士T恤采用各种艳丽色彩与图案，有突出女性身材与线条的款式，充分展示女性的风韵。

2. 羽绒服

羽绒服对面料的选用应严格要求。羽绒服的面料应防风拒水、耐磨耐脏，还要能够防止细微的羽绒穿透外飞。因此羽绒服面料一定要结构紧密，一般均需经过特殊处理。质地较为柔软的面料轻软、细密，制成的羽绒服穿起来舒适、惬意。质地较为硬挺的面料制成的羽绒服穿起来精神、潇洒。目前，我国使用较多的面料为高支高密的机织羽绒布和尼龙涂层面料。

对于质地要求紧密丰厚、平挺结实、耐磨拒污、防水抗风的羽绒服，面料宜选用手感较硬的织物，一般有高支高密的卡其、斜纹布、涂层府绸、尼丝纺、以及各式条格印花布等。既可以采用一种面料，也可以由不同种类、不同色彩的面料拼接，而绣花等点缀手法更加能体现传统与现代的结合与渗透。

对于质地要求组织细密、轻薄柔软、丰满滑爽、防风拒水、耐磨抗污的羽绒服，面料选用手感较软的织物为好。常用的面料有较高档的高密度防水真丝塔夫绸、纱线粗细为27.8 tex以上的尼龙塔夫绸、高密度防羽绒布、线呢以及经过涂层轧光的高支高密涤/棉府绸和尼丝纺等。

近几年，国内羽绒服面料用的最多的是涂层尼丝纺，它是以锦纶长丝为原料的平纹织物。根据织物面密度可分为中厚型(80 g/m^2)和薄型(40 g/m^2)两种。织物可以经染色、印花、轧光、轧纹、涂层等加工，改善织物风格。织物特点是纱线细，密度大，平滑柔软，耐磨拒污，不缩易洗；经过聚丙烯酸树脂涂层后，更具有防风、防水、防漏绒等优点，是理想的羽绒服面料。

在色彩上，运用更加强烈的冷暖色调、不同肌理之间的对比以及各种亮丽的颜色，如紫色、黄色和粉红色、浅米色、绿色、黄色等都是羽绒服的视觉亮点。

(三) 职业型休闲服装

职业型休闲服装具有职业装的稳重、优雅、简洁，又具有休闲装的轻松和随意。这类服装的应用范围越来越广泛。人们借助服装来表现个人独特的形象品位，因而青睐那种看似不经意却耐人寻味的装扮。这类服装款式简洁，线条自然流畅，色彩多为中性色，图案含蓄、雅致、大方，面料以天然纤维构成的机织、针织面料为主，也可以采用无纺布、裘皮、皮革等。

第三节　典型面料构成与特征

一、牛仔布

牛仔裤、牛仔裙、牛仔风衣等牛仔系列服装一般用牛仔布为面料，经过水洗、磨砂后得到特殊的风格。自1853年以来，牛仔裤在全世界广为流传，被誉为“裤中之王”。牛仔裤面料从诞生那一天开始就以其结实而闻名。牛仔裤开始是用帆布做的，后来改用纯棉坚固呢，也就是牛仔布。

（一）概念

牛仔布的含义可以从三个方面来理解：

1. 经典牛仔布，即传统的牛仔布，是指以纯棉靛蓝色纱作经线，本色棉纱作纬线，采用三上一下右斜纹组织交织而成的粗纱支斜纹布，布的宽度大多在114～152 cm。

2. 广义牛仔布，是泛指用天然纤维、化学纤维纯纺或混纺纱线制成，具有粗犷、朴实、自然、潇洒、舒适特征的服装面料。

3. 仿牛仔布，是指未采用传统的牛仔布生产工艺条件制成的，具有牛仔风格的服装面料。

牛仔布具有耐磨、耐洗、耐穿、耐脏、耐用等特点。牛仔布从平常的休闲服变化为闪闪发亮、多层染色、贴身、抗污、防水的牛仔裤及上衣，吸引着全世界各年龄层的消费者。牛仔布最大的进展是增加了伸缩性。伸缩牛仔布流行已久，弹性纱的加入，使传统牛仔裤的紧身效果变得更贴身持久。人们最熟悉的弹性纤维是莱卡。同时，纯亚麻或莱卡/亚麻混纺牛仔布，其中莱卡使亚麻变得有延展性和弹性；还有棉/麻混纺或交织斜纹牛仔布等新型牛仔布也不断开发成功。

颜色是牛仔布最主要的市场推手。过去，牛仔布的主宰色调一直是靛青色系，现在，蓝色之外新增了许多变化，如青绿、玫瑰、黑色、褐色等。20世纪70年代出现的石洗技术已渐渐被酵素洗、砂洗或瓷球洗等方法代替，以制造出各种不同的效果。如采用酵素洗，可以将布处理得更舒适柔软，并产生斑斑驳驳的特殊风格。

综观牛仔布的未来发展趋势，一直以来为主流的表面涂料处理，将渐渐向使用不同的纱线组合变化，以改进布料本身的结构。更轻更软的牛仔布，拥有更佳的悬垂性，将是人们追求的主流。图3-12所示的是几种新型牛仔布。

雕花牛仔布

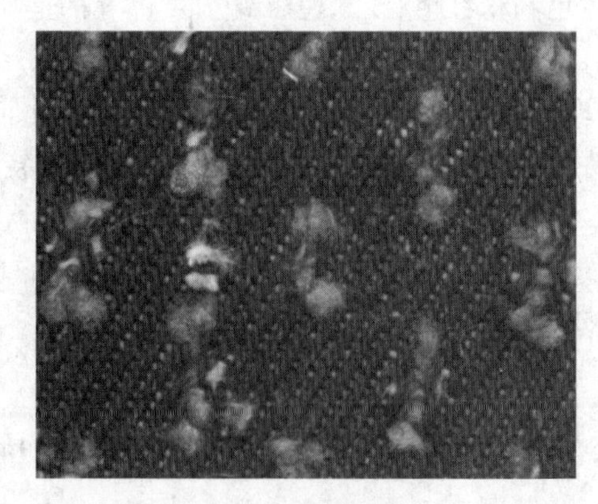

冲孔牛仔布

图3-12　新型牛仔布

（二）分类

按照纺纱工艺分类包括环锭纱牛仔布、转杯纱牛仔布、环锭纱与转杯纱交织牛仔布、精梳纱牛仔布、强捻纱牛仔布、股线纱牛仔布。如表 3-1 至 3-5 所列为几种牛仔布的分类。

表 3-1　按照面密度与纱线特数分类

分类	重量	纱线
轻型牛仔布	136～272 g/m^2	16～49 tex
中型牛仔布	305～441 g/m^2	49～97 tex
重型牛仔布	大于 441 g/m^2	83～97 tex

表 3-2　按照牛仔布纱线原料种类分类

种类	产品主要特征
纯棉牛仔布	粗犷、朴实、舒适、耐磨
粘棉牛仔布	色彩鲜艳、穿着舒适、手感柔软、具有飘逸感，适用中、轻型牛仔布
麻棉、麻涤牛仔布	较纯棉牛仔布更加粗犷、朴实、舒适、坚挺、耐磨，手感变硬
涤粘棉牛仔布	条干均匀，色彩鲜艳，耐磨透气
棉氨牛仔布	产品弹性好，应用范围广泛
弹力化纤牛仔布	产品有一定的弹性，成本低，染色性、色牢度、强度好于棉氨牛仔布
竹节线牛仔布	竹节线常用作经纱，表面具有柔和的云纹效果
蚕丝、绢丝牛仔布	透气、吸湿、光泽柔和，具有丝绸感
经向异支条牛仔布	经向按一定规律在设定的宽度内采用不同粗细的纱线，产品具有纵向条状凹凸感花纹

表 3-3　按照牛仔布染色工艺方法分类

分类	染色工艺方法	产品主要特点
靛蓝牛仔布	经纱用靛蓝染色	属牛仔布主色调
黑色牛仔布	经纱用硫化黑染色	属牛仔布常用色调，染色时经防脆处理
杂色牛仔布	经纱用还原染料、硫化染料、直接染料染色，可匹染或套染	可加工成各种色彩牛仔服饰
套色牛仔布	利用两种染料套染	产品色调朦胧含蓄或呈闪色，属高附加值牛仔布
印花牛仔布	利用靛蓝牛仔布或服装进行台板、平板、卷筒印花，再经过雕白或涂层加工	适用做牛仔女装和童装
丝光牛仔布	经纱染色前经过高浓度烧碱浸轧处理，使经纱产生丝光效果	产品手感柔软，光泽好，色彩有立体感，且可使环锭纺牛仔布缩短石磨时间、表面具有特殊花纹
花条牛仔布	经纱按一定比例染成不同色彩	常与经向异支纱结合，产品具有条花立体感

表 3-4　按照牛仔布组织结构分类

分类	组织结构	产品特征
斜纹牛仔布	3/1,2/2,2/1 三种,一般为右斜纹,少数采用四枚破斜纹	3/1 右斜纹为牛仔布的主体组织结构,织物正面以经线为主
平纹牛仔布	平纹组织,有时也可采用平纹变化组织	常用于轻型牛仔布
缎纹(直贡)牛仔布	采用 5/2、5/3 经面缎纹	织物正面以经纱显现效果,光滑、细腻,色泽好
提花牛仔布	小提花或大提花组织	提花织物的特点

表 3-5　按照牛仔布整理方法分类

分类	整理方法	产品特征
水洗牛仔布	牛仔布或服装经过机械洗涤	布面洁净柔软,视觉更自然,色泽较明亮
石磨牛仔布	牛仔服装在水洗过程中利用浮石与布面不规则摩擦,形成部分褪色	服装色泽柔和,手感柔软
漂洗牛仔布	采用药剂使之褪色,有重漂和轻漂之分	浅、中色调,颜色鲜艳,褪色均匀
酸洗牛仔布	用特殊化学药剂,喷洒吸附在浮石上,产品经过干洗后再水洗	面料呈现蓝底白斑状不规则云纹的特殊效果
生物洗牛仔布	用生物酶、酵素洗涤剂洗涤服装	达到石磨水洗同样的效果,花纹更加细腻均匀,且具有不污染环境、不损伤服装的特点
液氨整理牛仔布	经过特殊液氨整理	具有抗皱、低缩、柔软、免烫的性能
磨毛牛仔布	牛仔布经过磨毛机磨毛	增加产品的绒感,改善手感
磨花牛仔布	牛仔布经过磨花机磨花	产品具有自然朦胧的花纹形态
轧花牛仔布	牛仔布经过轧花机轧出花纹	增加产品的立体感,改善外观

二、汗布

采用纬平组织的针织物统称为汗布,其布面光洁、质地细密、轻薄柔软,但卷边性、脱散性严重。汗布一般制作汗衫、背心、T 恤衫、衬衣、裙子、运动衣裤、睡衣、衬裤、平脚裤等。

汗布的原料有棉纱、真丝、苎麻、腈纶、涤纶等纯纺纱线与涤/棉、涤/麻、棉/腈、棉/维、毛/腈等混纺纱线,其中涤/棉混纺比常用 35/65 或 65/35,棉/腈混纺比常用 60/40 或40/60,涤/麻混纺比常用 70/30、80/20 或 50/50,还有采用棉/麻混纺纱为原料的。编织纬平针组织的毛衫常用羊毛、羊绒、兔毛、羊仔毛、驼绒、牦牛绒等纯纺毛纱与毛/腈等混纺毛纱原料。样品见第五章所述。

漂白汗布的白度不如用荧光增白剂得到的特白汗布,所以自 20 世纪 50 年代初开始已被特白汗布所取代。烧毛丝光汗布具有良好的光泽,手感平滑,染色后色泽鲜艳,坯布的弹性和强力增加,吸湿性好,缩水变形较小,用于制做高档针织产品。彩横条汗布和海军条汗布均为色织汗布。

真丝汗布指用蚕丝编织的汗布。这类汗布富有天然光泽，手感柔软，滑爽，弹性较好，穿着时贴身、舒适，有良好的吸湿性与散湿性，织物的悬垂性较好，有飘逸感，制作服装特别优雅高贵。常用线密度为 2.2 tex×8(或×6，×4 等)。真丝的耐碱性低于天然纤维素纤维，对酸有一定的稳定性，但受盐的影响很大，真丝汗衫长期受汗水浸蚀会影响服用性能，甚至出现破洞。真丝汗布可制作内衣、外衣、女礼服、裙衫等。用 11 tex 锦纶丝和 18 tex 棉纱以及黏胶丝织成的汗布，也具有真丝汗布的风格。

腈纶汗布弹性好，手感柔软，染色性能较好，色泽鲜艳且不易褪色，吸湿性较差，易洗快干，洗涤后不变形，但摩擦后易产生静电而吸附灰尘，故不耐脏。原料线密度常用的有 5～28 tex。腈纶汗布主要制作 T 恤衫、汗衫、汗背心、运动衣裤等。

涤纶汗布具有优良的耐皱性、弹性和尺寸稳定性，织物挺括、易洗快干、耐摩擦、牢度好、不霉不蛀，但吸湿性、透气性和染色性较差。常用线密度为 3.3～11 tex，可制作汗衫、背心、翻领衫等。

苎麻汗布吸湿性、透气性好，织物硬挺，穿着时凉爽不贴身，湿强力大于干强力，苎麻经过改性处理后更显出其独特的风格，同时增加了手感的柔软性。常用苎麻纱的细度有 18 tex、10 tex×2 等。经过丝光烧毛等工序的苎麻坯布，表面光洁，手感更为滑爽。苎麻汗布特别适宜制作夏季 T 恤衫、衬衣、裙子等。大麻汗布手感柔软，吸湿好，散湿更快，穿着凉爽，同时还具有抗菌性、抗静电性、抗紫外线辐射等特点，特别适宜制作夏季 T 恤衫、衬衣、裙子等。

混纺汗布，如常见的涤/棉混纺汗布，既具有涤纶纤维耐磨性好、强度高、耐霉烂、耐气候性等优点，又具有棉纱吸湿性好、柔软的特点。因此涤/棉混纺纱编织的汗布既具有尺寸稳定、保型性好、强度高的特点，又具有吸湿性与透气性较好的优点。涤/棉混纺纱的混纺比常用 35/65 和 65/35 两种，用作内衣的汗布常取混纺比中棉纱含量较高者。此外，如涤/麻混纺汗布具有麻纤维特有的滑爽性能，棉/麻混纺汗布既具有柔软、吸湿性与透气性好的优点，又具有滑爽的特点，这两类混纺汗布尤宜制作夏衣，如汗衫、背心、T 恤衫、衬衣、裙子等。图 3-13 所示的是扎皱汗布面料。

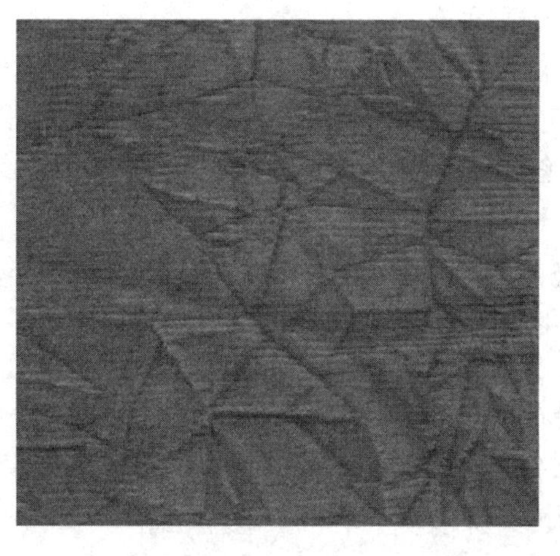

图 3-13　扎皱汗布

三、尼丝纺

尼丝纺产品在服装领域中，以往主要用作服装里料，而且织物的门幅一般在 120 cm 以内。近几年，由于休闲服装的品种越来越多，特别是一些运动服装、登山服装、制服的需求量逐年递增，同时运用新的加工技术可提高和改变织物的功能，使得尼丝纺产品不断焕发出新的生命力。尤其在羽绒服装中，尼丝纺系列产品凭着良好的品质风格，成为主打面料。目前市场上尼丝纺系列产品有：

210T 消光尼丝纺：该产品原料规格经纬向均为 7.8 tex(70D)消光锦纶丝，采用喷水织机以平纹织造而成，具有手感柔软、质地轻薄等特点，通常采用染色、压延等方法，使面料更加美观。它的白坯门幅为 160 cm，成品门幅为 150 cm。该产品主要用作休闲服饰、羽绒服饰等时尚面料。

260T 消光尼丝纺：该产品原料规格为 7.8 tex(70D)(消光锦纶丝)×7.8 tex(70D)(消光锦纶丝)，在喷水织机上以平纹织造而成，特点是色泽鲜艳、手感柔滑、耐磨等。产品经过染色、涂层等后整理加工后，风格更加迷人，深受国内商家的欢迎。它的白坯门幅为160 cm，成品门幅为 150 cm。该产品是羽绒服、休闲服装等的主打面料，销售前景好。

300T 尼丝纺：该产品原料规格经纬向均为 4.4 tex(40D)/34F 锦纶丝，采用喷水织机以平纹织造而成，具有手感柔滑、耐磨、颜色鲜艳、强度高等特点。它的白坯门幅为 160 cm，成品门幅为 152 cm。该面料主要用于制作羽绒服饰系列。由于密度高，面料质地和风格更胜一筹，因此被众多商家所青睐。

四、闪光灯芯绒

闪光灯芯绒近几年在市场上经常可以看到，它的组织结构与普通灯芯绒相同，区别在于它利用由涤纶或锦纶纤维制成的异形纤维具有特殊光泽的特点，将其用于灯芯绒的纱线构成中，使织物与普通传统的灯芯绒不同。织物表面具有闪光效果，同时，仍具有绒毛丰满、绒条清晰圆润、手感柔软厚实等基本风格与特征。闪光灯芯绒在休闲服中使用较多，也可作装饰织物。常见的闪光灯芯绒品种有：

1. 粗条灯芯绒：一种是经线与纬线均采用棉(80)/三角涤纶(20)的(27.8×2)tex 混纺纱，经纬密度为 145.5 根/10 cm×838.5 根/10 cm；另一种是经线采用(13×2)tex 纯棉纱，纬线采用棉(82)/三角形锦纶(18)包芯纱，纱线粗细为 27.8 tex，经纬密度为 213 根/10 cm×752 根/10 cm。

2. 中条灯芯绒：织物的经纬纱线配置与粗条灯芯绒相同，经纬密度不同。经线采用(13×2)tex 纯棉纱，纬线采用棉(82)/三角形锦纶(18)包芯纱，纱线粗细为 27.8 tex，经纬密度为 303 根/10 cm×669 根/10 cm。

闪光灯芯绒的本质特征就是闪光效果，为了得到闪光效果一般常采用三角形截面的涤纶或锦纶纤维与棉纤维混合，但是其比例不宜过大，一般不超过 20%，否则，不但成本增加，而且织物手感变硬，影响服装的服用舒适性能。

思考与练习

1. 休闲装包括哪些种类？
2. 休闲装具有哪些特点？
3. 不同类型的休闲装在选择面料时应注意什么？
4. 常见的品牌休闲装主要选用的面料有哪些？有何优缺点？
5. 目前市场上所见的牛仔布有什么特点？
6. 叙述夏布的传统加工工序以及面料的特性。
7. 休闲装市场调研并进行案例分析。
8. 调查分析羽绒服市场情况。

第四章

运动装及其面料应用

随着人们生活节奏不断加快，现代人对运动休闲舒适的生活愈发追求，更加喜欢运动方便的服装。从20世纪80年代起，运动服装市场迅速发展。这种运动服装既可在体育运动时穿着，也可在休闲时间穿着。而且运动服装的适用范围十分广泛，涵盖了男装、女装和童装。随着现代纺织技术的发展，服装面料的不断更新和多功能性面料的研究开发，运动装的应用将更加广泛。

第一节　概　述

体育运动是根据人类物质生活和精神生活的需要而逐渐产生和发展起来的一项文化活动，它起源于人类的生产劳动和教育、宗教、军事等社会实践，并随着社会的进化不断发展完善。运动服装出现较晚，只有一百多年的历史，但在世界文化历史长河中却起着举足轻重的作用，运动服装的变化和发展，充分地反映了人类文明的发展历程。

一、运动服装的种类

图4-1　运动服装

运动服装可以分为两类：一类是专门从事体育运动的服装，也叫体育运动服；另一类是运动型的日常服装，叫运动便装。体育运动服装有足球服、篮球服、排球服、游泳服、体操服、乒乓球服、羽毛球服、网球服、棒球服、壁球服、高尔夫球服、滑冰服、滑雪服、登山服、田径运动服等；运动便装有健身服、舞蹈服、沙滩装、旅游服、军用体能训练服等。如图4-1、4-2、4-3所示。

图 4-2　运动服

图 4-3 运动便服

（一）运动服装

体育运动服是根据体育运动的特点设计的，要求舒适、柔软，便于运动，穿着轻松自如。由于各种运动项目的特点不同，因而出现了各种不同类别的、体现不同项目风姿的专业运动装。常见的体育运动服装有球类运动服、户外运动服、水上运动服、冰雪运动服、田径运动服和体操运动服等。

1. 球类运动服装

常见的球类运动有：足球、篮球、排球、网球、高尔夫球、乒乓球、羽毛球、棒球等体育运动，与球类运动特征相适应的服装称为球类运动服（球服）。常见球类运动服装如图 4-4 至 4-9 所示。

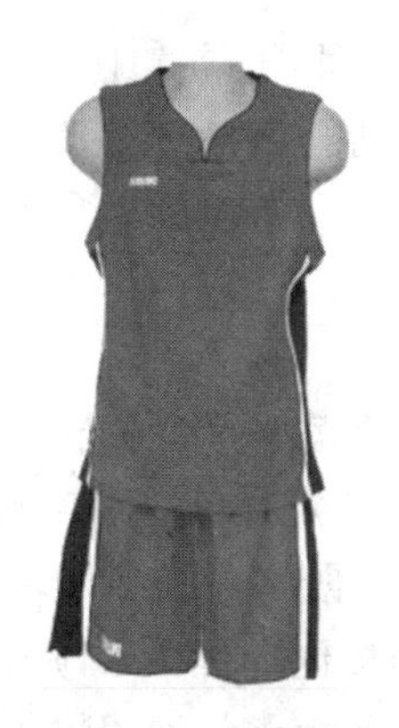

图 4-4　篮球服装

图 4-5　棒球服装

图 4-6　网球便服

图 4-7　网球比赛服

图 4-8　女士网球服

图 4-9　篮球比赛服

2. 户外运动服装

常见的户外运动有:登山、滑雪、自行车比赛、滑雪、赛车、户外训练等项目,根据这些体育运动的特点,比赛时要穿用与这些体育运动相适应的运动服装。如登山服要求密封、御寒、透湿性强。登山者往往是外寒里热,易出汗,所以服装要求吸湿性强,重量轻体积小,尽量减少负重,口袋要大而多,便于携带各种工具物品,色彩要鲜艳醒目,便于目标的追踪。常见的户外服装有登山服、训练服、自行车比赛短裤、赛车服等,如图 4-10 至 4-12 所示。

图 4-10 赛车服

图 4-11 赛车比赛服

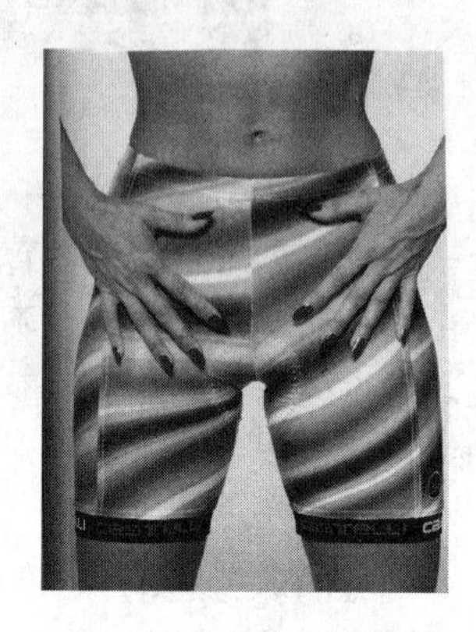

图 4-12 自行车比赛短裤

图 4-13 泳装

3. 水上运动服装

水上运动有游泳、跳水、水球、花样等项目,根据水上运动的特点,这些运动服装有泳装、水上芭蕾舞蹈服等。女泳装显露出人的体形,要求紧身合体,选料的弹性要适度,既不妨碍动作,并富有健美性,能够展现女性魅力。如图 4-13 所示。

4. 冰雪运动服装

主要包括滑冰、滑雪这两类体育项目。根据这类体育运动的特点,分滑冰服、滑雪服两大类。滑雪服一般分为竞技服装和旅游服装。竞技服装是根据项目特点而设计的,既考虑美观、保暖、安全、起保护作用,又要考虑如何有利于运动员创造优异成绩。专业滑冰运动员的着装具有弹性好、便于运动等特点。为了增加表演的艺术效果,女运动员穿短裙,男运动员穿弹力服装。

5. 田径运动服装

田径运动包括长跑、短跑、跳高、跳远、铅球、铁饼、标枪等项目。田径运动是比速度、比高度、比远度和比耐力的体能项目,要求在很短的时间内表现出最大的速度和力量,或在很长的时间内表现出最大的耐力。根据这类体育运动的特点,这类运动服装习惯称为田径运动服。

6. 体操运动服装(体操服)

体操运动包括自由体操、艺术体操等。体操运动服装又叫体操服。体操服主要展现运动员的体型美,如女子体操运动服下部呈倒三角形,目的是为了显示女运动员修长而健美的腿形。

(二)运动便装

运动便装是由运动服装演变而来的服装,设计上综合了运动服装的元素,是近年来派生出的一个新的服装类别。一方面由于世界范围内体育热、健身热的蓬勃开展,各类运动服装越来越为人们所崇尚;另一方面,经济的发展带来文化生活的改变,业余活动、社交活动及节假日的外出游玩吸引着更多的人们走出家门。反映在服装的款式上,表现为宽松、随和,具有穿着舒适、行动方便的特点。运动便装常见品种有T恤衫、外穿棉毛衫裤和外套绒布衫裤等。

1. T恤衫

由针织汗衫发展而来,基本款式为半开襟、三粒扣的短袖翻领衫或罗纹圆领短衫。由于运用横机领、镶拼、嵌线、压条、贴袋等设计,以及印花、绣花等工艺装饰,使T恤衫具有针织内衣和外衣的双重功能。另外,其服用方便,并有普及性的特点,再饰以文字、图案、徽记,被用作商业、公益、大型宣传活动起宣传作用的"广告衫",是现代人特别是年轻人喜爱的服装款式。如图4-14所示。

2. 外穿棉毛衫裤

是内衣棉毛衫、棉毛裤的创新品种,在款式结构、面料质地、色彩搭配、人工装饰等方面综合了外衣的元素,成为休闲、娱乐时的运动套装。如图4-15所示。

3. 外套绒布衫裤

以往作为保暖服装穿在里面的绒布衫裤,随着人们穿衣方式的改变,这种服装现在则作为便装穿在外面。配套穿用,则成为春秋季节的运动便装。如:常见绒布衫裤的领口、下摆饰有绳带装饰设计,表现了轻松、随意的服装风格。如图4-16所示。

图4-14　T恤衫

图4-15　外衣棉毛衫裤

图4-16　外套绒布衫裤

二、运动服装的服用特征

对于服装而言,衣着的目的主要指在自然环境中对身体的保护以及在社会环境中对身体的装饰这两方面因素。运动服装有别于其他类服装,原因就在于这类服装是运动时穿着的服装，所有的特性必须适应运动的特殊需要，同时满足运动员进行各类运动竞赛的环境需要和观众欣赏的需求。概括起来运动服装具有如下四种特征：

（一）服装面料的舒适特性

运动服装对身体保护的机能包括物理上和心理上的身体保护。着装时活动自如舒适，对于运动者来说十分重要。人在运动时，身体产生大量的热气和湿气，因此运动服装必须能够及时排除身体的热气和湿气，保证人体的生理舒适需求。同时运动服装的面料还要具备防风、防雨、防雪、隔热等功能，以便在恶劣的天气环境下保护人体。满足这些需求是运动服装面料的设计原则。

（二）服装款式的简洁性

服装款式的简洁性是运动服装的主要特性。人体在运动时，应该尽量减轻身体之外的负载，才能够增加速度和效率，这样就要求服装在设计时，款式简洁，服饰配件减少。在强手如林的国际大赛上，瞬间之差决定着胜负，运动员为了提高百分之一秒的成绩都要付出极大的努力。因此，运动服装在比赛中的作用越来越被人们所重视，特别是在高速运动中，衣服上的皱折都能使运动员的速度减慢，影响运动员的成绩。因此减轻运动服装重量是非常有必要的。

（三）服装色彩的鲜明性

色彩鲜明性，也是运动服装的重要特征之一。色彩除了具有标识性外，从人体生理、视觉对色彩的反映来看，明度高、纯度高的前进色、膨胀色，注目性强，有利于运动员用眼睛的余光发现队友或同伴，对于快速发动进攻十分有利；从心理角度分析，红色、黄色纯度高，刺激作用大，能增高血压、加速血液循环，使人狂热、兴奋、奔放、张扬、富有激情。色彩鲜明对人的心理能产生巨大的鼓舞作用，有利于运动员之间战术配合，同时能够激发观众的情绪。

（四）运动服装的合体性

运动服装的合体性也是运动服装非常重要的特征。如果衣服不合体，跑起来就会增加阻力，直接影响运动员的成绩。穿着适度拘束性的服装，会紧缚多余的肌肉，并压迫因运动而容易颤动的人体部位，阻止颤动的发生而提高运动效率。例如含莱卡的滑雪服具有较小的空气阻力；合体泳装具有较小的水阻力；赛跑运动员的弹性短裤具有一定的服装压迫力，能大大改善肌肉状态；健美服贴体舒适、柔软光滑，能够充分再现女性的形体美和动态美。

（五）服装结构造型的协调性

服装的结构造型要同体育运动的环境相协调，结构造型设计要同运动项目的运动需要结合起来。例如衣服内部的空气流动，因衣服形态的不同而有所增减。如果衣服与皮肤之间的间隙大，衣服的开口部也大，则空气会透过这些间隙，从开口部出去。衣服内被温热了的空气会上升，从颈部等上部开口溢出，被从足部等下部开口进入的空气所代替。这种现象，会促成衣服内的换气，称为烟囱效果。因此衣服在手部、颈部、腰部、脚部等开口部的设计采用开放型或闭锁型，采用宽松型或紧身型等，均由运动的特性而定。同时，缝合时的缝线及缝制方式也要具有一定的伸缩性。

三、运动服装的功能性

随着科学技术不断进步，服装用纤维不断更新换代。有利于提高运动员成绩、减少运动员伤害、提高运动舒适性等多方面功能性的设计是运动服装设计的重要内容。运动服装已不仅仅具有单一的蔽体功能,每种运动都有它特殊的需要,有其不同的功能需求。如高尔夫球、划船、骑自行车、徒步旅行、登山、滑雪、攀岩等体育运动,要求所穿的衣服必须具有吸湿排汗、轻量蓄热保温、透湿防水等功能,还要防雨、防风,能将汗水快速排出衣服外,使人体尽量保持在干爽、舒适的运动环境之中。

从事体育运动的人由于运动形式、目的、需求不同,对运动服装主要的功能性需求也不同。具体如表 4-1 所示。

表 4-1　从事运动的人所需要的服饰功能性

运动形式	目　的	需　求	主要功能特性
比　赛	● 赢 ● 破记录 ● 向自然挑战 ● 锻炼身体 ● 职业需要	● 强调功能 ● 强调功能美观性 ● 个别运动的特殊性 ● 价位多样化	● 低阻抗力 ● 超轻量 ● 强拉伸 ● 强度等
健康及休闲	● 兴趣 ● 休闲 ● 健康 ● 社交		● 表面多样化 ● 颜色多样化 ● 光泽性 ● 明晰度、透明度 ● 质感 ● 保温 ● 抗紫外线 ● 凉爽 ● 吸汗、快干 ● 透湿、防水 ● 抗菌、防臭 ● 疲劳恢复性 ● 耐磨损性

运动服装的功能性主要包括如下方面:

(一) 保护功能

体育运动的种类很广泛,很多体育运动具有一定的危险性,要求运动服装必须具有保护功能,例如登山、滑雪、击剑、赛车等项目,具有很强的危险性,尤其强调服装保护功能。体育运动除了对参与者本身体能和技巧的要求外,还需要服装能适应恶劣的天气和复杂的地理环境,以保障运动者的人身安全。

(二) 透湿、透气功能

体育运动发热量大、汗液蒸发多,要求服装散热和透气性能良好。人体运动时,体内要排出大量的热量,而这些热量的 90%是通过人体皮肤汗毛孔,以热湿汗气的形态排出。穿在处于运动状态的人体上的服装,对能否顺利排出热湿、汗气起关键作用,因此所有运动服装必须具备良好的透湿、透气功能。

(三) 延伸功能

运动服装一个主要的功能性就是延伸功能,保证运动时人体能够舒展自如,例如体操服、游泳服、滑雪服、赛车服、健美服等体育运动服装都必须具有很好的延伸功能，以适应运动员大幅度运动时的需要。

（四）御寒保暖功能

有些体育运动要求服装必须具有一定的保暖功能，如滑雪服、登山服等服装的保暖功能要求要高一些。这一功能主要是隔离人体与外界冷空气直接接触，与面料织物的厚度、紧度以及运动服装的结构密切相关。但是运动服装不允许过于厚重，既保暖又轻便，才符合运动服装的特殊要求。

（五）抗菌功能

对于连续穿用时间较长的紧身服，如体操服、芭蕾舞服等针织运动服装，由于受热湿、汗气作用的时间长，容易在人体和服装之间滋生细菌，易使人体患皮肤疾病。因此，运动服装应该具有较好的抗菌性能。

（六）抗紫外线功能

很多体育运动都是在室外进行的，要求穿着的运动服和训练服等应具有较好的抗紫外线功能。目前，对于室外穿着的化学纤维运动服装，可使用具有抗紫外线功能的化学纤维纱线来进行编织；对于室外穿着的天然纤维针织运动服装，在染整过程中应对织物进行抗紫外线整理。

第二节　运动装的面料构成与应用

运动服装区别于其他类服装，是由这类服装的运动特性所决定的。运动服装面料的性能，需要满足人体多功能需求，强调运动舒适性，以舒适坚牢为原则。

一、面料构成

（一）运动服装常用的纤维及其面料构成

纤维对织物服用性能的影响，包括机械的、物理的、化学的和生物的，都有着决定性的作用。织物的耐酸、耐碱、耐化学品等化学性能，防霉、防蛀等生物性能，强伸性、耐磨性、吸湿性、易干性、热性能、电性能等物理机械性能，织物悬垂性、抗皱性、挺括性、尺寸稳定性、色泽、光泽、质感之类的外观性能等，几乎完全决定于纤维自身的性能。目前，复合纤维、差别化纤维、新功能纤维在运动服装面料中也得到广泛应用。

1. 运动服装中的天然纤维

早期由棉、麻等制成的运动服装存在很多不足，如重量大、与身体摩擦大、缺乏足够的柔韧性等，在运动中制约运动员创出好的成绩。因此，人们开始对新材料进行探索，渴望寻求具有更好性能的材料制成运动服装，或开发新的天然材料，或提高原有材料的性能，于是运动服装材料中引入了很多新的、高科技的纤维成分。目前，我们生活中运动便服大都采用纯棉制品，在吸湿性方面得到了很大改善，消费者愿意购买这类由天然纤维织成的衣物。例如美津浓的 Breath Thermo 棉服，在吸湿与速干性上有很大改进，还可抗菌消毒，调节 PH

值——保持皮肤的弱酸性。

2. 运动服装中的合成纤维

合成纤维，如涤纶、锦纶等，由于普遍具有轻薄、结实耐用、保型性好等优点，在运动服装的应用比例很大。甚至某些在日常服装中使用不多的合成纤维，如丙纶，在运动服装中也有使用。

(1) 丙纶纤维

丙纶纤维吸湿性很差，回潮率几乎为零，但丙纶具有独特的芯吸作用，在面料中，能通过纤维和纤维之间形成的毛细管把水分传递出去。因此，虽然纤维本身没有任何吸湿作用，但它的导湿滑爽性能特别好，运动出汗后，它可以自动把汗水导送到衣服的外表，同样可使皮肤保持干燥。如细旦丙纶丝面料手感细腻、柔软，悬垂性好，轻盈飘逸，滑爽、挺括性胜于真丝，因此也可以作为运动服装面料的原料。

(2) "TACTEL"纤维

"TACTEL"纤维是美国杜邦公司开发的新一代锦纶 66 长丝，属系列产品，它有许多优于常规锦纶的特性。Tactel Aquator 纤维，具有透湿透气性好的特点，用它作为服装的内层，棉作为服装的外层，可使 Tactel 表面的湿气转移到外层的棉纤维上，并散发到更大的表面，使之蒸发，从而使织物保持干燥。因此这种纤维非常适合于运动服装。

3. 运动服装常用的功能性纤维

(1) 莱卡(Lycra)纤维

莱卡纤维是一种人造弹力纤维，结构中不含任何天然乳胶或橡胶成分，对皮肤无刺激性。承受拉力时可延伸 4 倍至 7 倍，在拉力释放后，可完全回复到原来的长度。且有良好的耐化学药品、耐油、耐汗渍、不虫蛀、不霉变、在阳光下不变黄等特性。莱卡解决了泳装湿重的问题，提高了承托力和修饰曲线的功能。广泛应用于各类运动服装，如泳装、滑雪服、赛车服、体操服、健美服等。目前，新型莱卡纤维不断出现，例如"舒丝莱卡"(Lycra Soft)，不仅具备了莱卡的优越特点，而且具有更佳的舒适感、更高的延伸性、更好的回复性和很强的耐水解、防霉性，给身体柔软的承托，真正兼备舒适和修饰体形的作用。"强力莱卡"(Lycra Power™)弹性纤维可提升运动服装的功能性和透气性，降低运动员肌肉的疲劳感，使运动员的成绩比平时提高 30%。

(2) 酷美丝 CoolMax 纤维

CoolMax 纤维是杜邦公司独家研究开发的功能性纤维，中文名为"酷美丝"。设计时融合了先进的降温系统，其表面独特的四道沟槽有良好的导湿性能，在身体开始发汗时，汗水能在最短的时间内自皮肤排到织物表层，降低身体温度，显现出超强的排汗导湿功能。同时，它还可以增强透汽性，有"会呼吸的纤维"的美誉。出汗使运动员的力量减弱，优异的排汗导湿作用意味着消耗最少的能量来冷却身体，有益于提高成绩和耐力。加入 CoolMax 纤维的服装面料柔软、轻便、导湿透汽性良好，赋予穿着者自然舒适的感觉，大大增加了穿着者的舒适性。该纤维使用寿命长、耐用、不易磨损及收缩变形，是运动服装的首选，不仅可以满足赛跑、赛车和爬山等高强度运动时的高性能要求，也可以在高尔夫球、网球、散步等运动服装上使用。

(3) Coolplus 纤维

Coolplus 纤维是我国台湾省开发的一种具有良好吸湿、导湿、排汗功能的新型纤维，中文名为“酷帛丝”。纤维表面有细微沟槽，可将肌肤表面排出的湿气与汗水经过芯吸、扩散、传输作用瞬间排出体外，使人体表面保持干爽、清凉、舒适，具有调节体温的作用。Coolplus 纤维应用广泛，能纯纺，也能与棉、毛、丝、麻及各类化纤混纺或交织；既可梭织，也可针织，应用于运动服装等产品中。现已较为广泛地被美国、欧洲和日本的名牌运动服饰所采用，如耐克、飘马(puma)等运动品牌。

(4) Thermolite 纤维

Thermolite 纤维是杜邦公司仿造北极熊的绒毛而生产的保温性能出色的中空纤维。每根纤维都含有更多空气，犹如一道空气保护层，既可防止冷空气进入，又能把湿气排出体外，使身体保持温暖、干爽、舒适和轻盈。据有关数据表明，含 Thermolite 纤维的功能性面料，干燥速率是丝或棉质面料的 2 倍左右，而且可机洗、耐穿。这种面料适用于登山服、滑雪服、睡袋等。

(二) 运动服装面料的组织结构及其应用

面料中纤维的类型、纱线的结构、纱线的支数可以影响面料的质感、风格，组织结构则直接影响服装面料的肌理。组织结构的变化也导致织物性能的变化，利用织物的组织结构变化来改善运动服装的功能，也是一种重要手段。运用织物组织中的变化组织、复合组织，可以使织物组织变化无穷，更加符合运动需要。常见运动服装面料的组织见表 4-2。

表 4-2　常见运动服装面料的织物组织

分类	组织名称	结构特点	性能	典型面料及用途
针织物	纬平针组织	是单面纬编针织物的原组织，它由连续的单元线圈以一个方向依次穿套而成	延伸性好、易卷边、易脱散	汗布是运动服常用面料，汗布文化衫是运动便服的典型品种
	双罗纹组织	俗称棉毛组织，是双面纬编变化组织的一种，由两个罗纹组织复合而成	尺寸稳定性好，不卷边，不易脱散	棉毛布是用来制作运动套装的典型面料，棉毛运动衫裤是运动服装的典型品种
	罗纹式复合组织	利用胖花组织、变化组织、罗纹集圈浮线组织等，均可在织物表面形成纵向凹凸条纹效应	延伸性小，尺寸稳定性好	灯芯绒就是典型的胖花组织面料，是运动便装的品种之一
	网眼组织	采用罗纹集圈组织形成的具有网眼组织效应的组织	透气性好，纵横向延伸性好	网眼面料在运动服中应用最广，可作运动衫、运动装，以及各种运动鞋的里料
	起绒组织	由衬垫组织的针织坯布反面经过拉毛处理而成	手感柔软、质地丰厚、轻便保暖、舒适感强	绒布面料是登山服及其他户外服装的里料

续 表

分类	组织名称	结构特点	性能	典型面料及用途
机织物	平纹组织	平纹组织是最简单的组织，由经纬纱线一上一下相互交织而成	手感柔软、细腻、舒适	常见的品种有拉绒平布、平布、府绸等，可以用来做运动衫的面料和里料
	双层组织	由两组经纱和两组纬纱分别重叠交织而成，包括管状组织、表里换层组织等	手感柔软、光泽柔和、保暖、舒适，不易起皱	常见的品种有平绒织物，以经起绒为多见，在平纹地组织之上，耸立致密的短毛绒，适用于各种运动服的面料和里料
	联合组织	由两种或两种以上的原组织和/或变化组织按不同方法联合而成，包括条格组织、透孔组织、蜂巢组织等	纹理清晰，具有其他单组织的特性	应用于各种运动服装的面料之中

二、常用功能性面料的后加工整理及特征

织物后整理中的印染加工对产品花色及特性会产生很大影响。一块普通的衣料经过整理以后，会变得柔软、膨松、弹性好、光洁，并被赋予各种功能性特征。对于运动服装面料而言，后整理显得尤为重要。面料经过树脂整理、压光整理、成衣免烫整理、抗静电整理、易去污整理、阻燃整理等，不仅可以改变织物的外观特性、功能特性、风格特性，更重要的是使面料具有各种高功能、多功能和特殊功能或增加附加价值。如保健卫生衫、舒适空调衣、太阳能防寒服、安全防毒服、新颖变色衣、闪烁夜光服等等。为此，运动服装面料的开发中，运用后加工整理技术可改变原有织物性能，增强其运动功能性尤为重要。

（一）防水透湿性功能性处理

人体运动会散发大量的汗液，而户外运动又难免遭遇风雨，这就要求运动服装既能防雨雪浸湿，又能及时把身体散发出的汗液排放出去。防水透湿服装利用水的表面张力特性，在织物上涂上一层增强织物表面张力的化学涂层，使水珠不能浸润织物表面，从而无法透过织物内部的孔隙。同时，这种涂层又是多孔性的，单分子状态的水蒸气可以顺利透过纤维间的毛细管孔道散发到织物表面，使运动服装具有防风、防水、透湿、隔热等功能。

（二）保暖功能处理

目前，日本已开发出一种蓄热保温服装，它利用一个小小的整体热元来形成热媒体。整体热媒体的突破点是采用了微型加热器，并将其极巧妙地与服装系统结合起来，服装系统的温度可以调节，使穿着者感觉非常舒适。

（三）抗菌防臭整理

由于运动会造成汗液、皮脂大量分泌，在适宜的温度和湿度环境下，微生物也就大量繁殖，导致人身上散发出不雅的气味并引发瘙痒感，因此运动服装面料常经过抗菌防臭化学整理。整理的途径一般是将具有杀菌作用的有机季胺型、咪唑啉型表面活性剂或银、铜等重金属离子通过树脂和交联剂固定在纤维上，使其具有一定的耐洗性。

(四) 防污和易去污性

体育运动服被擦脏是难免的，这就要求服装外表尽量不易被沾污，而一旦被沾污之后又要易于洗涤去除。可采用含氟类有机整理剂，如美国杜邦公司的 Teflon(特氟隆)、日本明成化学的 AG-480、瑞士 Ciba 公司的 Oleophobol 系列整理剂，对织物进行涂层处理，整理剂通过交联剂在织物表面定向吸附，改变了纤维的表面性能，大幅度提高了织物的表面张力，使油污和其他污渍难以渗透到织物内部去，轻微的污渍用湿布揩擦即可除去，较重的污渍也易于清洗。而防污整理不仅能够防止油污的污染，还同时具有防水透湿的性能，一般被称为"三防整理"(拒水、拒油、防污)，属于比较实用有效的高级化学整理手段，常用在运动服装外层、背包、鞋子、帐篷的面料整理上。

(五) 抗静电和防辐射整理

许多运动服装都是由化学纤维织物制成，因此静电问题较为突出。静电的危害一般表现为衣服易起毛起球、容易沾染灰尘污垢、贴近皮肤有电击和粘滞感等等。目前，织物的抗静电整理途径主要采用嵌段聚醚、聚丙烯酸酯等具有吸湿作用的抗静电剂，给织物表面涂一层可以吸附水分子的化学薄膜，使织物表面形成一层连续的导电水膜，将静电传导逸散。防辐射整理是把纳米级的无机二氧化钛(TiO_2)、纳米氧化锌(ZnO)等紫外线屏蔽剂和有机的水杨酸系、氰基丙烯酸酯系、二苯甲酮、苯并三唑等紫外线吸收剂，采用树脂交联的方法固着在织物上，起到一定的防辐射作用。

三、常用面料及其发展趋势

(一) 常用面料

运动服装面料的种类繁多，常见的有如下几种典型面料：

1. 涤盖棉织物

涤纶纤维强度高，服装保形性好。因此用涤纶纤维作面料，耐磨性好，并且坚牢耐用，挺括抗皱，洗涤后可免烫，服装保形性好，但是涤纶纤维透湿性差。棉纤维具有很好的吸湿性性，近年来一直采用涤纶与棉纱交织而成的针织面料——涤盖棉织物作为运动服装面料。这种织物面纱采用涤纶纱，里纱采用棉纱，利用变化的双罗纹组织编织而成，发挥了涤纶和棉纤维各自的优点。其主要风格特征为：面料挺括抗皱，坚固耐磨，色牢度好；贴身一面吸湿透气，柔软舒适，广泛应用于运动装面料。

2. 棉盖丙织物

棉盖丙织物是棉纱作为面纱，丙纶作为里纱的一种织物。丙纶是合成纤维中最轻的纤维，吸湿性很小，几乎为零。但丙纶具有独特的芯吸作用，也就是在面料中能通过纤维和纤维之间形成的毛细管把湿气传递出去。虽然本身没有任何的吸收作用，丙纶纤维面料同样使皮肤保持干燥。棉盖丙纶综合了棉纱和丙纶纱的优点，有良好的从丙纶向棉纱的单向湿传递功能，具有导湿快干的特性。

棉盖丙织物采用纬编单面添纱组织编织时，为了使棉纱呈现在织物的工艺正面，丙纶长丝呈现在织物的工艺反面，应该保证棉纱和丙纶长丝垫纱纵角、横角的正确配合，以及适当的给纱张力。采用纬编双面结构编织棉盖丙针织面料时，各导纱器应分别满足单面编织和双面编织的要求，要控制好给纱张力、牵拉张力和弯纱深度。含空气层的双面结构针织面料的舒适性要比普通无空气层的双面结构针织面料好。棉盖丙织物广泛应用于运动衫、运动套装之中。

3. 网眼面料

针织网眼面料分为纬编网眼和经编网眼面料两种。

纬编针织网眼布采用罗纹集圈或者双罗纹集圈组织编织而成。罗纹集圈形成的网眼效应是用途较广泛的一种，呈现菱形凹凸效应或蜂巢状网眼。这种织物透气性好，并且面料轻薄，常采用纯棉纱和涤纶纱进行编织，风格特征为：透气性好、面料轻薄、外观挺括、尺寸稳定性好。它是运动便装、球类运动服装的典型面料和里料。如图 4-17 所示。

图 4-17　网眼运动服

4. 弹力面料

(1) 弹力府绸是采用氨纶包芯纱与棉、涤纱交织而成的机织面料，含有 3%～10%的氨纶丝，具有良好的弹性。风格特征为色泽洁白、手感柔软、穿着舒适，适用于各种运动服装、滑雪衫等。

(2) 弹力经绒平织物：弹力经绒平织物采用弹力纱和非弹力纱，前梳为经绒组织，采用非弹性纱；后梳为经平组织，采用弹性纱，使织物具有较好的延伸性和回弹性。该织物适应做运动服装，如健美服、泳衣等，并且具有良好的弹性使其可制成均码服装，拓宽销售范围。

弹力经绒平织物的经向延伸性和纬向延伸性较为接近，具有非常优良的双向弹性，从而使该织物很合适用于加工需双向拉伸的服装。

5. 牛津布面料

传统牛津布最突出的特征是色经白纬、双经单纬，2/2 重平组织，布面有清晰的色点效果，现在已成为一种功能多样，用途广泛的新型面料。如采用涤纶和锦纶或者锦纶与锦纶交织，经过特殊处理，可使织物具有质地轻薄、手感柔软、防水性好、耐用性好等特性，用于各种户外运动背包、运动鞋、攀岩运动的服装等。如图 4-18 所示。

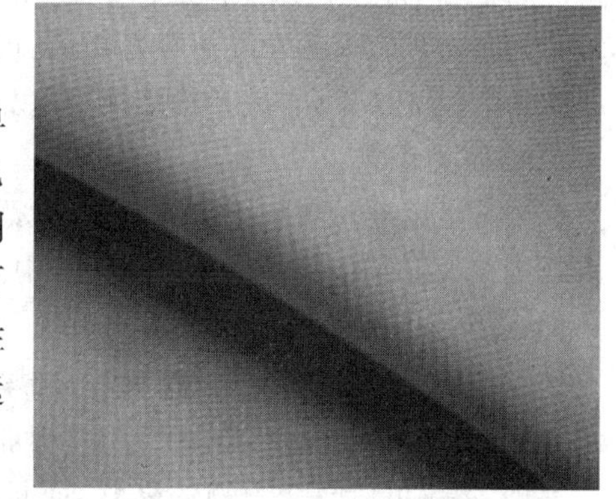

图 4-18　牛津布

6. 尼丝绫面料

尼丝绫为纯锦纶丝绫类丝绸面料。一般，经纬均采用78 dtex(70D)的半光锦纶丝,经染色后形成杂色成品尼丝绫,成品面密度为93 g/m²。主要风格特征为:绸面织造纹理清晰,质地柔软光滑,防水性能好。常做滑雪衫等运动服装的里料。

7. 起绒针织布(绒布)

起绒针织布表面覆盖有一层稠密的短细绒毛,故称为起绒针织布,分为单面绒和双面绒两种。单面绒由衬垫组织的针织坯布反面经拉毛处理而形成。双面绒一般是在双面针织物的两面进行起绒整理而形成。起绒针织布经漂染后可加工成漂白、特白、素色、印花等品种,也可用染色或混色纱织成素色或色织产品。起绒针织布手感柔软、质地丰厚、轻便保暖、舒适感强。所用原料种类很多,底布常用棉纱、涤棉混纺纱、涤纶丝,起绒纱用较粗、捻度较低的棉纱、腈纶纱、毛纱或混纺纱。根据所用纱线的细度和绒面厚度,单面绒布又分为细绒、薄绒和厚绒。细绒布较薄,布面细洁、美观,纯棉类干燥面密度为270 g/m² 左右,用于制作运动衣的里料;腈纶类干燥面密度为220 g/m²,可制成运动外衣。

目前流行的保暖保健棉针织面料采用纬编衬垫组织进行起绒处理。用该面料做服装时,宜采用纯棉绒面向外的方法,使远红外混纺纱靠近皮肤,增强远红外线对皮肤的作用,加快血液循环,产生良好的保健保暖效果。该面料常用于户外运动服装的面料和里料。

8. 防水透湿复合面料

防水透湿复合面料是将聚四氟乙烯(PTFE)微孔膜与服装面料复合所制成的,具有防水性好且能透过湿气的特点。用该面料制成的休闲系列服装、运动服装及风雨衣等,具有防水、穿着舒适等特点。

(二) 运动服装面料的发展趋势

1. 新化纤的推广和应用

目前,新合纤、人造纤维原料及其新结构、新风格的织物成为运动服装的主要用料,例如超细纤维、醋酸纤维、铜氨纤维以及用这些原料织成的织物,透湿性好、手感柔软和仿真性强,成为运动服市场上的流行面料。

2. 天然纤维向深加工、精加工方向发展

天然纤维在保持原有性能的基础上,通过各种整理加工,可产生质的变化。如磨毛整理使产品手感细腻,生物酶水洗整理使手感柔软,深层整理使织物防水、透气,形态记忆整理使织物防缩防皱。天然纤维的穿着舒适、抗菌、抗紫外线、消臭、防霉、防蛀等功能已成为天然纤维新的经济增长点,是天然纤维织物发展的一大趋势。

3. 弹力织物

为满足运动对服装舒适性的要求,氨纶弹力纤维在机织和针织面料中被广泛应用,如莱卡纤维被大量应用于各种休育运动装中。

4. 涂层织物

由于采用的基布不同,可涂成不同厚薄的织物,基布涉及棉、麻、丝、毛、化纤面料以及针织面料,品种有机织化纤布、牛仔布、棉府绸、丝绸、桃皮绒、针织网眼布、精纺呢绒。经过涂层整理,不仅可以改变织物的外观,而且根据产品的最终用途,增加防水、防风、防静电、遮光、阻燃、隔热、防辐射等功能。涂层织物适用于制作户外运动服装。

5. 高科技绿色生态纤维及其服装面料

高科技绿色生态纤维及其服装面料，如 Tencel、天然彩色棉、大豆蛋白纤维，已成为新世纪服装的新宠。主导 21 世纪工业革命的生物基因工程、纳米等高新技术，正在不断地贴近服装面料，走向运动服装。

思考与练习

1. 简述运动装的种类。
2. 总结运动服装的服用特征。
3. 运动服装应具有的功能包括哪些？
4. 常见的品牌运动装主要选用的面料有哪些？有何优缺点？
5. 分析 T 恤衫的特点，说明其面料选用时应注意问题。

内衣及其面料应用

内衣，是指穿在外衣里面、紧贴人体肌肤的服装。在人类服装史的发展过程中，无论东、西方民族都有着内衣的发展痕迹。

在中国古代内衣是“近身衣”(《左传》)的通称，也被称为“亵衣”“小衣”，着否亵衣，视之为“礼”。由于中国社会对“礼”的推崇，使内衣在几千年的发展中，还是停滞在“内”与“亵”上，是不能轻易示人的服装。因此，传统上的东方内衣表现得欲语还羞，十分含蓄。而西方内衣则不同，可以说近代内衣的发展和完善是在西方完成的。早期的内衣由薄的亚麻布所制，麻的法文是 Linge，后来演变为内衣的英译“Lingerie”。

在西方，随着西洋服装对女性曲线美的追求，16 世纪的人们开始使用鲸髦、钢丝、藤条等来制作紧身衣，这种内衣的设计极为复杂，穿一件内衣，可能要花上几个小时的时间，而这种钢架铁骨式的内衣在塑造女性身形的同时，也对穿着者的健康构成了威胁。19 世纪初期，紧身内衣逐渐变得简化，到了 19 世纪中后期，内衣的塑身要求更加淡化，加上蕾丝、丝绸、薄纱等材质的运用，使内衣制造得格外精美华丽。20 世纪初期，莎洛特有了健康胸衣，1907 年内衣的设计更是放松了对腰部的束缚。20 世纪 70 年代，成为女性内衣的“黑暗时代”，烧掉文胸，不要女性粉饰，一切向男人看齐，简单舒服实用成了当时女性内衣的基本准则，当时的连身内衣“Body”成为一代时尚。到了 80 年代，女性的价值真正被人们所接受，从而引发了内衣消费的增长，内衣的设计也随之得到了恢复和发扬，设计作品更加大胆、暴露，令女性更加美丽。90 年代，随着内衣面料的不断更新，人们越来越追求新技术产品，单纯棉制品已不再成为人们的最大需求，“Microfibre”(微纤维)这一举世公认的被称为“第二皮肤”的面料，使内衣既紧贴体型，又毫无束缚，舒展自如，女性终于可以舒舒服服地塑造体型美了。时至今日，现代人不仅重视内衣所带来的诱惑感，更重视其带来的健康呵护，内衣与人体的关系体现得越来越紧密。

第一节　内衣概述

一、内衣的种类

内衣的品种很多，如衬衣、衬裤、文胸、三角裤、汗衫、背心、肚兜、棉毛衫裤等，都是内衣家族的成员。根据参照的分类标准不同，有以下几种内衣分类：

（一）按照功能分

按然功能的不同，内衣可以分为贴身内衣、补正内衣和装饰内衣三类。

1. 贴身内衣

贴身内衣指接触皮肤、穿在最里面的衣服，这类内衣具有防寒、保暖、吸汗透湿的作用，因此又称为“实用内衣”。贴身内衣包括汗衫、背心、三角裤、针织中裤、棉毛衫裤等。

其中棉毛衫裤又可细分为：

按纱线线密度分——28 tex(21^s)、18 tex(32^s)、16 tex(36^s)、15 tex(38^s)、13 tex(45^s)等；
按成衣式样分——圆领衫、V 领衫、翻领衫、半襟衫、长裤等；
按坯布组织结构分——棉毛布、夹色棉毛、雪花棉毛、横条棉毛等。

2. 补正内衣

补正内衣又称为“基础内衣”，是为了弥补人体体型的不足之处，增加人体曲线美，包括文胸、腹带、束腰、臀垫、裙撑等。

其中文胸根据其杯罩的款式，又可细分为全杯罩文胸、1/2 杯罩文胸和 3/4 杯罩文胸三类，其具体特征如表 5-1。

表 5-1 文胸的分类与特征

种　类	特　征
全杯罩文胸	即全包形文胸，可以将整个胸部包裹起来，使乳房稳定而挺实，避免摇晃，既有安全感，又轻轻松松，配以钢托的设计，穿戴起来更加舒适和稳定，能更好地承托和提升乳房。
1/2 杯罩文胸	文胸上缘裸露，承托力均匀，使胸部丰满而具有诱惑力，适合于胸部较小的女性。
3/4 杯罩文胸	介于两者之间，利用斜向的裁剪，强调钢圈的侧压力，使胸脯上部微微露出，呈现丰腴、自然的曲线，尤其是前扣式的设计更能矫正身形。

3. 装饰内衣

装饰内衣指在室内穿着的内衣以及穿在贴身内衣与外衣裙之间的衬装，它能体现出休闲舒适的生活，也能衬托外衣的完善，还能使外衣裙穿脱光滑，行走时不贴体。它包括蕾丝内衣、连胸长衬裙、短衬裙、睡衣、家居服等。

（二）按照人体承受压力程度分类

按照穿着时人体承受压力程度的不同，内衣可分为轻压内衣、中压内衣和重压内衣三类。

轻压内衣都是用回弹力较小的材料单层制作而成，简洁、优美、柔软、舒适。中压内衣在腹部和臀部用双层弹性材料制作，具有局部的紧束和调整作用。重压内衣通常在胸部、上下腹部、腰两侧及臀部两侧和下方用弹力较强的材料制作，达到全身调整的目的，如连体紧身衣。

（三）按照穿着对象不同分类

按照穿着对象不同，内衣可分为婴幼儿内衣、青少年内衣、女士内衣、男士内衣等。这主要是针对不同年龄和性别的消费群体对内衣的要求不同所做的划分。婴幼儿内衣没有矫形性和装饰性功能，主要起贴体呵护的作用；青少年内衣针对这一时期男女身体发育的特点，以保护和美化为重点而设计；而男士内衣、女士内衣主要指成年后的男女内衣。

除此之外，内衣还可分为普通型、功能型、高档型。普通型内衣在市场上比较多见，价格也比较低，主要起保暖、保护、卫生等作用。功能型内衣则强调内衣的舒适性和功能性，穿不同功能的内衣，可以达到不同的目的，如美体、塑身、防护、保健等功能，此外这类内衣还包括一些特殊内衣，如运动用内衣和孕妇用内衣。高档型内衣材料优良，做工精致，其设计突出优雅、舒适、性感、迷人的特性，使优秀的女性显得更加独立、高雅、有品位而不夸张，但价位偏高。

图 5-1　时尚化内衣

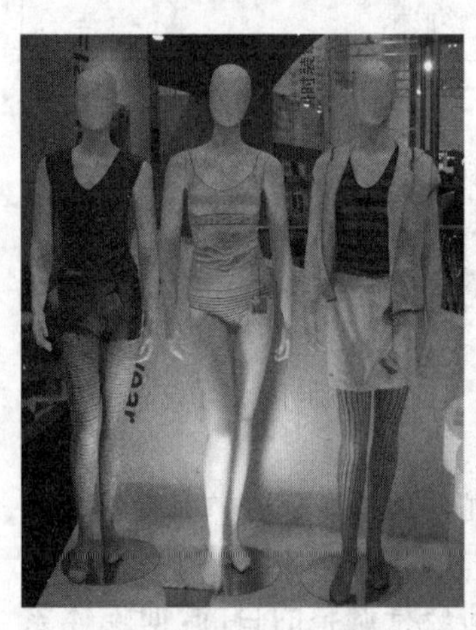

图 5-2　个性化内衣

二、内衣的发展变化

内衣是服装中一道独特的风景线，它不但给予人们一年四季的贴身呵护，更满足了人们对于美的追求。随着现代科技的进步和发展，人们的健康、环保意识也逐渐增强，对内衣的要求已经不仅仅停留在传统的设计和功能上，而是更加注重环保、保健、情趣、时尚及个性。

（一）款式时装化

20 世纪中期，比基尼三点泳装的出现消除了内衣和外衣的界限，内衣外穿由此大行其道。90 年代，麦当娜的内衣外穿更是掀起了世界性的风潮，内衣就像流行时装一样，有了更加丰富的面貌。90 年代末期，都市女孩纷纷穿上棉质吊带小背心，在城市的街头展现着青春的魅力，内衣外穿的潮流已经悄然走进普通人的生活。在现代女性看来，内衣不再只是保护身体或修饰身体的基本配件，它完全可以像外衣那样给女性带来婀娜多姿和楚楚风情。内衣在设计与制作上，采用绣花和镂空工艺，配以精美独特的蕾丝、网纱等装饰，并导入流行色等元素，使内衣的世界更加绚丽多姿、精彩纷呈(图 5-1)。

（二）设计个性化

体现时尚与追求个性是服装发展的永恒主题。色彩、款式、质地及风格等元素的个性化设计，使内衣能够反映出着装者的地位、形象、情趣、爱好、审美、服饰观及个人品位。注重内衣在不同场合的穿着风格和对身体修饰效果的内衣文化，更是成为各阶层女性的共识。如图 5-2 所示。

（三）材料环保化

天然纤维以其良好的服用性能在内衣材料中占有绝对优势，集天然纤维的舒适与化学纤维的挺爽于一体的混纺或交织材料也是制作内衣的上佳材料。而蕴含高科技的无害天然纤维及功能化学纤维更是内衣材料的首选。

21 世纪的人们崇尚自然、绿色及环保的消费理念。“绿色”内衣要求产品从原料生产到成品加工以及销售等全过程都符合环保标准。无虫害的转基因棉、天然彩色棉、大豆及生产无污染的 Tencel 和 Lycra 纤维等将被内衣行业大量采用。图 5-3 所示的是大豆纤维面料。

图 5-3 大豆纤维面料

三、内衣的特征

与其他成衣相比，内衣是穿在最里层的服装，具有贴体的特性。因此内衣无论从款式结构的设计，还是从面料、辅料的选择上，都要充分考虑内衣对人体的影响。一般来说，内衣要求穿着舒适合体、无过敏反应、无束缚和捆扎感；不走形，不脱落，给穿着者撑托稳定的感觉；能够塑造出理想的身体曲线。各种不同功能的内衣有各自不同的特征(如表 5-2)。

表 5-2 不同功能内衣的特征

种类	结构上的特点	款式设计上的特点	选用材料的特点
贴身内衣	以平面裁剪为主，结构比较简单，变化少，分割少，多采用简单概括的直线剪裁	色彩使用比较单一，且以淡雅的色调为主。造型上体现出宽松舒适的特点，无拘束压迫之感，具有含蓄包容的特性	多选用弹性较好、吸湿性好、透气性较强的针织面料。常用面料为纯棉面料、真丝面料。辅料选用较少，一般常见辅料为松紧带、商标等
补正内衣	多采用立体裁剪，服装中的分割比较多，要求裁剪精确，合体	多采用曲线造型，在设计上非常强调塑体和美化的作用。色彩变化丰富，款式多种多样，与流行的步伐最为贴近	面料装饰性和功能性强，选用的辅料品种繁多，比如钢圈、扣件、胶骨、捆条、衬垫、蕾丝、橡筋、鱼骨、定型纱、肩带等
装饰内衣	结构简单，多采用直线条的剪裁	色彩比较单一，一般多选用白色、乳白色、肉色、淡粉色、黑色等	面料的装饰性较强，采用的面料多为光滑、柔软的真丝和化纤类面料

四、内衣的功能

内衣素有“人体第二皮肤”之称，是人们生活中唯一时刻不离身的服装，内衣的功能包括实用性功能和美化性功能，具体可归纳为以下七点：

(1) 方便外衣的穿脱；

(2) 吸收身体的代谢产物，保持皮肤清洁；

(3) 维持身体与服装间良好的微气候环境；

(4) 保护肌体不受外界伤害和刺激；

(5) 矫正体型，美化和塑造形象；

(6) 保健身体，增进健康；

(7) 协助身体运动，把身体的动作自然地传达给外衣。

(一) 实用性功能

从内衣的实用性功能看，内衣的上述功能中，最为重要的是保持身体与外衣之间的透气，吸收身体的代谢产物，保持皮肤清洁，从而保证人体的健康。

人体是一个十分精密和复杂的生命体，时时刻刻都在进行新陈代谢。如同工业生产有“三废”一样，人体在新陈代谢过程中同样也有“三废”（废气、废水、废渣）的产生，人体只有不断地清理“三废”，才能保证自身的舒适健康。

人体在代谢中所产生的废气主要是二氧化碳，人体裸体和穿衣后，皮肤呼吸一昼夜排出的二氧化碳大致相等，均为 9～30 g，气温越高排出越多。皮肤呼吸时，还排出少量的氯化钠、尿素、乳酸和氨等，所以能够闻到酸臭味，这些酸臭物质对皮肤有一定的刺激作用，容易诱发皮肤病，所以废气不应留在衣服与身体之间。贴身内衣的功能之一就是保持身体与外衣之间的透气，从而保证人体的健康。

人体代谢的废水主要是尿液及汗，可通过泌尿器官及皮肤排出尿素、肌酐等有害物质。而废渣主要是人体皮肤及生殖部位在代谢中产生的各种污垢，比如皮屑、皮脂、脱落的角质等。服装的作用，一方面是吸收皮肤表面的分泌物，保持皮肤表面的清洁；另一方面是防御外界污垢的侵入，保护人体的健康。内衣脏污的原因主要来自人体皮肤分泌物，一个人每日由皮肤上脱落的汗垢达 6～12 g。附着汗垢的衣服会因为细菌的分解而发臭，会因霉菌生长、发酵而产生带色物质，或者因汗垢与衣料所使用的染料、整理剂等发生化学反应而产生带色污秽。内衣主要因为吸收了来自皮肤的水分和汗垢而形成不易洗涤的脏污。优质内衣，应能对污物有良好的吸收性，这样才利于人体的健康。因此贴身内衣的另一功能就是吸收身体的代谢产物，保持皮肤清洁。总之，贴身内衣应起到防寒、防风、保暖、吸汗、散热、透湿等作用，增强人体抵御外界温湿度变化的能力，使身体保持清爽、舒适、健康。

（二）美化性功能

补正内衣和装饰内衣的主要功能是满足人们对美的需求。

补正型内衣的功能有别于贴身内衣，它一般紧裹人体，有协调皮肤运动和弥补体形缺陷的功能，可帮助女性重新塑造更加完美的身材。乳房是女性身体上唯一没有骨骼支撑的器官，其腺体组织和脂肪组织极易在皮肤松弛和腺体萎缩时松懈下垂，而乳房下垂会改变躯干上下整体美的比例关系。所以，为了保护健美的乳房，需要及时而正确地选戴文胸。文胸的作用是保护乳房清洁、支撑和衬托乳房，使血液循环畅通，从而有助于乳房发育，减少行走和行动时乳房的摆动。正确配戴文胸可以防止乳房松弛下垂，促进乳房内脂肪的积累，使乳房丰满挺立，塑造出健美的身材。

腹带、束裤是女性调整下半身形体的补正内衣。通常女性从 25 岁以后肌肉开始逐渐松弛，特别是腰部、腹部和臀部更容易堆积脂肪，多余的脂肪使得腰臀这些部位的体型凸出，松懈难看，需要通过腹带、束裤等内衣来矫正和修饰。腹带、束裤采用高弹氨纶为原料，配以多片式的结构设计及特殊的缝制技术，对人体的肌肉有引导作用，因此可以绷腹、收腰、提臀，从而使穿着者身材窈窕秀丽，不再为赘肉横生的腰腹而忧心重重。

装饰内衣包括衬衣、衬裙、睡衣、家居服等。这种类型的内衣矫形性和保健性比较弱，其作用主要是美化和装饰。其中衬衣裙的作用，一方面，针对透明的外裙，衬裙可以遮掩身体；第二，可以保护外衣不受身体汗液的侵蚀，避免粗糙面料的外衣对身体的刺激；第三，衬裙能够使裙子的外观展现出柔和、流畅的线条，遮掩和修饰人体的缺陷。睡衣是专指睡眠时穿着的服装，在设计上追求舒适、安逸，造型宽松，色彩柔和，作用主要是在睡眠时保护身体，使睡眠更加舒适。家居服是非睡眠时间在室内穿着的内衣，通常造型宽松大方，舒适休闲，能够带给人们轻松随意的感觉，营造出温馨的家庭氛围。随着人们生活品质的提高，家居服的穿着越来越被人们所重视。

五、内衣功能性的发展

一件好的内衣除了有雕塑体型、装饰人体和满足人体基本舒适需求的功能以外，还需要具有更多更好的功效，以满足人们不同程度的需要。常见的内衣功能有调整体型、保温、透气、导湿等。从目前纺织服装行业中高新科技的发展和应用来看，人们可以从纤维性能、织物结构、款式、版型、缝制工艺、后整理技术以及服用功能设计等方面，对内衣进行不断的改进，逐渐扩展内衣的功能，提升内衣的总体质量。

（一）舒适型

在内衣的基本功能得到满足的同时，人们也在追求更为舒适的内衣产品，力求将艺术审美与生理舒适性完美地结合在一起。

1. 舒适型化纤材料内衣

舒适型化纤材料具有较好的弹性、柔性及透气性，成为开发舒适型内衣的主要材料。杜邦公司的 Lycra soft 就是这样一种透明的共聚醚基型弹性纤维，它不仅具备了 Lycra 应有的优越特性，而且比 Lycra 纤维具有更好的延伸性、回复性、塑性变形及很强的耐水解和防霉性，十分适合制作妇女针织内衣（尤其是补正型针织内衣）。杜邦公司开发的另一种高科技尼龙纤维——Tactel-aquator，也同样具有良好的舒适、柔软及透气功能，在针织内衣方面可与天然纤维争夺市场。

2. 保暖内衣

冬暖夏凉，是人们对于服装功能的基本要求。保暖内衣是近几年来兴起的一种舒适型内衣产品，它一改传统御寒内衣的“暖、厚、重、肿”的特点，采用新型面料，逐步向“暖、轻、薄、健”发展，使人们在冬季里既可以穿得薄，又可以穿得暖。

3. 夏凉束裤

凉爽束裤为人们的夏季带来了一丝凉爽。这种束裤根据人体体表的散热现象，将易于散发热量的腰后部和大腿后部设计成网眼结构，运动时上下形成空气流，散发热量，这样人们即使在闷热的夏季也会感觉凉爽舒适。

（二）保健型

现代人在紧张的工作之余，越来越注重自身的健康，对于服装的医疗保健功能有了更高的要求。保健型内衣就是具有防病保健功效的一类新型内衣。

1. 抗菌内衣裤

抗菌内衣裤的使用最先出现在二战时期，当时德军穿用经抗菌整理加工的军服，减少了伤员的细菌感染。20 世纪 60 年代后，抗菌卫生织物开始在民用产品中推广，迅速广受欢迎，各国相继研发出了各种织物抗菌技术，日本尤为领先，取得了显著的经济效益和社会效益。如今，不仅女性，越来越多的男性也非常重视内衣裤的抗菌性能。一款对细菌和真菌的 24 小时杀灭率达 100%、经百次洗涤其杀菌效果仍保持不变的纳米抗菌内衣在上海研制成功。该款高效纳米抗菌内衣采用羊绒、莫代尔和棉为材料，利用“无机/有机复合纳米抗菌整理技术”处理而制成。经中国疾病预防控制中心寄生虫病预防控制所多次对照检测表明,该抗菌内衣对金黄色葡萄球菌、大肠杆菌、白色念珠的 24 小时杀菌率均为 100%,具有极好的抑制和杀灭各类细菌、真菌的能力,且符合环保要求。这款内衣手感良好,抗菌效果持久,特别是耐洗性良好,经 100 次洗涤后抗菌效果仍未下降,其纳米抗菌整理技术达国内领先水平。

2. 保健内衣

保健内衣利用微胶囊技术,将多种具有医用疗效的物质通过印染、整理等方式,固定在纤维中形成保健纤维,由这种保健纤维制成针织内衣。这种内衣在穿用过程中会慢慢释放保健物质,使穿着者享受长期的辅助治疗疾病(如心脑血管病、慢性关节炎等)的作用。同样,利用保健纤维或经过特殊整理的针织保健内衣,可以在美体修型的同时,具有良好的透气导湿性能,保持人体皮肤与内衣之间舒适的温湿度,防止人体皮肤干燥起皱,使皮肤保持干爽清洁,从而抑制皮肤表面细菌的繁殖,起到呵护、保养肌肤的作用。此外,有的保健内衣还能有效去除人体异味和分泌物引生的细菌,改善人体微循环,增强人体免疫力等。

3. 按摩催眠内衣

一款具有按摩催眠作用的内衣也已研制成功。它依据人体工学和立体造型的原理,采用电脑精密剪裁,立体多片式缝制,配合人体穴位做加压缝制而成。这种特殊材质内衣,能够帮助身体适度按摩,维持生理健康。同时,将具有催眠作用的特殊芳香油涂抹在内衣布料及多处压缝上,使其在按摩过程中散发出这种芳香气味,可以缓解紧张工作的压力,帮助失眠者迅速进入梦乡。

4. 妇科疾病防治内衣

对于女性而言,乳房肿块、乳房肌瘤、子宫下垂等妇科疾病严重影响了女性的健康。针对这些妇科疾病,在充分了解人体构造和乳房特征的基础上,对女性内衣款式和内在结构进行调整,将有效药物放置其中并使其便于使用和更换,这样,女性贴身内衣也能够参与妇科疾病的防治。

5. 磁疗内衣

将具有一定磁性的纤维编织在布料里,用这种布料制成的内衣能充分利用磁性纤维所产生的磁场治疗风湿和高血压等病症,可以收到很好的疗效。

这些具有医疗保健功能的内衣极大地拓展了内衣的实用性,为未来内衣业的发展拓宽了方向。

(三) 芳香型

宜人的芳香气味给人以舒适、愉悦的感受,它不但可以遮盖异味,而且能够起到增加生活情趣、怡情养性的特殊功效。

一种从日本引进的蕴含着多种鲜花香味的女性内衣,将天然花草植物中提取的纯天然香料融入直径只有 2~5 um 的纯天然超微植物香囊(头发直径约为 100 um,香囊直经约为发丝的1/50),采用特殊工艺将这些香囊植入内衣面料的纤维中(每平方英寸约含有 120 万个超微香囊),人体穿着摆动时芳香因子会缓缓释放出淡淡的幽香。

现代服装科技还将许多由树脂做成的包含香水的微胶囊植入织物表面,并将该胶囊的厚度设计成在加工中不会破裂而穿着时受挤压后才会破裂的程度，微胶囊破裂时，香水自动散发，香味溢满全身甚至整个房间。

在微胶囊服装的技术处理上，一般采用印花、浸渍、浸轧的方法将微胶囊与纺织品相粘结。现已制成茉莉、玫瑰、熏衣草、深谷百合、香豆、绿色植物、柠檬等多种香型。采用芯鞘纺丝法生产的芳香纤维，其芳香物质在芯材中，该纤维结构使芳香味沿纤维纵向逸出，留香持久，最长可达三年。由于芳香气味又可杀菌、除臭，所以芳香织物在国际市场上已经开始流行。

(四) 智能型

所谓智能服装是将微电子技术与服装相结合，利用微型传感器采集人体信号，并用微处理机对该信号进行实时处理，得出相应的控制信号。同时，智能服装可根据外界条件和因素改变自身特性，对能量及信息进行储存、传递和转化。这种服装可以备有特殊的微型计算机和全球定位系统及通信装置，不断监视使用者的体温、饥饿程度和心脏跳动情况。内衣是最贴近人体的服装，它对于人体内部信号微弱变化的感知最为灵敏。因此，它完全可以成为服装智能化装置的载体。目前，英国的研究人员已经成功地研制出带有音乐播放器的比基尼游泳衣等。在不久的将来，带有智能监测系统的内衣，将给行动不便的老人、残疾人和其他身负特殊任务的人员带来方便。

(五) 防护型

国外一些研究部门已研究出具有防身作用的内衣。将一些特殊物质植入内衣织物中，在女性受到侵害时，该内衣会释放出一种气体，扰乱入侵者的注意力，从而争取时间躲避灾祸，保护自身。

这些高新科技的应用，使人们每天形影不离的内衣完全融入了现代化的科技生活当中，提高了人们的生活品质，促进了身体的健康，真正使内衣成为人们既贴体又贴心的伙伴。

第二节　内衣的面料构成与选用

一、内衣面料的选用原则

内衣是人体的第二皮肤，营造着人体的贴身环境，因此内衣面料的选用既要考虑塑造人体的美丽，又必须兼顾人体的健康。一般来说，内衣选料的原则是：吸湿、透气、柔软、滑糯、保暖，并具有一定的延伸性和回弹性，易洗、快干、色泽淡雅。但是，针对不同类型的内衣以及不同环境中的内衣，在选择面料的问题上会各有侧重。

(一) 不同季节内衣面料的选择

从季节气候来看，以我国为例，一年四季，从东到西、从南到北，季节性的温度、湿度变化很大。北方冬季气温低至零下几十度，室内外气温相差大，温度低、干燥的时候，室外相对湿度只有30%左右。在这种环境下，人体对内衣的要求是：室外要求保暖，室内要求舒适，特别要求防静电。内衣的面料可以选择纯棉，中厚型或少量加厚型，并经过卫生、抗静电、超柔软整理，但不宜采用化学纤维。我国的西北地区与华北相似，不一定非要抗静电面料，但要求卫生整洁，保护皮肤，特别是经抗菌卫生整理的纯棉及棉与化纤交织的内衣面料更受欢迎。夏季，南北方均以凉爽、透气、吸汗的浅色面料为主。另外，具有抗紫外线及耐酸、耐碱、耐人体排泄有机酸物等特殊功能的内衣面料将越来越受到重视。

（二）不同种类内衣面料的选择

从不同类别的内衣看，面料的选用也因衣而异。

1. 贴身内衣

贴身内衣具有防寒、保暖、吸汗透湿的作用，其面料应该选用富有吸湿透气性、保暖性、触感轻柔的天然纤维材料，色彩多选柔和的素淡颜色，如白色、米色、肉色、粉红色、浅黄色等。贴身内裤，特别是女性内裤，应选择柔软、浅色、透气性与吸水性强的棉布料，款式应选宽松式。若内裤过于瘦小，或布料有刺激性化学物质，对于男性，易因外生殖器受刺激而引发阴囊湿疹、股癣或神经性皮炎；对于女性，易引发阴道感染、尿道感染和真菌感染，并诱发外阴炎、阴道炎、阴部湿疹及盆腔炎等。

2. 补正内衣

补正内衣主要起塑体美化的作用，可选用装饰性和功能性强的面料。文胸对女性的胸部起到承托、稳定、矫正、美化的作用，其款式多样，色彩丰富，极具潮流感。面料可选用柔软、透气、吸水性好的棉布，花型典雅、纹理细致的蕾丝，以及滑爽亮泽的真丝等。在直接接触皮肤的部位，尽量不选用化纤面料，以免引起湿疹和皮肤过敏。束裤的功能是收束腹部多余的脂肪，提高下垂臀部，纤细腰围，修饰下半身的线条。束裤面料要求弹性好，尤其在提臀塑形的部位，常选用高弹面料，颜色多用白色、肉色、淡黄色等。

3. 装饰内衣

装饰内衣讲究面料质地的滑爽、柔软、轻飘，可选用真丝绉类、纱类、缎类织物，搭配花边和刺绣作为装饰，色彩以素净淡雅和柔和的浅色为主，多用小碎花、细条格表现女性的细腻和柔情。

二、内衣及其面料的品质要求

内衣及其面料的品质要求包括风格特征、外观、使用处理难易程度、形态稳定性、舒适卫生性能、生物性、耐物理化学性和机械性质。具体要求如表 5-3 所示，其中，程度要求高的用◎表示，较高的用○表示，低的用△表示，不要求的用×表示。

表 5-3　内衣的品质要求

风格	外观	管理难易	形态稳定性	舒适卫生性	防生物性	耐物理化学性	机械性质
触觉◎ 视觉◎	式样◎ 悬垂◎ 花色○ 色牢度○	洗涤◎ 熨烫定形○	伸缩弹性◎ 折皱○ 压缩○	重量◎ 透气性◎ 保暖性◎ 吸湿性◎ 吸水性◎ 带电性○	防微生物○ 防虫蛀性○	耐热性△ 耐光性△ 耐汗脂性◎ 耐药品性△	拉伸强力○ 顶破强力◎ 冲击强力○ 耐磨损性○ 耐疲劳性○

三、内衣面料的种类与结构

内衣面料体现内衣的主体特征，包括内衣的造型、性能、风格等。它的主要作用就是使着装者感觉美丽舒适。内衣使用的面料包括机织面料和针织面料。从内衣面料所选用的原料角度看，最受欢迎和广泛使用的是吸湿、透气性能良好的天然纤维面料，如纯棉、真丝面料。经编生产所用的原料以化纤长丝为主，氨纶、涤纶、锦纶这三种化纤原料在高档经编女性内衣面料中应用较多。目前，蚕丝也成功用于生产高档经编女内衣面料。

（一）针织内衣面料

为了适应内衣在功能方面的要求，90%以上的内衣都选用了针织面料。与机织面料相比，针织面料具有手感好、弹性好、透气性强、吸湿性强、穿着舒适贴体、轻便等特点。纬编针织物在普通内衣领域占有很大的比例。近年来，随着各种新型纺织原料的出现，经编针织物生产工艺的改革以及新型染整技术的开发应用，经编针织物正广泛用于妇女内衣，并趋向高档内衣领域。

1. 纬编内衣面料

（1）汗布

汗布指制作内衣的纬平针织物，其面密度一般为80～120 g/m²，纹路清晰、布面光洁、质地细密、手感滑爽，纵、横向具有较好的延伸性，且横向比纵向大。汗布的吸湿性与透气性较好，但有脱散性和卷边性，有时还会产生线圈歪斜现象。

常见的汗布有漂白汗布、特白汗布、精漂汗布、烧毛丝光汗布；根据染整后处理工艺不同有素色汗布、印花汗布、海军条汗布；根据所用原料不同有纯棉汗布、真丝汗布、苎麻汗布、腈纶汗布、涤纶汗布、混纺汗布等。如图 5-4 和图 5-5 所示。

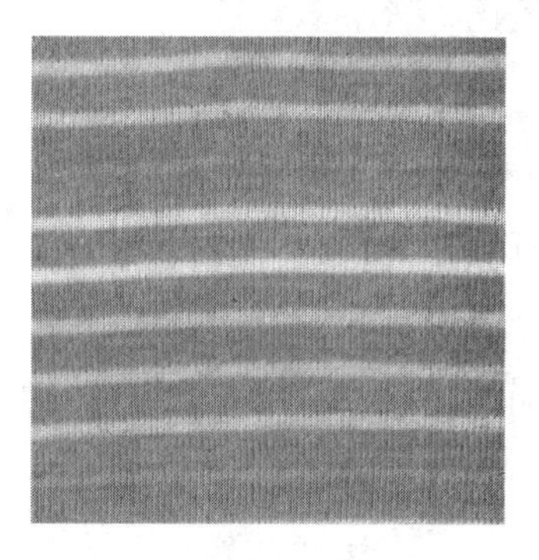

图 5-4　汗布

图 5-5　棉与氨纶汗布

（2）罗纹布

罗纹布是罗纹组织织物，在内衣中常用的有1+1罗纹、2+2罗纹等。在罗纹组织中，纱线交替形成正、反面线圈，连接正反面线圈的圈弧部分因弯曲而产生一定的应力，造成该圈弧出现较大的弯曲和扭转，在自然状态下，正反面线圈纵行会互相重叠。因此，与纬平组织比较，这种组织的横向延伸性和弹性更好，而且罗纹织物不易卷边和脱散，多用于贴身内衣的袖口、领口等处。如图 5-6 和图 5-7 所示。

图 5-6　2+2 纯棉罗纹布

图 5-7　1+1 棉与氨纶罗纹布

(3) 双反面织物

双反面织物比较饱满厚实，具有纵横向延伸性相近的特点，卷边性很小，但容易脱散。适用于婴幼儿内衣。

(4) 双罗纹织物

双罗纹组织是最常见的双面纬编变化组织，由两个罗纹组织复合而成，即在一个罗纹组织的纵行之间配以另一个罗纹组织的纵行。双罗纹织物俗称“棉毛布”，具有不易脱散、不易卷边、质地厚实、柔软、保暖性好、透气性好等特点，广泛用于秋冬内衣。

(5) 抽条织物

在某些织物中，根据织物组织结构，把部分织针从针筒或针盘上取出，采用这种技术形成的织物称为抽条织物。抽条织物是一种特殊的，或者说没有循环规律的正反面线圈相互配置组成的双面织物。对应织物中的被抽针实为对面针床上进行反面编织的织针，因而整块织物好似在单面平针织物中配置了几条纵条纹。可以用于汗衫背心或一些新款女性内衣。

(6) 集圈织物

集圈组织由拉长线圈和圈弧构成。集圈织物花色较多，在内衣面料中多采用线圈的不同排列形成孔眼、凹凸等图案效果，立体感较强。集圈织物的脱散性和延伸性较小，易勾丝。一般用于贴身内衣面料。

(7) 衬垫织物

衬垫组织是由一根或几根衬垫纱按一定间隔，夹在两根纱线共同编织而成的前后配置的两个线圈之间形成的。衬垫纱形成的波纹状圈弧暴露在织物的反面。

衬垫织物的横向延伸性较小，织物厚实，保暖性好。通常，经过拉绒处理，将衬垫纱松解为蓬松丰厚的毛绒，增加织物保暖性和柔软度。这类针织绒布广泛用于贴身内衣、睡衣等。

(8) 毛圈织物

即毛巾布，为毛圈组织纯棉布，由两根纱线同时进行编织，其中一根在编织时形成拉长的圈弧，浮于织物的反面。毛圈织物质地较厚，有很强的保暖性及良好的弹性和手感，透气性略差，一般用于秋冬季内衣、睡衣等。

2. 经编针织内衣面料

(1) 素色弹性面料

特利柯脱型素色弹性面料主要在高速特利柯脱经编机上生产，主要机型有 HKS2－3E 型、HKS3－1 型、HKS1MSU-E 型等。这类织物一般以氨纶和锦纶交织，织物采用常温常压染色，以避免高温高压对氨纶的损伤。特利柯脱型织物弹力好、尺寸稳定、回复性好、手感柔软、质地致密，制成的内衣穿着能够紧贴身体，显露形体美，并且活动自由舒适。

素色弹力色丁布也是一种经编内衣面料，一般在弹性拉舍尔经编机 RSE4－1 或特利柯脱经编机上生产，采用三梳组织，前二梳采用锦纶长丝作经绒平组织，后梳用氨纶作衬纬，氨纶用量一般为 6%～10%。色丁布的弹性很高，有修正形体的作用，而且布面有绸缎般的光泽，穿着舒适美丽，在女性内衣领域应用广泛。

柔软、细密的弹力网眼内衣在遮掩身体的同时，尽显女性典雅迷人的气质。这类经编网眼织物(图 5-8)采用了高密度细支纱为原料，其弹力丝为 22～44 dtex，织物面密度约 50 g/m²，因而穿着柔软舒适。卡尔迈耶公司生产的弹性拉舍尔经编机 RSE4－1 系列，机器规格从 E32～E40，均可生产该类产品。除了超轻、高密度的薄纱织物外，大网眼织物正越来越多地运用于制作优雅别致的高档女式内衣，在 RSE4－1 型经编机上，采用 156 dtex 的弹力丝，可生产六角或正方形的大网眼织物。

图 5-8　弹力网眼织物

(2) 弹性提花面料

贾卡提花弹性面料以其优雅、迷人、生动、别致的风格成为当代女性内衣的新宠。这种织物的手感、透气性、弹性、贴身性和耐穿性都很好。卡尔迈耶生产的 RGWB6/2F 型经编机可以生产用于高档女内衣的弹性提花成形衣片。这种织物最大的特点就是花边和平纹组织无缝连接，不仅缩短了生产工序，还保证了织物花型的完整；另外，采用衣片染色，保证整件内衣不存在任何色差。卡尔迈耶生产的机号为E32的RSJ4－1型经编机，可生产装饰性提花内衣面料。纱线原料的巧妙搭配使织物具有独特的明暗变幻效应，贾卡梳上使用锦纶66（Tactel，22 dtex/13F长丝，有光，三叶形），GB2上使用锦纶6（22 dtex/9F长丝，深度消光，三叶形），GB3上用氨纶（莱卡4 dtex，40％，269B）衬纬。织物极其轻薄，面密度大约为46 g/m^2。织成的图案在透明的背景下呈水平线分布，显得优雅别致、生动活泼。

多梳提花弹性面料在变化地组织或网眼地组织下形成优雅生动的图案，带有立体、连续花纹或者具有独立的浮纹效应，有很好的装饰效果。这类织物有良好的弹性、透气性，是一种高档的装饰性女内衣面料。国外一般采用SU型电子式经编机生产这类高档女内衣面料，如MRES33SU型、MRES43SU型、MRE32/24SU型和MRGSF31/16SU型等。目前，国内设备主要以机械式为主，产品花型单一、档次较低，大多用于普通女内衣。

（3）辛普勒克斯织物

辛普勒克斯织物在RDZN型、RD4N型拉舍尔双针床经编机上生产。RD4N型经编机采用2把梳栉可生产简单辛普勒克斯织物，生产复杂花纹时，4把梳栉的横移机构可以适应原料的变化，可在不同梳栉上使用不同原料，从而在织物正反面形成不同的图案效果。该类织物通常以锦纶长丝（Tactel）作为原料，若在第三把梳栉上使用弹力丝，如22 dtex的氨纶，可生产高弹辛普勒克斯织物。辛普勒克斯织物组织紧密，手感滑爽，纵向延伸性小。大多数辛普勒克斯织物在外表面形成许多鱼鳞状、树叶状等花纹效应，内表面则非常细致光滑。此外，织物手感柔软、丰满，有很好的悬垂性和透气性。辛普勒克斯内衣能够很好地贴附人体，不会在外衣上留下任何痕迹。

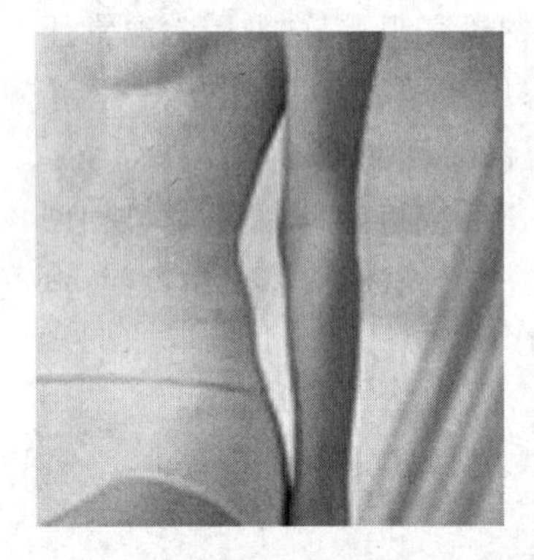

图5-9 无缝内衣

（4）无缝成形内衣

目前，我国针织企业生产无缝内衣，机型多采用意大利圣东尼（SANTONI）公司生产的SM8－TOP2型电子式无缝成形针织圆机，它是八路进纱的单面一次成型电脑针织提花机，且拥有两个独立提花鼓（即选针器），且均能同时进行3级编织（即同时选针进行成圈、集圈及浮线的三个不同动作）。无缝成形内衣在下摆、袖口、腰口、胸腰侧边等部位采用无缝织造，直接成形，免去了繁杂的裁剪工序，减少了生产成本，同时还不会因内衣接缝而破坏形体的美感。这种内衣不仅束腰、挺胸、收腹效果好，而且透气导湿，随体舒适，花纹整体感强，视觉极其精致、时尚，是高档女式内衣领域的热点之一。如图5-9所示。

（二）机织内衣面料

机织内衣面料一般光泽柔和、典雅，手感柔软、光滑，适合做弹性要求不高的一些内衣，例如婴幼儿内衣、文胸及睡衣等。所选用的原料以棉、蚕丝为主。面料的组织多选用纱支较细，紧密度适中的平纹组织、缎纹组织。花色以浅色、素色为主，一些为年轻女性设计的睡衣也会选用一些颜色淡雅的格子面料和碎花面料。

四、内衣面料的风格特征

织物的风格是对织物手感与外观风格的综合评价。表现在形式上，它是触觉与视觉的综合评价，而表现在内容方面，它是力学性质和审美特征的综合评价，它包括了织物的艺术性、象征性、趣味性、时尚性、美感特点、价值模式等方面的特征。

（一）内衣面料的触觉风格

面料的触觉风格即人们常说的手感。柔软光滑、温暖细腻的触觉会给人带来生理和心理上的舒适，而刚硬粗糙的触觉则让人烦躁不安，因此触觉成为确定面料档次的决定性因素，触觉风格评价也受到越来越多的重视。影响面料触觉风格差异的主要因素是面料的物理力学性能，如拉伸特性、弯曲特性、剪切特性、压缩特性、表面特性、厚重特性等，根据这些物理性能，可以将风格表述转化为硬挺度、丰满度、滑糯度和滑爽度四项基本风格评价标准。作为内衣用面料，应具有柔软、丰满、细致、滑爽的触觉风格。

从纤维的角度看，柔软细腻的触觉与纤维的细度、刚度有关。蚕丝是纤维中最细的，100～300 根蚕丝平行排列才 1 mm（棉纤维则为 60～80 根），这么细的纤维头端伸出织物表面，对人的皮肤无任何刺激，因此蚕丝和棉针织物贴身穿用会感到很舒服。羊毛纤维粗细不一，粗的毛纤维会刺激皮肤，使人感到刺痒，所以羊毛面料要经过柔软整理后才能贴身穿用。涤纶、腈纶纤维的刚度较大，有粗硬、微涩的手感，只有采用超细纤维，涤纶、腈纶织物才能有柔软细腻的手感。

不同用途和种类的内衣面料在触觉风格上会有所差异。机织内衣面料中，丝型风格的面料质地细腻，手感光滑、活络，悬垂性好；棉型风格的面料布面光洁均匀，手感温和柔软，质地轻薄。但机织内衣面料一般弹性较差，因此多用来做睡衣等。

针织面料中，弹力面料一般弹性好，布面滑爽，手感柔韧，质地丰满；提花类面料手感细腻，有身骨；网格面料则细致均匀，具有一定弹性。部分秋冬季贴身内衣面料要求手感温暖柔软，质地丰满细腻。这一类中青年女性内衣和时尚男性内衣，目前较流行的是紧身型衣裤，常用莱卡面料制作，不但手感柔软，而且弹性很好，穿着舒适贴身；而普通男性内衣和老年内衣还是以稍为宽松的款式和柔软的面料为主。保暖内衣是近几年来人们在冬季争相购买的内衣，比较受欢迎的是既轻薄柔软，又温暖贴身的面料。

（二）内衣面料的视觉风格

在我们对内衣的审美过程中，最直观的感受来自面料的视觉风格。内衣面料的视觉风格是人体通过视觉器官对内衣面料的综合评价，这种视觉风格不仅与色彩搭配、印花图案等有关，也与织物的光泽、布纹和悬垂性等有关。

1. 内衣面料的色彩构成特征

色彩本身具有一种神奇的力量，可以表达人们的个性，传递人们的情感。

在各种内衣当中，贴身内衣的色彩一般多选用白色、肉色、黑色、灰色、蓝色、粉色和红色，这些颜色一方面适合与外衣搭配，另一方面令人感觉清洁、舒适。红色的贴身内衣，在中国有着更为特别的意义，往往在新婚或者本命年的时候穿着，象征吉祥如意。

补正内衣的颜色更为丰富，时尚感较强，有传统的白色、黑色、肉色，也有明艳的黄色、热烈的红色、浪漫的粉色、清新的绿色、神秘的紫色、幽雅的蓝色……或衬托出女性的典雅华贵，青春甜美；或体现出女性的性感时尚，前卫野性。内衣的色彩犹如一篇优美的文章，把人们内心的愉悦和舒畅书写得淋漓尽致。

图 5-10　网眼组织面料内衣

2. 内衣面料的材料构成特征

在视觉上,内衣的材料给人的感觉多为细致、柔软、爽滑。

棉和麻是东方服装文化的象征,是农业文化的典型代表,能够给人们一种回归自然、朴素、舒适和随意的印象;丝绸历史悠久,历来被看作富有、豪华和高贵的代表,这些天然纤维使内衣面料形成了一种独特的经典风格。弹力优越的化纤材料,则赋予内衣生动活泼和适体自如的感觉。

从内衣的质地看,风格多为平滑型和凹凸型。平滑型内衣面料外观精致、光滑;凹凸型面料立体丰满,可以通过特殊的组织表现其特征,如凸条组织、提花组织、网眼组织等(图 5-10)。

3. 内衣面料的图案构成特征

内衣面料的图案可以通过提花、条纹、网格等织造方式实现,也可以通过印染、刺绣、手绘等后期整理工艺实现。内衣比较常用的图案有花卉图案、几何图案、水果图案、植物图案、物皮纹、彩条图案等,尤其花卉图案在女性内衣面料中应用非常普遍。精致的图案给人们一种高贵美丽的感觉,充分体现出内衣的艺术性、趣味性和时尚性。如图 5-11 所示。

4. 内衣面料的光泽特征

内衣面料一般光泽雅致。棉质面料的光泽稍暗淡、柔和,显得朴素、自然;以蚕丝为原料的面料则光泽柔和亮丽,显得华贵高雅(图 5-12);而以化纤为原料的内衣一般光泽感较强,华丽时尚。如将具有不同光泽度的面料和谐地组合在一起,即使是一款素色的内衣,也会因此而显得典雅大气。

图 5-11　花卉图案印花面料

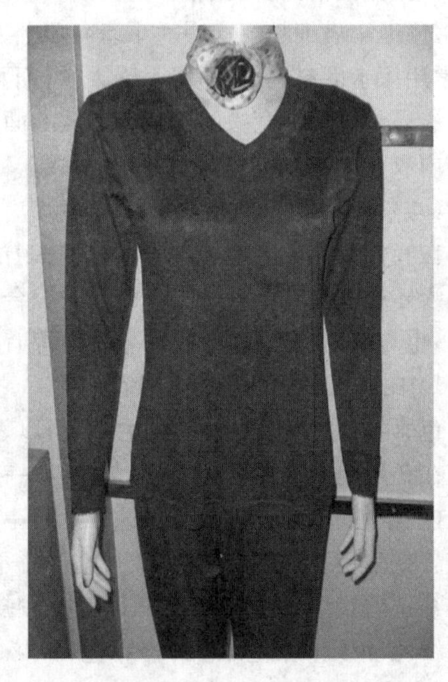

图 5-12　真丝针织内衣

针织内衣面料中巧妙采用不同的工艺方法，能够生产出诸如罗纹、网眼、提花等不同的视觉风格，此外还可以将不同原料交织，形成独特的视觉效应。

五、内衣面料的服用性能

作为内衣面料主要考虑的服用性能为卫生性和舒适性。内衣面料的卫生性能关系着人体的健康，这是内衣面料的组成、后整理工艺、内衣的使用环境等因素共同作用于人体的结果。内衣面料的舒适性主要包括温度舒适性、接触舒适性等。温度舒适性指内衣在外部环境条件与身体活动条件的共同作用下，发挥其调节体温的功能，使人体保持热平衡。内衣的接触舒适性指服装与人体皮肤接触时，内衣面料的触感舒适程度，包括力学（机械）触觉舒适和热湿接触舒适或瞬时接触冷暖感等一系列指标。

（一）内衣面料的卫生性

1. 内衣的脏污

内衣的脏污主要来自人体皮肤分泌物，如皮脂、皮屑、汗液，与皮肤表面积聚的灰尘及微生物混合成垢。污垢脏污后的内衣面料，其保健卫生性能变化如表5-4所示。

表5-4　污垢脏污的内衣面料的保健卫生性能变化

衣料＼性质		含气性		透气性		吸水性	
		含气率 %	变化率 %	透气量 mL/cm²·s	变化率 %	吸水高度 cm	变化率 %
棉	原试样	64.2	−3.6	15.44	−43.8	5.71	−36.8
	脏污样	61.9		8.69		3.61	
黏胶	原试样	72.3	−4.7	116.59	−32.7	3.64	−38.7
	脏污样	68.9		48.45		2.23	
锦纶	原试样	48.1	−7.5	4.47	−27.7	1.18	−11.0
	脏污样	44.5		3.23		1.05	

穿着脏污的衣服会刺激皮肤，诱发霉菌的增殖，容易传染疾病，不利于人体的健康。理想的内衣面料应具备以下卫生性能：使用中能抗污，不因静电而吸引颗粒状污物，也不吸收油性污物或水溶性污物；如果污物已经沾污衣料，则在正常洗涤条件下容易去除，并且在洗涤中，洗下来的污物不能从一织物上转移到另一织物上，即防止二次沾污。

2. 内衣的致敏性

织物的某种致敏性会导致少数体质敏感的人产生过敏，如皮炎、哮喘等病态反应。一般认为，合纤内衣是引起过敏的外因，称为抗原，人体受其作用而产生的抵抗抗原的物质为抗体，抗体与抗原结合就会引起过敏反应。调查表明，能引起皮肤病的合纤是锦纶、涤纶、腈纶。不过，多数情况下，是由于织物内部含有一定量的致敏化学物质而导致过敏，比较典型的有染料、荧光增白剂、残留农药和浆料等。特别是有些染料还带有可能致癌的物质，因此，内衣面料应尽可能避免使用深色、漂白、特殊整理面料以及合纤面料。

内衣贴体的特点决定了内衣在为人们带来美的享受的同时，更要呵护好人体的健康。

因此内衣面料应选择卫生性能好的产品。

（二）内衣面料舒适性

1. 重量

比较理想的内衣面料是轻薄型面料，这类面料应穿着舒适，手感柔软，贴体透气，既不能给穿着者造成有过多服装压力的感觉，也不能影响外衣的穿着效果。丝绸基本上就属于薄型面料，而且重量也轻，即使是做成冬季内衣，与同季节的其他面料相比仍然较薄，因此是很理想的内衣面料。

2. 吸湿透气性

人体代谢所产生的热量，有80%是由皮肤向外散发的，而服装可以遮盖人体表面面积的82%，服装在人体和周围环境之间起到一个能量传递和温湿度调节的作用。人体皮肤与内衣之间的温度在32 ℃左右，相对湿度50%，气流速度25 cm/s时，人体的感觉是最舒适的，这种环境条件被称为标准气候。人在剧烈运动时会出汗（100 $g/m^2 \cdot h$），同时体温升高；即使人体静坐不动也会向外散发水分，称为静止无感汗（15 $g/m^2 \cdot h$）。如果这些热量和水分不能及时散发到空气中，汗湿的衣服贴在皮肤上就会使人闷热难受，所以内衣必须具有良好的吸湿透气功能。

良好的吸湿透气性是决定内衣质量档次的一个重要指标。就内衣与人体形成的微气候来讲，内衣应该既能吸湿，又能导湿，这样才能使人体感到舒服。合成纤维织物的吸湿性能都比较差，丙纶最小，其次为涤纶、锦纶、腈纶等，汗水不能由这些面料及时排出时，会使人感到闷热难受。氨纶的吸湿性能也很差，但棉/氨包芯纱的氨纶丝在纱芯，外面包覆棉纤维，因此有较好的吸湿性能。天然纤维面料都有很好的吸收水分的能力，与皮肤之间的相对湿度最接近舒适湿度。吸收水分的能力大小依次排列为羊毛、蚕丝、棉纤维，这些纤维面料具有良好的吸湿排汗功能，吸湿散湿速度快，表面干爽。棉针织物虽然吸湿性能也可以，但散湿速度较慢，吸汗后紧贴皮肤，让人感到不舒服。

3. 抗静电性

在内衣的穿着过程中，内衣与人体、外衣或内衣的不同部位之间都会产生摩擦，从而导致静电产生。对内衣来说，抗静电功能是指内衣具有良好的电流传导能力，不吸尘、少吸尘、穿着时不裹或不绕体。天然纤维具有良好的导电性，因而是制作内衣的优质材料；采用抗静电纤维也可使普通面料具有抗静电性能。抗静电纤维的制备方法，最早常用的是使用表面活性剂进行表面处理，但它只能保持暂时的抗静电性能。进一步开发的抗静电剂与成纤高聚物共混、复合纺丝的方法使抗静电效果显著、耐久，具有实用性。

4. 保暖性

保暖性是大多数内衣面料必须具备的最基本的舒适与防护性能，尤其贴身内衣更是如此。内衣面料要具有保暖性，就必须有较低的导热系数，这样才能阻止人体产生的热量通过服装面料向外扩散。在外界气温变化时，内衣应具有体温调节功能，天冷时应有较低的导热性能以防止体温的散失；反之，当夏季外界温度高于人体温度时，内衣也需具有较低的导热性能，使外界的热空气不能导入体内。天然纤维中，棉、毛及真丝的导热系数低，具有冬暖夏凉的优异性能，所以无论是冬季还是夏季，它们都是极佳的内衣材料。

为了提高冬季内衣的保暖功效，许多特殊保暖面料相继问世。如反面涂有反射涂层的面料、超细纤维面料、加入陶瓷微粒可产生远红外线的面料、能将可见光转变为热能的能量转换面料等。这些面料不但能够有效保温，而且使内衣更加式舒适和美观。

5. 弹性

内衣是紧贴人体的服装，随着人体坐、立、行、走、以及其他形式的运动，内衣也要随之产生一定的变形，以适应人体的肌肉张力、骨骼运动及人体姿势变化的需要，保证人体活动伸缩自如，无束缚感或压迫感，因此绝大部分的内衣都需要具备一定的弹性。

内衣的弹性主要来自于面料的弹性，而影响面料弹性的主要因素，一方面是面料的纤维成分，另一方面是面料的组织构成。棉纤维的弹性较差，为了改善其弹性，可以将棉与氨纶交织，如市场上非常流行的“棉＋莱卡”面料。针织面料由于是线圈串套组成的，因此本身就具备良好的弹性。如果利用高弹性的纤维原料，再通过针织工艺，就可以生产出弹性非常优越的内衣面料，其弹性可以达到矫正体形的作用，因此在补正内衣中，这类面料被大量地采用。如图 5-13 所示。

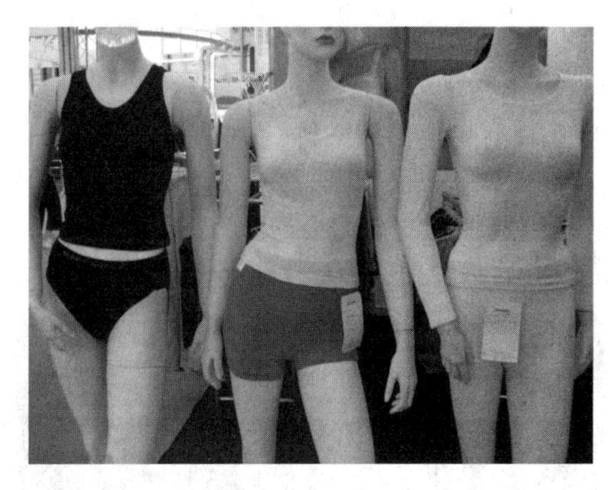

图 5-13　弹性面料内衣

第三节　典型面料构成与特征

1. 棉纱布

一种平纹面料，因为薄且纤维间隙大而透气性极好，但伸缩性、保温性及手感一般，洗后易缩水，主要用于夏季幼儿内衣。

2. 棉布

现代女性依然偏爱棉质内衣。棉布手感质朴、温和，穿着柔软、适体，有较强的透气性和吸湿性，穿着舒适、怡然。为了增加棉布的弹性，可制成棉针织物或与化学纤维交织混纺，这些棉织物除了做室内内衣和睡衣外，还可以制作部分文胸和内裤，穿着舒服、透气，但其保形性相对较差。从美感来说，平织棉布的印花效果和染色效果好，有一种天然纯朴和青春气息，其他面料难以取代。由于棉布本身具有独一无二的透气性和天然性，穿着感受不同于其他面料，因此广受欢迎。图 5-14 为纯棉高密度面料，图 5-15 为纯棉彩条泡泡纱面料。

图 5-14　纯棉高密度面料

图 5-15　纯棉彩条泡泡纱面料

3. 天然彩棉针织面料

彩棉种植不使用化肥、农药等有毒物质，其天然彩色在生产过程中无需漂白、煮练、染色等工艺处理，内衣成品不含任何甲醛、偶氮染料、重金属等有害物质，真正实现了种植、加工过程的“零污染”，成为完全的“绿色产品”。彩棉面料不仅手感好、柔软舒适，而且经水洗后色彩会加深，更显示出彩棉纯真拙朴的自然格调。该面料制成内衣，穿着舒服，有防霉、止痒、防静电的功效，集保健、舒适、美观于一体。如图 5-16 所示。

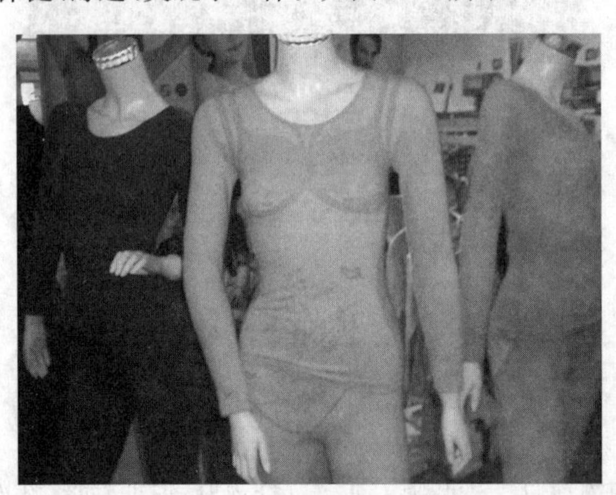

图 5-16　彩棉内衣

4. 精梳薄型棉毛内衣面料

该面料可在机号为 E22 或 E24 的普通棉毛机上生产，使用纱线为较细的 14.7 tex、14 tex 精梳纯棉纱线，编织双罗纹组织或抽条双罗纹组织，生产的薄型棉毛坯布经过高级防缩整理，织物干燥面密度可控制在 150 g/m^2 左右。该面料质地优良，保形性与尺寸稳定性较好，用于制作汗衫背心或新款女性内衣，这种面料的内衣又称超薄型棉毛内衣。

5. 柔暖棉毛内衣面料

柔暖棉毛内衣在 20 世纪 90 年代已风靡市场，是当今棉毛针织内衣的升级换代产品。

它是将两层单面平针线圈以集圈组织点连接起来的复杂组织，连接点为凹凸花纹，使用提花棉毛机或多针道棉毛机生产。采用机号一般为E20～E24，精梳棉纱线密度为20～14 tex。其花纹可以是直条纹、小花纹、曲牙、菱形及各种花纹。织物布面细密，结构中空、饱满，柔软保暖，穿着舒适。

6. 优质高弹棉内衣面料

德国Nippon Mayer有限公司和日本Nakagawa有限公司联合研究，开发了一种优质特利柯脱型高弹棉织物。这种织物表面光洁、柔软、透气、导湿，同时织物的弹性、强力、尺寸稳定性和耐水洗性能都很好，是高档女式内衣面料的理想选择。该产品在机号为E32的HKS3-M(P)型经编机上生产，纱线采用71 dtex的细支棉纱外包9 dtex的涤纶单丝，包缠方向与棉纱的捻向相反(商业名为水晶棉)。这样不仅防止了棉纱的退捻，还增加了纱线的强力，减少了在高速生产下的纱线断头，解决了在高机号上织造细棉纱出现的毛茸纠缠断纱和织造飞花等问题。

7. 亚麻针织面料

具有良好的吸湿、透气性及挺括、凉爽、保健等优点。织物经烧毛丝光和生物酶抛光整理后无刺痒感、光泽好，既有麻的粗犷、凉爽，又有棉织物的柔软手感，适合制做贴身内衣及夏季服装。

8. 罗布麻保健内衣面料

罗布麻又名野麻，内含黄酮类化合物、氨基酸等多种药物成份。目前已研制开发出35%罗布麻纤维与65%优质长绒棉混纺的内衣产品，贴身穿着时能与身体全面接触摩擦，其有效成份通过皮肤渗透被人体吸收，产生降低血压、调整和提高肌体功能的效果。另外，罗布麻纤维具有较高的远红外辐射性能，内衣穿着后可以改善人体微循环，且具有良好的抗菌性和透气性。罗布麻保健内衣集棉的柔软、麻的滑爽、丝的光泽于一身，是理想的高档保健内衣面料。

9. 真丝针织内衣面料

蚕丝是一种纯天然蛋白质纤维，含有人体所必需的氨基酸成份，素有“纤维皇后”的美誉，因对人体及环境不构成任何污染，又被称为“绿色纤维”。蚕丝具有很好的吸湿性和放湿性，能吸收紫外线，导热系数低，抗静电，光泽柔和，其产品具有独特的“绿色保健”功能。弹力真丝针织面料是一种新颖的高档产品，采用经收缩处理过的生丝和从生丝中提取的胶原蛋白结合，制成具永久弹性的真丝，使用该原料织成的平针织物或罗纹织物具有氨纶织物的弹性、麻的凉爽性、丝的悬垂性，是制作高档紧身内衣的理想面料。如图5-12所示。

10. 真丝机织内衣面料

真丝面料手感柔细，悬垂性好，穿着舒适、飘逸，其透气性和吸湿性都很强，是四季都适合穿着的内衣面料。真丝机织面料没有弹性，无法制作紧身、塑形的文胸、束裤，但可制作室内内衣和睡衣等，是内衣中较高档的面料。如图5-17所示。

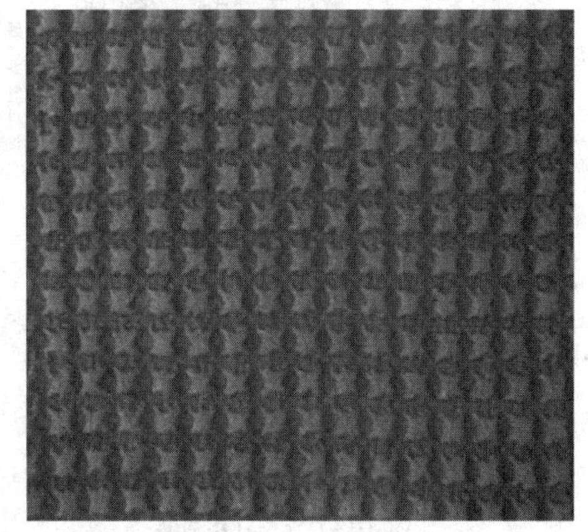

图5-17 真丝双弹绉

11. 普通化纤面料

应用在内衣领域的化纤面料通常有锦纶、涤纶、氨纶等面料，这些面料具有天然纤维所缺乏的较强的回弹力，使内衣的矫形性成为可能。但由于普通化纤吸湿性较差，内衣大都在胸部和束裤的底裆部分用棉针织物作衬底，对人体作必要的保护。

12. 轻薄透明弹力内衣面料

该面料属于特利柯脱型弹性面料，在机号为 E44 的 HKS2－3 型经编机上生产，材料采用氨纶（莱卡，22 dtex，50％，269B），锦纶 66（Tactel，22 dtex/13F，长丝，有光，三叶形，919B），织物面密度为 67 g/m^2，纵密为 53 cpc。由于在高机号上用非常细的氨纶和锦纶交织，织物不仅质地轻薄、透明、致密、具有双向弹性，而且手感特别柔软、舒适。这种织物用于女式内衣在欧洲已经占有一定的市场。

13. 莱卡弹力面料

莱卡弹力面料是现在很流行的一种内衣面料。莱卡（LYCRA），是美国杜邦公司独家发明生产的一种弹力氨纶纤维的商品名称。该纤维可拉伸到原长的 4～7 倍，回复率 100％，因此这种纤维可以非常轻松地被拉伸，回复后可以紧贴在人体表面，对人体的束缚力很小。莱卡能与任何其他人造或天然纤维交织使用，增加面料贴身弹性和舒适自然的特性，极大地改善了织物的性能。莱卡弹力面料细密薄滑的质感和极好的弹性，使内衣不单外表美观，而且牢固耐穿，尤其是穿着舒适、伸展自如，对体形有良好的调节作用，能够让女性优美的曲线得到恰如其分地展现。图 5-18 所示的是棉、氨纶印花汗布。

图 5-18　棉、氨纶印花汗布

14. 天丝内衣面料

Tencel（天丝）纤维是一种学名为 Lyocell 的新型纤维素纤维的商标名称，在我国注册中文名为“天丝”，该纤维是以木浆为原料经溶剂纺丝方法生产的一种崭新的环保纤维。它有棉的“舒适性”、涤纶的“强度”、毛织物的“豪华美感”和真丝的“独特触感”及“柔软垂坠”，无论在干或湿的状态下，均极具韧性。用该纤维形成的织物具有天然纤维织品的柔软、舒适，有较好的染色性及光泽。图 5-19 为天丝针织服装。

图 5-19　天丝针织服装

15. 超细旦丙纶内衣面料

采用超细丙纶丝与精梳棉纱交织的棉盖丙面料，织物内层用超细丙纶丝编织网眼组织，织物外层用精梳棉纱编织平针组织，中间用集圈组织连接。这种面料由于内层采用网眼组织，大大提高了织物的透气性，减少了身体与衣服的接触面积，并可减少因出汗使皮肤接触湿织物而造成的阴凉不适感；外层用平针组织，可增大织物外表与空气的接触面积，有利于棉纱吸湿后水份的蒸发。该面料具有独特的芯吸效应，透湿性好且静电少、保暖、耐污、防霉。

16. 莫代尔(Modal)内衣面料

莫代尔是一种纤维素纤维，可加工出比蚕丝更细的长丝，是超薄面料的上选原料。莫代尔可与多种纤维混纺，具有很强的改性能力。加入莫代尔后，棉更加柔软，麻更加滑爽，毛更有弹性，丝变得易于控制，合成纤维则产生天然材料般的手感。莫代尔内衣面料手感柔软滑润，光泽高雅，吸湿性、透气性优良，上染率高，织物颜色明亮而饱满，穿着不产生静电，经过多次水洗后，依然保持原有的光滑明亮及柔顺手感，是高档内衣理想面料。

17. 大豆纤维内衣面料

大豆蛋白纤维是我国自行开发研制的绿色环保纤维。该纤维以榨掉油脂的大豆豆粕作原料，采用生物工程等高新技术处理，经湿法纺丝而成。这种单丝，细度细、比重轻、强伸度高、耐酸耐碱性强、吸湿导湿性好，有着羊绒般的柔软手感，蚕丝般的柔和光泽，棉的保暖性和良好的亲肤性，还有明显的抑菌功能，被誉为“新世纪的健康舒适纤维”和“人造羊绒”。

用大豆纤维与真丝交织或与绢丝混纺制成的面料，既能保持丝绸亮泽、飘逸的特点，又能改善其悬垂性，消除易产生汗渍及吸湿后贴肤的特点，是制作睡衣的理想面料；大豆纤维与亚麻等麻纤维混纺，可制作功能性内衣；加入少量氨纶则使面料手感柔软舒适，制作的内衣极具休闲风格。

思考与练习

1. 简述内衣的功能与种类。
2. 分析内衣的发展趋势。
3. 依据服用性能考虑，试述应如何选择内衣面料。
4. 考察目前市场上有哪些新型的内衣面料。
5. 你认为内衣在功能方面应如何开发？

第六章 礼服及其面料应用

第一节　礼服概述

礼服顾名思义是人们在正式社交场合穿着的表现一定礼仪并具有一定象征意味的礼仪性服装。随着社会经济技术的快速发展，人们生活水平的提高，各类社交性礼仪活动越来越多，礼服的需求市场很大，要求也越来越高。

礼服在一定的历史范畴中，作为社会文化和审美观念的载体，受到一定社会规范所形成的风俗、习惯、道德、礼仪的制约，具有一定的继承性和延续性。礼服使人与人之间按照一定的社会关系和睦相处，具有维护一定的社会生活秩序的特性。当某种服装被社会认可而固定时，就相应地被赋予了一定程度的社会强制力，而成为社会成员普遍接受、拥戴的生活方式、行为方式。中山装就是借鉴日本的制服，融合了中国传统的观念而产生的，它充分体现了中国人办事时的中庸、庄重、内向、严谨的气度。

礼服的产生与人类早期的祭祀庆典等礼仪活动有关。早在殷商时代就已有穿着礼服的记载。各朝各代在沿袭祖先传下来的礼服规则的同时，又根据自己的实际情况对礼仪服装进行修改、调整，规定出一套不可逾越的服装礼仪的规范制度，充分体现了封建社会的等级制度，并为维护封建社会起到了重要的作用。直到近现代，中国才接受了西洋服装形式，逐渐地抛弃了繁缛的服装样式，出现了中西礼服并用的局面。

进入现代社会，不论中西方社会，随着人们生活节奏大幅度地提高及成衣业的兴起，人们的礼仪服装日趋简化，在保留某种传统礼服特点的同时，不断地融进了时代气息。

一、礼服分类

礼服的穿着有许多讲究，受到时间、地点的制约，不同的场合有相应的选择。我们的常理思维都会认为男士穿西装、打领带，女士身穿华丽的、拖地的裙子就是礼服，其实不然，礼服也可以是简短、素色的，只是场合一定要准确。

礼服按规格档次一般分为正式礼服、准礼服和非正式礼服三种类型。

男士的正式礼服为燕尾服，是夜晚出席重大活动及晚会的礼服。穿着燕尾礼服时，一定是白衬衫、黑礼服，要穿背心，并且背心要从外衣下端露出；要打领结，衬衫一定为花边、褶皱衬衫，礼服的枪驳头必须是丝质、闪光面料；皮鞋以黑色、漆皮为正宗。准礼服又称为略礼服、简礼服，它一般为正式礼服的略装形式，也是正式场合中穿用的社交礼服，但与正式礼服在用料、造型、配饰上有一定的区别。男式准礼服白天为黑色套装，傍晚时多为双排扣或单排扣西服套装，晚间穿着塔士多礼服。非正式礼服又称无尾礼服、简便礼服，以黑色为主，衬衫、上衣的手巾必须为白色，通常可以在日间穿着，比如白天的活动、鸡尾酒会，但是应注意必要的礼节，西服革履是必行的装束。

女士的礼服比较繁复。正式的礼服应该是无袖、露背的袒胸礼服，奢华气派，质地十分考究，以透明或半透明、有光泽、丝质、锦缎、天鹅绒等面料为主，羽毛织物更显高贵、华丽，衬裙是必须的。礼服外面可以穿外套，戴长手套，外套的色彩与礼服保持协调一致，可以是大衣、斗篷、披肩，但是不能有钮扣；手套一定是薄纱、丝绸面料，可戴或轻拿于手上，端庄而典雅。另外，在穿着正式礼服时，首饰必不可少，项链、手镯、耳环等等，女士的脖颈、耳朵、手腕都不可以空着；饰物要贵重、抢眼，金银不可同时搭配；手袋是女士的必备品，里面备有手绢、化妆品等；在正式礼服中，晚宴服是比较特殊的，为了便于用餐，礼服的领子开口要小，必须有袖子，裙长可以托地，亦可到鞋跟，同样应该是闪光面料，以白色为正宗色，和男士的黑色晚礼服形成鲜明的对比。

准礼服是正式礼服的略装形式，虽然也是在正式场合穿用的礼服，但与正式礼服在造型、用料、配饰上都有一定区别，如鸡尾酒会服、小礼服。日常礼服是在日常的、非正式场合穿用的午服，形式多样，可自由选择。准礼服和非正式礼服的裙长可以根据流行处理，甚至可以穿超短裙；白天的活动不能穿闪光面料及过于名贵、闪亮的配饰，女士西服套装通常可以应付白天的各种活动，但是面料也要考究。鞋子的选择搭配可以别出心裁，只要白天避免金属装饰即可。女士的礼服穿着要遵循“日间密实，晚间露炔”的原则，颜色的搭配依据场合而定，最重要的是与男伴的礼服相协调。另外，婚礼服和丧服这两种特定时间与场合穿用的礼服也是不容忽视的两大类礼服。总之，礼服的款式要适合自己，扬长避短，同样应注重礼节，突显女性的高贵气质。

表 6-1　常见礼服分类

穿着时间或场合	种类	女性礼服	男性礼服
白天	正式礼服	午后便宴服、小礼服 午后长礼服	晨礼服
	准礼服	连衣裙、套装午服	黑色套装
傍晚	准礼服	鸡尾酒会礼服 夜晚便礼服（晚宴服）	西服套装 塔士多礼服
夜间	正式礼服	晚礼服（连体式长礼服）	燕尾服 塔士多礼服
	准礼服	晚宴服	塔士多礼服 黑色套装

续 表

穿着时间或场合	种类	女性礼服	男性礼服
场合	婚礼礼服	白天:拖地长裙 夜晚:晚礼服	白天:晨礼服 夜晚:塔士多礼服
	丧葬礼服	黑色连衣裙或黑色、冷色套装	黑色晨礼服或黑色套装

在西方社会,礼服按穿着者的地位、身份来限定礼仪场合、规定礼仪氛围;按举行各种仪式的时间而产生出不同形式的礼服,如晨礼服、昼礼服、午服、鸡尾酒会服、晚礼服等。男子礼服以燕尾服为最高形制礼服,而女子以晚礼服为最高形制礼服。

我国还没有礼服、便服之分,但一般说来,男人以毛呢的西装作为礼服,女人则可按季节与活动的性质不同穿西装(下面可配长裤或西装裙)、中式的上衣配长裙或长裤、旗袍和连衣裙等。如果是少数民族,本民族的民族服装也可作为礼服。

二、礼服特点

(一) 共同性

礼服是人们在一定社会环境中长期以来建立的服装规范,是在各种条件的相互作用下被社会公众认可的仪态与仪表准则。它润饰生活,调节人际关系,代表着一定社会中人们接受与拥戴的行为方式。通过礼仪服装,人们建立构成了相应的社会交往秩序。在一定的历史阶段内,它蕴含了人们熟知的生活风俗以及审美习性。它是约定俗成的,是社会成员之间的一种默契。在一定的社会环境中,人们的兴趣、爱好、志向的趋同性,用途、活动场所、使用目的的一致性,流行趋势的影响、传统习惯的作用等充分融入于礼仪服装,使礼仪服装在款式造型、图案色彩、材料质地、工艺制作、服饰配件等方面均具有一定共同性。

(二) 传统性

礼仪服装是人们通过服装来表现人类的信仰、理想与情感的一种手法。通过对传统的尊重与沿袭,在礼服的形式、色彩以及工艺等方面,都会产生一定程度的实用性与合理性相互矛盾的因素,更多地表现着传统的寓意以及延伸。如在宗教活动、祭奠、民族节日、传统节日中,人们穿着的礼服基本上是由传统服装不断丰富、提炼、发展而来的。不论其形式还是搭配、穿着方式,均延续继承了特定民族世代相传的习惯、风俗、寓意以及特定的文化内涵,集中反映、表现着人们长期生活所形成的传统文化、民族心态以及社会生活习惯。

(三) 标识性

与其他服装相同,礼仪服装具有标识性。礼服对穿着者的身份、等级、职业、宗教信仰等都有着明显的标识及限定作用。历来达官贵人等特殊阶层人士的礼服大多显得异常华丽、奢侈,特别是在我国封建社会,礼服的装饰精美细致、色彩富丽堂皇、配饰鲜艳夺目、材质价值连城,统治者充分利用服装来炫耀自己的荣华富贵,表现自己的权威与尊贵。在当今社会,这种倾向逐渐衰退。

三、礼服的功能

（一）生理功能

礼服作为服装的一个种类，它必然具有所有服装所必备的生理功能，即对外界环境的防护功能及对人们活动的适应功能。

1. 防护功能：利用衣物来保护人的肌肤，是人类用外物来包装自身的目的之一，也是服装起源的原因之一。这种保护既包括面对严酷的自然环境谋求生存时人类通过衣物的遮挡来御寒、遮雨、避风和防晒，也包括避免外界物象的伤害，用衣物来防伤、防火等，当然也包括在社会环境中人与人之间的心理防护。

2. 适应功能：不管何类服装，都应具备适体性与可动性，衣服在造型上的依据是人体静止时的外部形态构造，这一点对运动类服装尤为重要。但礼服是一个例外，在人类的生活当中，许多场合衣物对人体动作的阻碍作用恰恰被人们有意利用来减缓动作，如在封建社会，权贵们为了象征自己的优越地位和尊严，常使用一些体积庞大、装饰繁复的礼服。我国历代帝王、大臣的宽衣博袖、名门闺秀的曳地长裙，都在很大程度上限制了着装者的“行动自由”，而这种对行动的限制，正是在特定社会环境下着装者所追求的一种美、一种风度或一种气质。即使在今天，礼服和工作服、运动服等服装，除了质料、色彩、制作工艺上的区别外，在造型上对于动作的适应程度也是一个主要区别。

（二）心理功能

1. 审美功能：人类穿衣的起因之一就是表现美的冲动，因此，人类着装后显示出美的效果，令观者赏心悦目，产生美感，也就成了服装的重要社会功能。作为服装中最能体现出人的高贵与美丽的礼服来说，其审美功能是不言而喻的。

2. 容仪功能：在人类的社会生活中，人们往往通过某种形式的着装效果来对他人表示某种礼貌和礼节，表达某种友好的心情，显示某种威严和高贵气质，这就是服装的容仪功能。礼服作为一种表现一定仪礼的服装，其容仪功能表达得尤为显著。当某种服装的容仪功能被作为社会规范固定下来时，就会成为一种礼仪而被赋予某种程度的社会强制力，这就是礼服的形成。虽然礼服因所处的时代、地域或文化形态而异，但普遍受到人们的重视，则是古今中外共同的事实。

3. 标识功能：利用服装象征着服用者身份这种社会作用，可通过服装的外观形态来区别服用者，表示其地位、身份、权力，是各种社会、各个时代常见的一种标识内容。礼服的产生与发展来自于其强烈的标识功能。在未开化以及低文化民族之间，酋长、权力者、强者等集团首领和统治者为了象征其权威，就用特定的礼仪服饰来装束。在文明社会中，过去是通过一定的服饰制度来标识这些内容的，现代虽然强调个性解放，但也通过特定的礼仪服装体现上述内容。

第二节　礼服的面料构成与选用

礼服作为社交服装，具有豪华精美、标新立异、炫示性强的特点，礼服面料的材质、性能、光泽、色彩、图案以及幅宽等均需要符合款式的特点和要求。由于礼服注重于展示豪华富丽的气质和婀娜多姿的体态,因此,大多用光泽型的面料,柔和的光泽或金属般闪亮的光泽有助于显示礼服的华贵感,使人的形体更加动人。此外,礼服的轮廓造型、风格也会因面料的柔软、薄厚、轻重、保形、悬垂等性能的差异而不同。部分呢绒类礼服面料在正装一章中已经介绍了,男士的礼服面料可以参考正装的面料进行选择。本章主要讨论女士礼服常用的真丝面料和其他一些高贵华丽的礼服面料。

一、女士礼服用丝绸面料

礼服,尤其是女士礼服面料大多采用光泽优雅、轻柔飘逸的真丝面料为最佳选择。常见的真丝面料品种大致有双绉、重绉、乔其烂花、乔其、双乔、重乔、桑波缎、素绉缎、弹力素绉缎等几大类。

(一) 缎类丝绸面料

缎类丝绸面料分有素软缎、花软缎、人造丝软缎等多种。

1. 素软缎

素软缎用八枚经面缎纹组织织成,经丝用桑蚕丝,纬丝用有光黏胶人造丝。平经、平纬交织的生货缎类,精练后可染色和印花,色泽鲜艳,缎面光滑如镜,背面呈细斜纹状。素软缎质地柔软,可做女装、戏装、高档里料、绣花坯料、被面、帷幕、边条装饰等。

图 6-1　花软缎

2. 花软缎

花软缎以八枚经面缎纹为地纬丝起花织成。原料与素软缎相同,不同的是花软缎的桑丝地组织上,由人造丝提花,花型有大有小,图案以自然花卉居多,轮廓清晰。经纬可染成一色,或利用桑丝与人造丝染色性能不同、同浴染色却有经纬异色的效果。大多用于女装、舞台服装、童帽、斗篷、被面,也是少数民族喜爱的绸缎。如图 6-1 所示。

3. 库缎

库缎又称贡缎,原为清代官营织造生产进贡入库以供皇室选用的织品,故名库缎,是全真丝熟织的传统缎类丝织物。库缎有素、花库缎之分。素库缎以八枚经面缎纹组织织制,经丝为染色加捻熟丝,纬丝为染色生丝。花库缎在缎地上提出本色或其他颜色的花纹,分为"亮花"和"暗花"两种,亮花是明显的纬丝浮于缎面,暗花是提出交织细腻的组织,而不发光,若部分花纹用金银丝挖花织造,则称为"装金库缎"。库缎图案多以团花为主,花纹多为"五福捧寿"、"吉祥如意、"龙凤呈样"等民族传统图案。花、地异色的又称彩库缎。库缎经括缎整理,手感厚实、硬挺,富有弹性,缎面精致细腻,色光柔和,是蒙、藏、满、维等少数民族制做袍子的面料,也可用于服装镶边。

(二) 绢类丝绸面料

绢类丝绸面料的代表性品种是天香绢。天香绢为桑蚕丝与黏胶人造丝交织的半色织提花绢类丝织物,织造时,一组纬线先染颜色,另一组纬线未染色,所以又称双纬花绸。经线用桑蚕丝，纬线用有光人造丝。地组织为平纹，起花组织为八枚经缎纹花、纬花及平纹暗花。绸坯套染时，已先染色的一组纬丝不沾色。花纹有双色或三色。天香绢手感柔软，质地细密，正面有闪光亮花，背面花纹无光。如图 6-2 所示。适宜做女装和童装，也是少数民族服饰用料。

图 6-2　天香绢

（三）纱类丝绸面料

1. 莨纱

莨纱又名香云纱或拷绸，以茨莨液浸渍处理的桑蚕丝生织提花绞纱织物，绸坯经特殊拷胶处理。绸面光滑呈润亮的黑色，并有隐约可见的绞纱点子暗花，背面为棕红色，也有正反面均为棕红色的。莨纱有两种，一种是平纹地上以绞纱组织提出满地小花纹，并有均匀细密的小孔眼，称莨纱。另一种是用平纹组织织制，称莨绸。其原料相同，都经上胶晒制而成，面密度为 36 g/m^2。

莨纱绸表面乌黑发亮、细滑平挺，耐晒、耐洗、耐穿，干后不需熨烫，具有挺爽柔滑、透凉舒适的特点，其缺点是表面漆状物耐磨性较差，揉搓后易脱落，因此，洗时不需用肥皂，只要在清水中浸泡洗涤。莨纱绸宜作东南亚热带地区的各种夏季便服、旗袍、唐装等。

2. 夏夜纱

夏夜纱是以桑蚕丝作经，黏胶丝、金银丝作纬，平纹地组织、绞纱组织作花的色织提花纱组织织物。织物地部亮而平挺，花部暗而透孔，花地相映宛若夏夜繁星。织物质地平整挺爽，花纹纱孔清晰，地纹金银光闪烁，高贵华丽，宜作妇女高档衣料、装饰品等。如图 6-3 所示。

图 6-3　夏夜纱

图 6-4　缎条乔其纱

3. 乔其纱

属真丝绸类产品，经纬密度小，经练染后，经纬丝在织物中扭曲歪斜，绸面上有细微均匀的绉纹和明显的纱孔，质地轻薄飘逸，透明如蝉翼，极富弹性。乔其纱有素色和印花两种。

现在市场上也有涤纶乔其纱，除原料采用涤纶丝外，其组织结构与真丝乔其完全相同。涤纶乔其挺括、滑爽、牢度大，但在吸湿透气性方面不及真丝乔其，当然服用舒适性也要差一些。如图 6-4 所示。

（四）绡类丝绸面料

绡采用平纹或透孔组织，经纬密度小，质地爽挺、轻薄、透明，孔眼方正清晰。经纬丝不加捻或加中、弱捻。生织后精练、染色或印花而成，或者是生丝先染后熟织，织后不需整理。绡类织物，按加工方法不同，可分为平素绡、条格绡、提花绡、烂花绡和修花绡等。

1. 真丝绡

纯桑蚕丝半精练绡类丝织物。以平纹组织织制，表面微绉而透明，质地稀薄，手感平挺而略带硬性。面密度较小，只有 24 g/m^2 左右。

真丝绡可染色或印花，经树脂整理，薄而挺括。主要用作婚礼服兜纱、夜礼服、戏装、绣品坯料。还多用于舞台布景、灯罩等。图 6-5、图 6-6、图 6-7 所示分别是桑丝与黏胶丝交织而成的迎春绡、条子花绡与蚕逸绡，图 6-8 是珠片刺绣绡。

图 6-5　迎春绡

图 6-6　条子花绡

图 6-7　蚕逸绡

图 6-8　珠片刺绣绡

2. 烂花绡

烂花绡为真丝或锦纶丝与有光黏胶丝交织的烂花绡类丝织物，地经与纬丝均为桑丝或锦纶丝，花经为有光黏胶丝。采用平纹地起五枚经缎花组织，坯绸经烂花处理后，部分花经被烂掉，使织物花地分明，地布轻薄透明，花纹光泽明亮。宜作时装、披纱、裙料等。如图6-9、6-10所示。

图 6-9　真丝烂花绡

图 6-10　锦丝绡

（五）绒类丝绸面料

绒类丝织物又称丝绒，品种较多，是运用起绒组织形成全部或局部显现绒毛或绒圈的花、素丝织物。质地丰腴柔软，色泽鲜艳光亮，绒毛、绒圈耸立或倒伏。按织制方法不同可分为经起绒、纬起绒等；按原料分为真丝绒、人造丝绒、交织绒；按染整工艺可分为素色绒、印花绒、烂花绒、拷花绒、条格绒等。丝绒是一种高级丝织品，可做服装、帷幕、窗帘及精美包装盒。该类织物不宜重压、水洗。

1. 漳绒

又称天鹅绒，是中国传统丝织物之一，因起源于福建漳州而得名。漳绒是表面有绒圈或绒毛的单层经起绒丝织物。所用原料为纯桑丝，或以桑蚕丝、棉纱作地经、地纬，桑蚕丝作绒经。织造时每四纬或三纬织入一根起绒杆，有绒杆处绒经绕于绒杆而高出地组织，若织后绒杆全部抽出则有绒杆处便形成绒圈，成为素漳绒：若先按设计的花纹图案进行绘印，然后将花纹部分绒圈割开形成绒毛，再抽出绒杆，便形成绒毛、绒圈相互衬托的花漳绒。这种织物的绒毛或绒圈浓密耸立，光泽柔和，质地坚牢，色光文雅，手感厚实。主要用作妇女高级服装、帽子的面料等。

2. 金丝绒

金丝绒采用通割绒法加工，是由桑蚕丝和黏胶丝交织而成的单层经起绒丝织物。地经、地纬采用桑蚕丝，绒经为有光黏胶丝。以平纹为地组织，绒经按一定规律固结于地组织，并在织物表面形成浮长，织物下机后经通割，再经精练、染色、刷绒等加工，使绒毛耸立。金丝绒是一种高档丝织物，质地柔软而富有弹性，色光柔和，绒毛浓密耸立略显倾伏。主要作妇女衣、裙及服饰镶边等。

3. 乔其绒

乔其绒是用桑蚕丝与黏胶丝交织的双层经起绒丝织物。地经、地纬均为两种捻向的强捻桑蚕丝，绒经为有光黏胶丝。经纬交织形成双层织物，经割绒后分成两片织物。地组织一般采用经重平组织，烂花乔其绒则采用平纹组织。乔其绒绒毛长度 2 mm 左右，绒毛按纬向顺伏。若绒坯在染色前经剪绒，且在染色后进行树脂整理，使绒毛耸立，称乔其立绒。乔其绒、乔其立绒的绒坯经染色或印花后加工成染色乔其绒或印花乔其绒。乔其绒织物的绒毛浓密，手感柔软，富有弹性，光泽柔和，色泽鲜艳。主要作女士晚礼服、长裙、围巾等服饰面料，其面料不宜水洗。如图 6-11 所示。

图 6-11　烂花乔其绒

图 6-12　烂花绒

4. 烂花绒

烂花绒是锦纶丝与有光黏胶丝交织的烂花绒类丝织物。地经、地纬均为锦纶丝，绒经为有光黏胶丝。经纬交织形成双层丝绒，经割绒、剪绒、烂花染色或烂印花，定形整理后形成分离的两幅烂花绒。绒地轻薄柔挺透明，绒毛浓艳密集；花地凹凸分明，色泽鲜艳。适宜作连衣裙、套裙、民族服装和装饰用面料。如图 6-12 所示。

（六）锦类丝绸面料

锦类丝织物是一种外观绚丽多彩、精致典雅的提花丝织品。一般为真丝与人丝交织，质地紧密结实，色彩变化繁多，艺术性很强，是结构最复杂的丝织物。锦是采用斜纹或缎纹组织、绸面精致绚丽的熟织多彩色提花丝织物。古代有“织彩为文”“其价如金”之说，故名为锦，是中国传统丝织品之一。

锦采用精练、染色的桑蚕丝为主要原料，常与彩色黏胶人造丝、金银丝交织，成三色以上。为使织物色彩丰富，常用一纬轮换调抛颜色(俗称彩抛)或采用挖梭工艺，使织物在同一纬向幅宽内有不同色彩，生产工艺十分复杂。

锦类织物外观绚丽多彩，花纹精致古朴，质地厚实丰满。多采用龙、凤、仙鹤及梅、兰、竹、菊以及文字“福、禄、寿、喜”等民族图案，装饰感较强。

1. 宋锦

宋锦是中国传统丝织物之一，为纯桑蚕丝或桑蚕丝经线与有光黏胶丝彩纬色织并以彩纬显花的锦类丝织物。宋锦主产地在苏州，有桑蚕丝纯织，也有经丝用桑蚕丝、纬丝用有光黏胶丝，多以斜纹或平纹作地制织纬起花花纹。宋锦采用的经丝一般有两组，均为色丝；纬丝有两到三组，也均为色丝。花纹图案一般采用圆形、多边形几何图案，并添入传统的吉祥动物、装饰花朵、文字等。织物结构精细，古色古香，淳朴雅典，华丽端庄，光泽柔和，绸面平挺，富有民族特色。主要用作名贵字画、高级书籍的封面装饰，也可用于服装面料。

2. 蜀锦

属桑蚕丝色织提花锦类丝织物，是古蜀郡，即今四川地区，生产的具有民族特色和地方风格的多彩织锦。蜀锦包括经锦和纬锦，常以经向彩条为基础，织出五彩缤纷的图案；多采用几何图案填花，配以明快、鲜艳的色彩。图案布局严谨庄重，纹样变化简洁，典雅古朴。蜀锦品种繁多，质地坚韧丰满，织纹细腻，光泽柔和。常作为高级服饰和其他装饰用料，西南少数民族最为喜爱。

3. 云锦

云锦是以缎纹组织提花的色织锦类丝织物。图案中配有祥云飞霞，宛如天空中瑰丽的云彩，故名云锦。云锦在明清时代非常流行，主要用作贡品。云锦主要包括库缎、库锦、妆花三大类，代表品种是妆花缎。所用原料有桑蚕丝、棉纱、绢丝等，现代也有用黏胶丝、薄膜金银丝作为代替品。织物纹样布局严谨，题材广泛，有大朵缠枝花和各种传统吉祥动物、植物、文字以及各种姿态变幻莫测的云彩等纹样。云锦大多使用手工木机生产，采用各色小梭子挖花，20 世纪 80 年代，库锦等品种开始用现代提花机生产。主要用于蒙、满、藏等少数民族的服装和装饰材料，也远销各国作高级服装和装饰用品。图 6-13 所示的为云锦丝绸面料服装。

图 6-13　云锦丝绸面料服装

4. 织锦缎、古香缎

由一组经线和三组纬线色织的重纬提花丝织物，是我国传统优秀的丝织品。织锦缎和古香缎是我国传统的熟织提花丝织品，是在我国古代锦的基础上发展起来的品种，织制工艺复杂精巧，花纹的色彩通常在三种以上，有时可达六、七种之多，花纹精巧细致，光彩夺目，由于密度很大而使织物的质地紧密厚实，平挺而有糯性，属于丝织品中的高档产品，可作高档礼服的面料。尤其是近几年流行的中式礼服——唐装，配以织锦缎或古香缎面料，相得益彰。

按原料不同可分为桑粘交织、桑蚕丝与人丝交织、桑蚕丝与金银人丝交织等。织锦缎纹样多采用梅、兰、竹、菊、八仙、福、禄、寿、禽鸟动物和波斯纹样，古香缎则主要是亭、台、楼、阁的风景题材。造型古朴端庄而又不失活泼，质地丰满，绸面光洁精致、富丽豪华。常用作棉袄、旗袍以及各种服饰面料等。如图 6-14 是织锦缎，图 6-15 是古香缎。

图 6-14　织锦缎

图 6-15　古香缎

（七）塔夫绸

塔夫绸是丝织品中的高档品种，为全真丝绸。根据色相不同或组织变化可分为素塔夫绸、闪色塔夫绸、格塔夫绸、花塔夫绸等。素塔夫绸绸面颜色是一种；闪色塔夫绸分别用不同颜色的经纬线，一般采用深色经、浅色或白色纬，形成织物的闪色效应。格塔夫绸与色织的格棉布类似，经纬线都配用深浅两色形成格效应。花塔夫绸是以平纹素塔夫为地提出经缎花纹。由于塔夫绸的密度大，因此绸面光滑平挺，不易沾污，并且蚕丝特有的丝鸣在塔夫绸上表现得尤为明显。但织物不宜折叠、重压，否则易起折痕，且痕迹不易熨平。因此，成匹的塔夫绸为保持平整，都采用卷筒式包装。由于塔夫绸特别能表现出女士晚装奢华高贵的格调，是礼服尤其是晚礼服的首选面料。英国皇室在举办婚礼时曾专门向我国苏州某丝织厂订购了一批高级塔夫绸。

（八）葛类面料

葛类丝织物采用平纹、经重平或急斜纹组织制织，织物横向有明显横棱凸纹。经纱常用黏胶丝，纬纱采用棉纱或混纺纱，也有经纬均采用桑蚕丝或黏胶丝的。葛类织物一般经细纬粗，经密纬稀，质地较厚实。葛包括不起花的素织葛和提花葛两类。提花葛是在有横菱纹的地组织上起经缎花，花型突出，别具风格。

1. 文尚葛

文尚葛是黏胶丝与丝光棉纱交织的丝织物，外观具有明显的横梭纹。素文尚葛采用急斜纹组织织制，花文尚葛在一上二下斜纹基础上提二上一下经斜纹花，纹样常为龙、凤、寿字等团花。花纹明亮突出，织物质地精致紧密且较厚实，宜作春、秋、冬季服装面料等。如图6-16所示。

图 6-16　素文尚葛

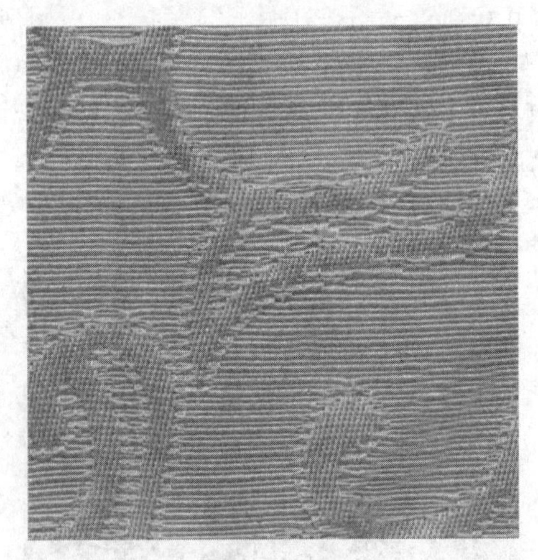

图 6-17　金星葛

2. 印花葛

印花葛为纯桑蚕丝单经单纬白织的提花葛类丝织物，表面具有横棱纹路，织纹精致，光泽悦目，质地柔软，组织为平纹地上起八枚经缎花。如图 6-17 所示。

（九）留香绉

留香绉属于丝绸的传统产品，经线为 2.2～2.4 tex×2 的合股桑蚕丝和 8.33 tex 有光人造丝、纬线为 2.2～2.4 tex×3 的合股强捻桑蚕丝，采用平纹地组织上起经浮花的组织结构。

织物的风格特点为地组织暗淡柔和，花纹光亮明快，质地厚实，富有弹性，花纹题材主要是写实型的梅、兰、竹、菊等花卉以及吉祥文字。在中式礼服中使用较多。如图 6-18 所示。

图 6-18　留香绉

二、其他面料

（一）经编针织面料

经编针织面料手感柔和、细腻、柔美舒适，是针织类新特面料，科技含量高，属高档精品。面料的特点各有千秋。有的面料缩率很大，有的面料涨率很大，有的面料不缩不涨，有的面料有弹力，包括横弹和竖弹或既有横弹又有竖弹等等，这些都是设计师所必须考虑的因素，也是制版师必须考虑的因素。每当要更改面料或使用新面料时，制版师应进行面料的测试，及时掌握面料的特点，以便在样版上进行调节，以达到成衣所需的规格。面料的特性更不容忽视，如面料的挺括度、柔软度、下垂感和面料受热后的可塑性等等直接影响版型的处理，挺括面料和柔软下垂感好的面料在版型处理上截然不同。

（二）天鹅绒面料

天鹅绒面料是长毛绒针织物的一种，织物表面被一层起绒纱段两端纤维形成的直立绒毛所覆盖。天鹅绒面料手感柔软，织物厚实，绒毛紧密而直立，色光柔和，织物坚牢耐磨。天鹅绒面料可由毛圈组织经割圈而形成，也可将起绒纱按衬垫纱编入地组织，并经割圈而形成，后一种织物毛纱用量少，手感柔软，应用较多。如图 6-19 所示。

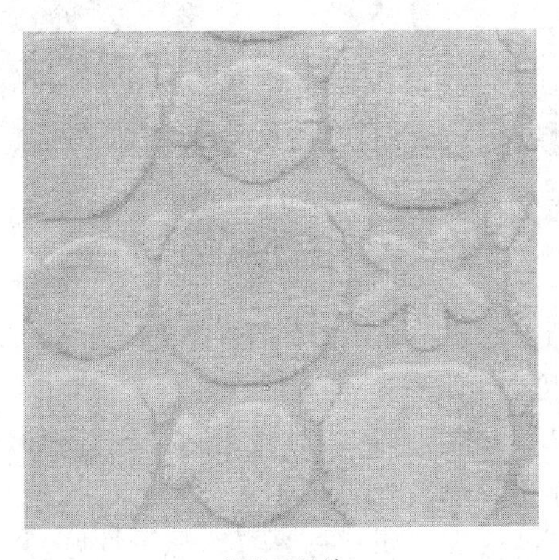

针织天鹅绒

印花天鹅绒

图 6-19　天鹅绒面料

天鹅绒面料可用棉纱、涤纶长丝、锦纶长丝、涤/棉混纺纱等做地纱，用棉纱、涤纶长丝、涤纶变形丝、涤/棉混纺纱、醋酯纤维做起绒纱。用醋酯纤维制成的天鹅绒织物，绒毛光泽好，线头直立，外观效果好。天鹅绒面料可制做外衣、裙子、旗袍、帽子、衣领、披肩、睡衣等。

（三）人造毛皮

人造毛皮指采用经编方法织制的仿兽皮毛绒织物，保暖性好、绒面耐磨、质量轻、抗菌防蛀、容易保藏、可以水洗。

人造毛皮由底布和绒毛两部分组成，底布纱一般采用纯化纤长丝和混纺化纤纱；绒毛纱通常用线密度为3.3 dtex、6.7 dtex、10 dtex，长度为70～130 mm腈纶纺制的精梳毛纱。底布一般采用四针或五针局部衬纬组织。如果使用收缩率不同的纤维，还可以织制出以假乱真的仿兽皮，产品也可以印花。

人造毛皮经剖割后即成为两片人造毛皮，根据需要，其毛头高度最高可达30 mm，可用以代替天然兽皮制作服装，如外套、大衣等。如图6-20所示。

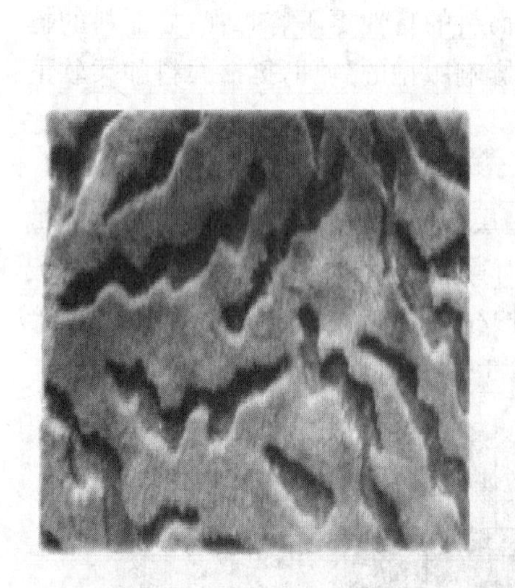

图6-20　人造毛皮面料与服装

（四）提花经编面料

提花面料指在几个横列中不垫纱又不脱圈而形成拉长线圈的经编织物，其结构稳定，外观挺括，表面凹凸效应显著，立体感强，花型多变，外形美观，悬垂性能好。

提花面料采用10～60 tex的天然纤维和3.3～22 tex的合成纤维为主要生产原料，也有使用各种混纺短纤纱的，如涤/棉、涤/腈、涤/粘等。如真丝雪尼尔纱面料，采用真丝雪尼尔纱、涤纶有光丝作花部，锦纶高弹丝作地部，织物层次分明，手感柔软，悬垂性好，并富有弹性，提花面料主要用作妇女外衣、内衣、裙料及各种装饰用品。

（五）羊毛绒外衣面料

用绵羊绒制成的中厚及厚型大衣面料是礼服及正装用高档面料。如图6-21所示。

图 6-21　羊绒外衣面料

（六）缂丝面料

缂丝是中国古老、独特的一种传统手工织造工艺，其制品在丝织品中被列为最高品第，是最早用作制造艺术欣赏品的丝织物，古人以“一寸缂丝一寸金”言缂丝作品之珍贵，并被誉为“东方艺术的瑰宝”、“织中之圣”。

缂丝以平纹组织为基础、“通经断纬”织造，生桑丝作经、彩色熟桑丝作纬，利用多色纬线的不断变化，用一种竹舟形的小梭，按图案局部挖织形成花纹图案的织物。缂丝织物的结构遵循“细经粗纬”、“白经彩纬”、“直经曲纬”的原则，即本色经细，彩色纬粗，以纬缂经，只显彩纬而不露经线，彩纬充分覆盖于织物表面，织后不会因纬线收缩而影响画面花纹的效果。

中国古代的达官贵人特别皇帝的龙袍就是通过缂丝技法制织而成的，面料具有表面平整挺括、纹理细腻精致、图案生动形象、色彩丰富多变、整体富丽堂皇的特点。随着社会经济的快速发展，21 世纪人们审美观念与消费观念的更新，对服装以及服饰品的要求越来越高，体现在产品的外观、舒适、保健、功能、品质、品位、花色等方面，人们希望借助服装来塑造时尚感，体现出自己的生活品位和个人性格。目前在服装整体或局部中已经重现缂丝面料，将传统与现代完美结合。如图 6-22 所示。

图 6-22　缂丝面料 1

图 6-23　缂丝面料 2

第三节 典型礼服及面料应用

一、婚礼服

结婚是人生大事，是每个人心目中意义重大而又庄重的节日，婚礼装是人一生中最华美的盛装。不论是封闭的少数民族，还是受文明熏陶的现代都市青年都十分重视这饱含寓意的礼服。白色的婚纱是西方女性十分宠爱的礼服形式，这种由里到外全身洁白无瑕的装扮，象征着爱情婚姻的纯洁与神圣。白色的衣裙、白色的面纱、白色的配饰、白色的底裙、白鞋、白袜等等一切穿在身上的东西都是清一色的白，象征纯洁的白色，不只是宗教性或精神性的表达，同时又是一种很美的整体结合。

白色的婚纱时至今日流行不衰，已成为世界各国女性所接纳的婚纱形式，欧洲人在18世纪穿用婚纱的同时开始流行披戴头纱的风俗。初婚礼服为纯白色，它象征纯洁、无瑕，再婚时则用高明度的浅淡彩色，如粉色、淡蓝、米黄色等。尽管随着岁月的流逝，世事的变迁，婚礼服也发生着相应的变化，但它仍然是一种相对传统保守的礼服形式。

婚纱的造型多沿袭过去的形式，以表现女性形体的曲线美为目标，尽可能地尊重传统习俗，圆领或立领、长袖、收腰、紧身合体的胸衣配合大而蓬松的拖地长裙，是婚纱的主要造型特征。面料多选择细腻、轻薄、透明的纱、绢、蕾丝或采用有支撑力、易于造型的化纤缎、塔夫绸、山东绸、织锦缎等材料。在工艺装饰手段上运用刺绣、抽纱、雕绣镂空、拼贴、镶嵌等手法使婚纱产生层次及雕塑效果。

要表现新娘的妩媚、优雅气质，松紧适度、松紧收放得体的造型是婚礼服成功的关键。现代新潮的婚礼服在严格遵守传统习俗的基础上，不断地吸收现代服装中有创意的新材料、新工艺、新观念，充实丰富了婚礼服的设计与创作，使婚礼装的选择余地大大地扩展了。白天穿用的婚纱，由于款型相对封闭，因此一般选用珍珠耳饰及串状珍珠项链。手套多采用白色开司米，手套的长短可根据服装整体造型而定。配婚纱的鞋一般是光艳的白缎半步鞋，如今也多采用银色、纯白珐琅、珍珠色的鞋子。夏季婚纱一般日间婚纱可将领口、肩臂展露得多些，可设计成短袖、无袖的样式。材料的选择要根据季节、时间而加以区别。如夏季的婚纱材料可选择加捻的生丝、雪纺绸、珠罗纱、绢及上等的细棉、麻布等，薄纱、绡也可适当采用；晚间的婚纱样式应与晚礼服相对应，采用较开放的低领口样式，以适合于晚间奢华的气氛。

新郎的婚礼服应与新娘十分协调、相称，使婚礼更为完美。白天的婚礼，新郎应穿晨礼服，而来宾应穿准礼服。

新娘的婚礼服即通常所说的婚纱是婚礼服的主体和亮点，对于婚纱的面料选用目前往往是强调面料的平挺、光亮、透明以及成本，而忽略或不重视面料的服用舒适性能。因此大量的薄型化纤类似于丝绸面料中纱、绡风格的面料充斥着婚纱市场，而选择丝绸织物作为婚纱面料的寥寥无几，从某种意义上讲降低了婚纱这一高贵华丽服装的档次。

如果将天然纤维与化学纤维有机地组合，扬长避短，那么婚纱服装一定会更加绚丽多彩。

二、女士晚礼服

晚礼服是下午六点以后穿用的正式礼服，是女士礼服中档次最高、最具特色的礼服样式。晚礼服的特点是裸露肩、背、胸、臂的一件式连衣长裙，常与肩巾、外套、斗篷之类的衣物相搭配，与华美的项饰等共同构成整体装束。晚礼服又称晚装、宴会装等。

晚礼服发展至今，从其形成风格来看，可分为传统晚礼服与现代晚礼服。传统晚装以西方传统的审美尺度来评判，尊重传统美的形式法则，具有很强的怀旧和复古的倾向。其款式相对稳定，已形成一定格式，如强调女性窈窕的腰肢，夸张臀部以下裙子的量感；强调女性圆润的肩线，多采用低领口设计；强调古典风格的领部、花边、刺绣、蝴蝶结等细部处理，给人以古典优雅的服饰印象。

由于晚礼服穿着场合与时间的特殊化，其面料选用应以华丽高贵的闪光面料与周围环境相适应，如刺绣、珠片、织锦、塔夫绸、天鹅绒、华贵的毛皮、手工的绘花等，色彩上也是引人注目，极尽奢华，避免用过于朴素平淡的面料。而现代晚礼服从单纯追求优雅的女性化装饰美走向实用与装饰、理智与机能相结合。服装造型强调建筑感的廓型，注重优雅、合体、舒适、单纯、修长的轮廓设计，造型比例随个人喜好、品位、个性及流行不断变化。

现代晚礼服以柔软、平滑、垂性好的高品质面料为主，原料上有棉丝混纺、毛丝混纺、化纤类，真丝及莱卡；面料上有雪纺、乔其纱、弹性针织品、高级精纺面料等，其中各种各样暗花的布料、有别致纹路的面料颇受欢迎。现代晚礼服的色彩或艳丽或柔美可高雅可狂放，以符合穿着者的身份与穿着场合为准。

三、燕尾服

燕尾服是规格最高的男子礼服，是男子在晚六点以后隆重、盛大的场合穿用的男士晚礼服。其出现于18世纪末，在1850年前是一种不分昼夜均可穿着的常服，19世纪50年代升格为夜间正式礼服，二次大战后被无尾的“塔克西多”取代，现在燕尾服只限于在最为重大的社交活动中穿着，如国家级庆典、古典交际舞比赛、高雅音乐会指挥演出时穿用。

由于燕尾服受特殊礼仪的制约，所以在选料、造型、配饰上均有严格的标准及要求。在前胸部位，燕尾服的前身衣摆稍短至腰部与前襟构成短摆形，更加引人注目的是，在翘领衬衣上的领结，犹似燕冠，衬衣的胸部，特讲究硬挺，它不仅形象似燕尾，而且能增添几分男性的帅气。领型为枪驳领或青果领，并用与本料同色的缎面布料加以变化，配合夜晚的灯光使领部产生光泽感，极具华丽效果。驳头上的插花眼，下面直通手巾袋的中央，手巾袋内可插折叠好手巾为叶，花叶上下呼应，不艳不俗，更能展示服饰的高雅情调。燕尾服后身为从侧身长至膝关节呈优美弧形的后摆，因后中开叉至腰，形似燕尾面得名。内着紧身背心，它是当时欧洲大陆男性束身的马甲，其品种很多，与燕尾服匹配，大都是代驳头款式，主要在前门的下端的三角形下摆与晚礼服的三角相吻合，不仅增加服饰的亮点，而且也表达服饰的精湛。下身可配与上衣同材料的西裤，也可配偏浅色或代条状的西裤，也可与背心同色系或与衬衣同色相。

燕尾服的衣料多采用黑色或深蓝色的礼服呢。其他也可以选用与西装相近的精纺呢绒面料，重点突出服装的简洁与大方、高贵与正式。

四、中山装

中山装是以近现代中国革命先驱者孙中山的名字命名的一种服装。它在广泛吸收欧美服装元素的基础上，综合了西式服装与中式服装的特点而形成，它的诞生具有特殊的历史背景，其款式造型具有深刻的精神寓意。中山装在20世纪大为流行，成为中国男子最具代表性的、标志性的服装，成为中国现代服装中的一个大类品种。

中山装主要是指上衣，下身为西裤。中山装的款式为关闭式八字形领口，装袖，前门襟正中5粒明钮扣，后背整块无缝。袖口可开叉钉扣，也可开假叉钉装饰扣，或不开叉不用扣。明口袋，左右上下对称，有盖，钉扣，上面两个小衣袋为平贴袋，底角呈圆弧形，袋盖中间弧形尖出，下面两个大口贴袋(边缘悬出1.5～2 cm)。裤子有三个口袋(两个侧裤袋和一个带盖的后口袋)，挽裤脚。服装整体廓形呈垫肩收腰，均衡对称，穿着稳重大方。

中山装面料的选用遵循下述原则：作为礼服穿用时面料选用纯毛华达呢、驼丝锦、麦尔登、海军呢等，通过面料的质地厚实，手感丰满，呢面平滑，光泽柔和等特性，达到与中山装的款式风格相得益彰，使服装更显得沉稳庄重；作为便服穿用的面料时，则选择相对较灵活，可用棉布、卡其、华达呢、化纤面料以及混纺面料。中山装的色彩很丰富，除常见的蓝色、灰色外，还有驼色、黑色、白色、灰绿色、米黄色等。如图6-23所示。

图6-23　中山装

五、中式礼服的代表——旗袍

旗袍已有300多年的发展历史，是具有浓郁的民族特色，体现着中华民族的传统艺术，为国际上独树一帜的中国妇女代表服装。可以这样说，旗袍已经成为中国女性礼服的代名词，它雍容、典雅、华贵，穿着时需注意面料、色彩、款式和配饰的选择，使旗袍与女性的体态、气质达到和谐统一。

旗袍结构紧密，线条流畅，紧扣的中式立领使颈部挺直，显得典雅而端庄，微紧的腰部和两旁的开衩，能充分显示女性曲线的自然美。旗袍的式样变化多端，有连袖式、装袖式、对开襟、斜襟、大圆襟、琵琶襟等，在旗袍上还可运用传统的镶、嵌、滚等缝制工艺作装饰。旗袍的胸襟饰以适当的刺绣，更能使旗袍的款式华丽、悦目、生机盎然。旗袍还是一种很实用的服装，它用料省、缝制简便、用途广泛。按照穿着者的喜爱，旗袍可长可短；随着季节的变化，旗袍有单、夹、棉等多个种类；旗袍的袖子还可做成无袖、中袖、短袖等多种形式；旗袍的用料也多种多样，从棉布到丝绸、毛呢，可根据不同需要选择。

传统式样旗袍，要求布料手感滑爽、质地挺括、外观细洁、面料高档。夏季可选用淡浅色彩的丝绸印花双绉、塔夫绸、斜纹绸、乔其纱、绢纺、电力纺、杭罗、莨纱等，这些织物质地柔软、滑爽，光泽柔和，透气性能好，飘逸华贵。春秋季可选用中深色绸织锦缎、古香缎、绉缎、留香绉、毛哔叽等，也可选用天鹅绒、乔其立绒、烂花立绒等绒面织物，这些织物质地挺爽，手感好，是制作旗袍的理想面料。

旗袍在色彩上有大红大绿绣团花的，也有淡金黄色绣本色花的，还有黑色缎面绣七彩团花的，款式区别主要表现在领子、袖子和扣子的变化上。领子有翻领、小竖领、高领，袖子有长袖、短袖、中阔袖，扣子有一字扣、琵琶扣、蝴蝶扣等。

旗袍能充分展示女性的魅力，但需要根据不同场合选择合适的款式和质地。比如日常穿素花全棉府绸或涤棉细布制作的旗袍，会显得很大方、很质朴；选用小花、素格、细条丝绸制作的旗袍，可表现温柔、稳重的风格；如果去赴宴的话，最好选择织绵缎、丝绸这种集庄重典雅于一体的旗袍，这样会让你有一种高贵感。当然，选择旗袍还要从年龄、体形等方面来考虑。年龄稍大一点的女性，应选择面料颜色稍深一些的旗袍，款式也应宽松一点，以体现庄重文静、典雅大方的气质，但也不妨选色彩富丽高雅，带绣花、滚边的旗袍，以体现你雍容华贵的一面。年轻女性则应选择面料颜色绚丽一些、款式别致一点的旗袍，以体现你的青春美感。中年女性可选择领子略矮、裙子略长、连袖或短袖款式，将脖子稍露出些，腿部遮盖加上裁剪合身，穿着后使女性曲线凸出，身材修长，能着重体现出东方女性的魅力。不同面料的旗袍，可搭配不同质地的披肩、针织外套，适合各种场合穿着，能着重突出东方女性娇小玲珑的身材，更令成熟女性风姿绰约，尤其是改良旗袍，把古典的精巧和现代的洒脱相融合，不仅美丽，而且适合现代女性穿着。这类旗袍保留了盘扣、立领、斜襟，在剪裁上融入了现代技巧，如立体裁剪、腰间加褶、A型下摆等。旗袍长度也缩至及膝或膝上，特别是膝上旗袍，下摆略开小衩，点到为止，日常穿着行动自如，既显都市风味，又不失典雅品位，因而深受中国乃至世界女性的钟爱。

礼宾或演出穿用旗袍是十分考究的。夏季穿用，旗袍面料应选择真丝双绉、绢纺、电力纺、杭罗等真丝织品。该织品质地柔软、轻盈不粘身、舒适透凉。春秋季穿用，旗袍面料应选各种缎和丝绒类。如织锦缎、古香缎、金玉缎、绉缎、乔其立绒、金丝绒等等，这些高级面料制做的旗袍能充分表现东方女性体型美、点线突出，丰韵柔媚且华贵高雅，如果在胸、领、襟等处稍加点缀装饰更为光彩夺目。如图 6-25 所示。

图 6-25　中式旗袍

思考与练习

1. 简述礼服的种类与特点。
2. 说明我国著名的三大传统丝绸产品的特性。
3. 分析丝绸礼服的特性。
4. 分析总结旗袍的发展历史。
5. 调研了解中山装的发展历史。
6. 分析中式礼服与西式礼服的市场占有率及其原因。

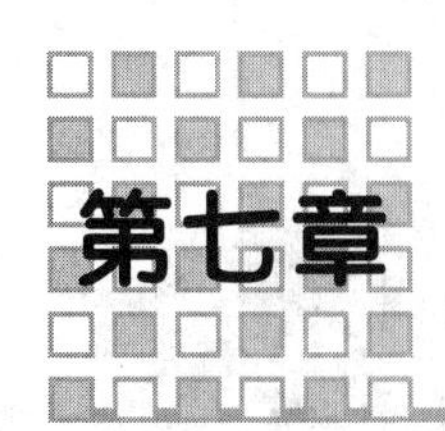

第七章 外穿针织服装及其面料应用

第一节 外穿针织服装概述

所谓外穿针织服装是指用纯毛纱或毛型化纤纱及其混纺纱编织成的一类针织服装。这类服装与针织内衣、运动服装和T恤衫等针织服装不同，主要以羊毛纱等较粗的纱线为原料织制，穿着时既有保暖功能，又可作为外衣穿着。采用羊绒为原料制织的针织服装通常称为羊绒衫，采用羊毛为原料制织的称为羊毛衫，采用棉、化纤及其混纺纱线制织的这类服装还没有较为统一的名称，一般称为针织衫。这类服装轻爽柔软、富有弹性、延伸性和悬垂性好，透气性好，并且款式新颖，色泽鲜艳，正在向外衣化、系列化、时装化、艺术化、高档化、品牌化方向发展，已经成为独立的一大类服装产品。如羊绒衫、羊毛衫、兔毛衫、雪兰毛衫、羊仔毛衫、腈纶衫、绒线衫、驼毛衫、马海毛衫等等，都属外穿针织服装的大家族。

一、外穿针织服装的种类

这类产品包括男衫、女衫、童式开衫、套衫、背心、裤、女士裙装、帽子、手套、袜子等。产品以衫为主，裙、裤及其他次之。如图7-1所示。

（一）按原料成分分类

1. 纯毛类(包括毛类混纺类)：可分为羊毛衫、羊绒衫、驼毛衫、羊仔毛(短毛)衫、兔羊毛混纺衫、驼羊毛混纺衫、牦牛毛羊毛混纺衫等。

2. 混纺类：可分为羊毛/腈纶、兔羊毛/腈纶、马海毛/腈纶、驼毛/腈纶、羊绒/锦纶混纺衫、羊绒/蚕丝混纺衫等。

3. 纯化纤类(包括化纤混纺类)：可分为弹力锦纶衫、弹力丙纶衫、弹力涤纶衫、腈纶膨体衫、腈纶/涤纶、粘纤/锦纶混纺衫等。

4. 交织类：可分为羊毛腈纶、兔毛腈纶、羊毛棉纱交织衫等。

（二）按纺纱工艺分类

1. 精梳类：采用精梳工艺纺制的针织绒、细绒线、粗绒线织制的各种羊毛衫、绒线衫等。

图 7-1　各种外穿针织服装

2. 粗梳类：采用粗梳工艺纺制的针织纱线织制的各种羊仔毛衫、羊绒衫、兔毛衫、驼毛衫、雪兰毛衫等。

3. 花色纱毛衫：采用花色针织绒（圈圈纱、结子纱、自由纱、拉毛纱）织制的花色毛衫，这类毛衫外观奇特、风格别致、有艺术感。

（三）按装饰花型分类

1. 印花毛衫：在毛衫上采用印花工艺印制花纹，以达到提高美化效果之目的，是毛衫中的新品种。印花格局有满身印花、前身印花、局部印花等，外观优美、艺术感染力强、装饰性好。

2. 绣花毛衫：在毛衫上通过手工或机械刺绣方式绣上各种花型图案。花型细腻纤巧，绚丽多彩，以女衫和童装为多。有本色绣毛衫、素色绣毛衫、彩绣毛衫、绒绣毛衫、丝绣毛衫、金银丝线绣毛衫等。

3. 拉毛毛衫：将已织成的毛衫衣片经拉毛工艺处理，使织品的表面拉出一层均匀稠密的绒毛。拉毛毛衫手感蓬松柔软，穿着轻盈保暖。

4. 缩绒毛衫：又称缩毛毛衫或粗纺羊毛衫，一般都需经过缩绒处理。缩绒后，毛衫质地紧密厚实、手感柔软、丰满，表面绒毛稠密细腻，穿着舒适保暖。

5. 浮雕毛衫：是毛衫中艺术性较强的新品种，将水溶性防缩绒树脂在羊毛衫上印成图案，再将整件毛衫进行缩绒处理，印有防缩剂的花纹处不产生缩绒现象，织品表面因此呈现出缩绒与不缩绒部位分别凹凸为浮雕般的花型，再以印花加工点缀浮雕，使花型有强烈的立体感，花型优美雅致，给人以新颖醒目的感觉。

（四）按织造方法分类

1. 机织羊毛衫：分为普通素色毛衫和提花毛衫，具有机械织造的特点，纹理清晰、细腻、款式造型丰富。

2. 手工编织棒针衫

手工编织棒针衫具有机器编织所达不到的优越性，款式新颖独特，花样变化丰富，目前仍然是比较受欢迎的针织服装。

二、外穿针织服装的特性

（一）款式造型简洁性

针织服装结构线的形式，大多是直线、斜线和简单的曲线，如插肩袖的插肩线可简化为简单的斜线。从面料的性能而言，不宜采用过多的分割，一般不存在结构功能的分割线，多为H型和O型。羊毛衫款式简洁，一般有套头和开衫两种。中老年服装以宽松的开衫较多。随着针织设备的技术进步，各种复杂的提花组织经常用来表现素色毛衫的纹理效果。如图7-2、7-3所示。

图7-2 色织提花

图7-3 素色提花

（二）细部结构的装饰性

羊毛针织衫款式设计的重点多在于局部处理和改变面料的花色风格，充分利用和展现面料的材质，注重细节设计，比如在毛衫的领口及袖口等处穿入小亮珠，或利用水钻在胸前构成漂亮的图案，或通过细花边、局部不对称等手法进行细节设计等。其精细的工艺、上乘的原料、加上经典的设计，更能体现女性的华美风采。如图7-4所示。

图 7-4 局部装饰

三、外穿针织服装的发展趋势

纬编针织产品正朝着轻薄、弹性、舒适、功能、光洁、绿色环保、整体编织与无缝内衣、产业用针织物等方向发展。新型纤维材料的不断问世与应用，为纬编针织产品的设计与开发提供了更多的选择。

目前，纬编针织产品，特别是服用面料，正在朝以下几个方面发展。

（一）轻薄型

为了适应人们生活与工作环境的改善和满足穿着舒适性的要求，越来越多的针织面料采用较细的纱线和较高机号的针织机来编织。例如，圆纬机的最高机号已达 E44，横机也达到 E18，最轻薄的面料每平方米重量只有几十克。如图 7-5 所示。

（二）弹性面料

除了泳装、专业运动服等具有较高的氨纶含量和较大的弹性外，许多日常穿着的服饰也加入了 2%～10%的氨纶，使面料具有较适合的弹性，提高了面料与服装的保形性，洗涤后易护理。如图 7-6 所示。

图 7-5 薄型针织服装

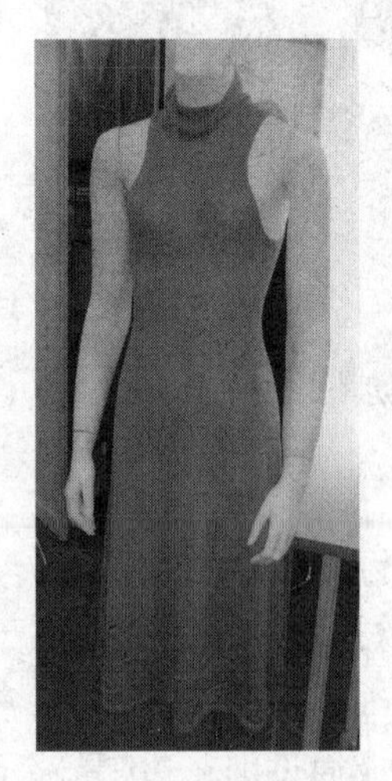

图 7-6 弹性针织服装

（三）舒适型

羊毛衫的舒适性取决于面料与服装的热湿传递性能、皮肤的触觉和对人体的压力。可以通过采用导湿、保暖等功能性纤维与纱线和针织物结构的合理设计来改善热湿传递性能。通过对纱线的前处理和织物的后整理，改善与消除服装对皮肤的不舒适触觉，如羊毛织物对人体的刺痒感等。通过原料选配、织物结构与服装款式的优化设计，使服装对人体的压力保持在一个合理舒适的水平。如图 7-7 所示。

图 7-7　舒适型针织服装

（四）功能性

目前，市场上的功能性面料与服装层出不穷，如医疗保健、防护屏蔽、运动等等。这主要是借助功能性原料的研制与开发以及后整理技术来实现的。

第二节　外穿针织服装的面料构成与应用

根据针织服装的编织工艺和服用特性等方面的要求，所用纱线一般支数较低，延伸性、弹性较好，柔软且保暖性好，纱线的色泽鲜艳，坚牢耐用。

一、外穿针织服装主要材料种类

生产外穿针织服装的纱线有精梳针织绒线、粗梳针织绒线、合纤针织绒线及特种针织绒线等。常用原料有纯羊毛、兔羊毛、羊绒等。原料产地分别为我国新疆、内蒙古及国外的澳大利亚、斯里兰卡、阿根廷及乌拉圭等。

（一）精梳针织绒线

精梳针织绒线在羊毛衫生产中通常使用 28～56 tex(36～18 公支)的纯毛纱，以单根或多根进行编结加工，也有采用粗、细编结绒线进行加工的。基本原料是绵羊毛，纤维细长，卷曲度高，鳞片较多，而且纤维强度高，并具有良好的弹性、热可塑性、缩绒性等，成品具有较好的服用性能，产品平整、挺括，纹路清晰，布面光洁，手感柔软、丰满。

（二）粗梳针织绒线

该绒线大部分用较短的绒毛类纤维纺织而成。通常使用 62～83 tex(16～12 公支)单纱或双根进纱的方法进行编结，以改善强度和条干均匀度。不同的动物毛发纤维，如兔毛、羊仔毛、羊绒、驼毛等纱线具有其各自的特性。

1. 兔毛纱原毛颜色洁白，富有光泽，性质柔软糯滑。纤维有发达的充气毛髓层存在，所以保暖性好，比重轻，但纤维短，鳞片排列紧密，表面十分光滑，因而抱合力差，不宜纯纺，一般与羊毛混纺。兔毛衫经缩绒整理后，具有质轻、绒浓、丰满糯滑等特色。成衫染色的兔毛衫甚受欢迎。

2. 羊绒纱是从山羊身上梳抓长毛之下覆盖的绒毛，再经分梳纺制而成。细度最小（与兔毛近似），鳞片数较多，纤维内无髓质层，故细软柔滑；但强度较差，成衫后需经过缩绒处理。羊绒纱对酸、碱和热的反应比较敏感，故缩绒工艺和操作必须区别于其他毛纱。山羊绒是我国特产，羊绒衫是粗梳羊毛衫中的高档产品。

3. 羊仔毛纱俗称“短毛”，一般指羊羔毛，纤维短、软，类似绒毛，长度约为 25～27 mm。羊仔毛衫一般以平针组织的坯布修饰绣花，然后经缩绒加工，以女衫为主。

4. 驼毛纱纤维细长，呈淡棕色，表面较平滑。有纯纺和驼、羊毛混纺两种，手感柔软，有良好的保暖性能，成衫后需轻缩绒处理，生产上装。驼绒衫属高档产品。

5. 马海毛纱是一种半细长的安哥拉山羊毛纤维，带有特殊的波浪弯曲，纤维长度为绵羊毛的 1～2 倍（约重 100～300 mm），纤维表面鳞片较少，故十分光滑，有明亮的光泽，能染成各种鲜艳的颜色。用这种纤维纺织制成的纱，可塑性稍差，一般都经过缩绒工艺，以显示马海毛衫表面有较长纤维的独特风格，也有的采用拉毛工艺生产。马海毛衫手感软中有骨，属高档产品。

6. 牦牛毛纱由牦牛身上的绒毛经梳理加工纺制而成，是羊毛衫产品中的新品种之一，称为牦牛绒衫，性能与羊毛相似，甚为名贵。

粗梳类针织绒线的主要共性是强度低，条干均匀度差，纺纱支数低，因此以生产男、女开衫、套衫、背心为主。

（三）化纤针织绒线

1. 腈纶针织绒线：为聚丙烯腈纤维（毛型），纺纱后经膨松工艺成为腈纶膨体纱，俗称腈纶开司米。属精梳纱范围，支数通常为 23 tex×2（26 支/2）、19 tex×2（31 支/2）和 14 tex（42 支）。染色牢度好，色泽鲜艳，富有光泽，保暖性好，并不易虫蛀。

2. 弹力锦纶丝：羊毛衫用的弹力锦纶丝多为锦纶 66 长丝，经加热并加捻成弹力锦纶丝，比重轻，弹性好。穿着耐用，不怕虫蛀，耐腐蚀，缺点是耐光性差。

3. 黏胶纱：弹性差、易变形、缩水率大、保暖性差、湿强力较低，但它具有耐热、吸湿、表面光滑、反光能力强、染色性能好等许多优点，用于与羊毛纱混纺成纱，编织毛衫裤。

（四）特种针织绒线

属这类绒线的品种比较多，如闪色绒、珍珠绒、圈圈绒、链条绒、印花绒、彩帷绒等品种，它们的产量较少，除用作妇女、儿童服装以外，有的品种则专供手工饰绣之用。

二、外穿针织服装面料结构及其性能

（一）羊毛衫面料

纯羊毛衫主要采用纯羊毛针织绒或羊毛针织纱织成。以绵羊毛为原料，采用单面组织、四平组织、罗纹组织、双罗纹组织、提花组织和各种变化组织等编织而成。通常以件计价，每件羊毛衫 500 克左右。富有弹性、蓬松柔软和超强的保暖性能，如图 7-8 所示。

1. 面料特性

羊毛有表皮层和皮质层，表皮层的鳞片像鱼鳞般重叠覆盖于纤维表面，又称鳞片层，羊毛鳞片成环状套接，重叠紧密，对光线呈漫反射而显示柔和的光泽并且有缩绒性，这是羊毛独特结构与特性；皮质层是羊毛纤维主体，它使羊毛具有良好的抗压和抗弯弹性，羊毛的卷曲密度大、手感柔软、膨松、保暖性好，有很强的吸湿性和伸长恢复性。

(1) 抗皱性

羊毛纤维具有天然波状的卷曲，其弹性恢复率高，是天然纤维中最好的，具备了优良的抗褶皱性。针织羊毛服装比棉、麻、丝等天然纤维织物更具有较好的弹性，抗褶皱性好。

(2) 缩绒性

羊毛纤维在湿热条件下，经机械外力的反复作用，纤维集合体逐渐收缩紧密，并相互穿插纠缠，交编毡化，这一性能称为毛纤维的缩绒性。利用这一特性来处理羊毛衫的加工工艺称为羊毛衫缩绒。羊毛衫缩绒的目的主要是为了提高羊毛衫产品的内在质量，使织物质地紧密，强力提高，弹性和保暖性增强；改善外观效果，使外观优美，手感丰厚柔软，色泽柔和。

(3) 钩丝与起球、起毛性

面料在使用过程中碰到坚硬的物体时，其中的纤维或纱线就会被钩出，这种现象叫钩丝。面料在穿着、洗涤过程中，不断受到摩擦，纱线表面的纤维端露出织物表面的现象称为起毛；当起毛的纤维端在以后的穿着中不能及时脱落，就会相互纠缠在一起被揉成许多球形小粒，称为起球。羊毛针织物由于结构比较松散，钩丝、起毛、起球现象比其他织物更易发生。因为羊毛针织面料纤维卷曲性较好，纱线的捻度小，织物组织结构疏松，所以羊毛面料易起毛起球。羊毛衫在穿着时，所经受的摩擦越大，所受摩擦的次数越多，则其起球现象越严重。

(4) 透气性和吸湿性

针织面料的线圈结构能保存较多的空气，因而透气性、吸湿性、保暖性都较好，穿着时有舒适感，这一特性使它成为功能性、舒适性面料。羊毛针织面料具有针织面料和羊毛的特性，羊毛纤维的吸湿性比棉好，即使在高湿度的条件下也无潮湿感，穿着舒适。但在成品流通或储存中应注意通风，保持干燥，防止霉变。

(5) 防蛀、防霉性

羊毛纤维在65%的相对湿度中能滞留40%的水分，在100%的相对湿度中能滞留45%的水分。一旦羊毛纤维中滞留的水分超过33% ，就会产生潮感，并有产生微生物和气味的倾向，如果通风不好就会产生霉变。羊毛纤维是动物身上的蛋白质纤维，很容易遭到虫蛀。

2. 常用组织结构

(1) 平针组织

又称纬平组织，为单面组织效果，是最常用的组织结构。在单针床上满针排列编织。织物横向延伸性大，具有卷边性，线圈断裂后容易脱散。

(2) 四平组织

又称罗纹织物，与1+1罗纹、2+2罗纹一样同属罗纹类。在双针床上进行编织，三角全部进入工作，成圈深度一致。针织排列：前后针床满针排列。四平组织结构稳定，面料丰满厚实，不宜变形，广泛应用于羊毛针织面料中。

(3) 罗纹组织

罗纹组织包括1+1、2+2罗纹组织等,1+1罗纹组织又称单罗纹,是一针正针和一针反针相互交错编织而成;2+2罗纹组织是二针正针二针反针相互交错编织而成。罗纹组织具有很好的延伸性能和弹性,广泛应用于毛衫领口、袖口、下摆及合体服装中。

(4) 四平空转组织

又称罗纹空气层组织,是罗纹组织与平针组织复合而成的。其组织结构特点:正反面的平针组织无联系,呈架空状态,比罗纹组织厚实,有良好的保暖性,横向延伸性小,形态较稳定。

(5) 集圈组织

单针床面集圈织物,又称平针胖花。集圈可形成网眼花纹、凹凸花纹、彩色花纹等多种花纹效应。由于有长线圈的存在,织物强力会受到影响且易向横向扩展。

(6) 波纹组织

波纹组织又叫扳花组织,通过移动针床的方式使线圈在双针床上产生交叉编织而成。织物纹路呈波纹状,美观大方,常用于开司米毛衫的编织。

(7) 双鱼鳞组织

双鱼鳞组织又称畦编组织,也叫双元宝针。它是在双针床上进行编织的,其实质是双面集圈组织复合而成。特点:双鱼鳞织物的横向容易伸长变形,使服装的保型性降低,但保暖性增强,织物有丰满的厚实感,在棒针编织中应用较广。

(8) 提花组织

提花组织是按照花纹要求,使纱线在线圈横列内有选择的、以一定间隔形式形成线圈的组织,纱线在不成圈处,一般呈浮线状留在织物的反面,可在单针床上编织。特点:织物较厚实,不易变形,延伸性和脱散性较小,有良好的色彩效应。

(9) 纱罗组织

纱罗组织又叫空花组织或挑花组织,可在单针床上编织。织针满针排列,以单面平针织物为基本结构,按花型将线圈移圈而成。在棒针花样中应用较广。

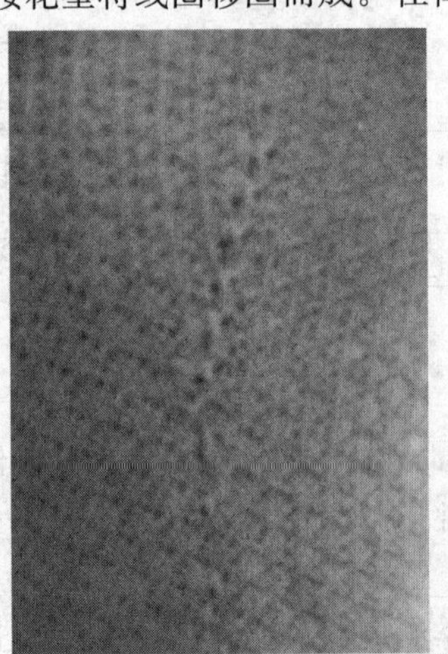

图7-8 羊毛衫面料

（二）羊绒衫面料

羊绒衫采用纯羊绒织造而成，是羊毛衫中的极品。羊绒衫以山羊绒为原料，含绒率在95%以上，一般每件羊绒衫重量为200～300克。主要原料有山羊绒、绢丝等；纱支以18～42 tex(32^S～14^S)应用较多；纱线配比以100%山羊绒、或者80%绢丝和20%山羊绒的应用比较普遍，或以客户要求来确定。织物组织较为简单，一般以单面组织、四平组织、提花组织中的绞花组织应用较多。质地细软，并富有光泽，服用舒适，风格高雅独特，较羊毛更为保暖、舒适。

羊绒衫面料的特征可以用软、滑、轻、暖四个字来概括。羊绒纤维特别细，纺成的纱线特别柔软，织成的面料也就特别软。羊绒纤维表面鳞片张角小，鳞片紧抱着毛干，排列比较规整，纤维表面非常滑润，织成的毛衫具有滑的感觉。羊绒纤维细、比重轻，同样厚薄的羊绒衫比羊毛衫轻。羊绒纤维不易传热，纤维细而空隙多，保暖性强，因此羊绒衫穿起来特别暖。羊绒纤维细而短小，如果纱线支数、捻度、织物结构、编织密度搭配不当，则很容易起毛起球，所以，穿着时应格外注意，尽量避免摩擦，搭配外衣穿时则要选用里衬光滑的外套。如图7-9所示。

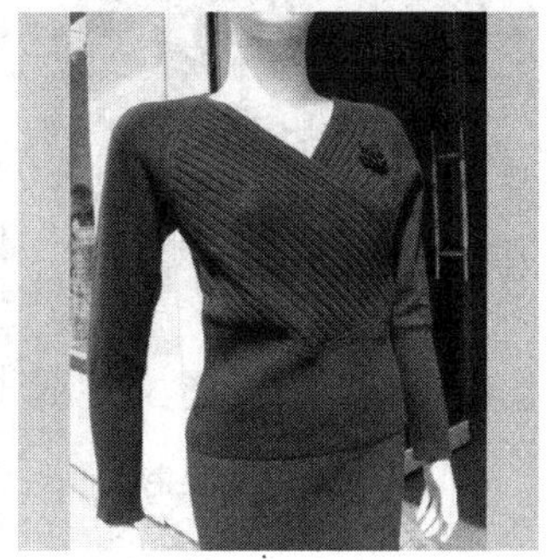

图7-9　羊绒衫

（三）兔毛衫面料

一般采用兔毛和羊毛混纺纱织造而成。织物组织结构一般以单面组织、四平组织、提花组织中的绞花组织应用较多。兔羊毛衫以兔毛、羊毛和锦纶等为原料织制而成。兔羊毛衫表面有较长的毛茸，并有特殊的光彩和光滑的手感，但由于兔毛比较蓬松，纤维之间的抱合力较差，所以一般采用10%锦纶、30%或40%兔毛和60%或50%的羊毛混纺制成。纱支为29～42 tex(20^S～14^S)，混纺比例为80%兔毛和20%锦纶、70%兔毛和30%锦纶，也可以是50%羊毛、40%兔毛与10%锦纶，以及70%羊毛、20%兔毛与10%锦纶等，或以客户要求确定。面料具有质轻、绒浓、丰满糯滑的特点。

（四）驼绒衫面料

驼绒衫采用骆驼绒纱织制而成，保暖性较强，具有蓬松、柔软、质轻的特点。因其具有天然色素，所以一般只能染深色或利用纱线原有的色泽。

（五）马海毛衫面料

马海毛又称安哥拉山羊毛，纤维粗、长且有光泽。马海毛衫表面有较长的光亮纤维，风格独特。马海毛衫所用的马海毛，又称安哥拉山羊毛。这种羊毛纤维粗而长、弹性好、强度高、色白、有特殊光泽，可染成各种鲜艳的颜色。但由于纤维粗长、卷曲少，纤维间的抱合力较差，一般以生产拉毛品种为宜，这样可使织物表面呈现丰厚的毛茸。长长的绒毛不仅保暖，而且极富有装饰性。

（六）雪兰毛衫面料

以原产于英国雪特兰岛的雪特兰毛为原料，混有粗硬的腔毛，手感微有刺感。雪兰毛衫面料丰厚膨松，自然粗犷，起球少，不易缩绒，价格低。现将具有这一风格的毛衫通称为雪兰毛衫，因此雪兰毛已成为粗犷风格的代名词。

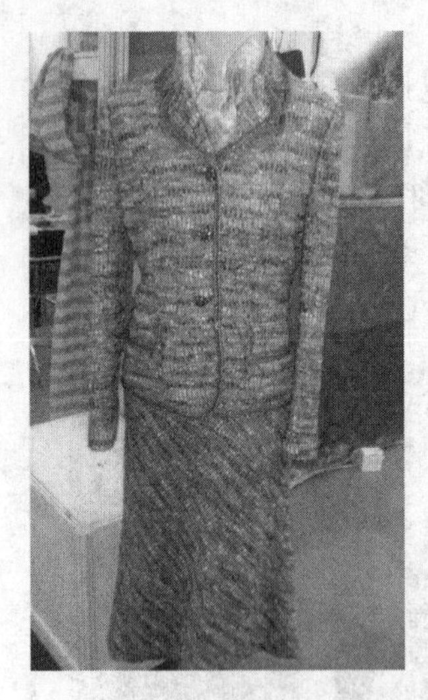

图 7-10　混纺毛衫

（七）混纺毛衫面料

混纺毛衫大多用毛/腈或毛/粘混纺纱编织而成，其特点是具有多种原料的特性，且价格较低廉。这类面料具有各种动物毛和化学纤维的“互补特性”，外观有毛感，抗伸强度也有所改善，降低了毛衫成本，是物美价廉的产品。但混纺毛衫存在由不同类型纤维的上染、吸色能力不同而造成的染色效果差异，如图 7-10 所示。

（八）化纤类毛衫面料

化纤类面料服装的共同特点是较轻。如腈纶衫，一般用腈纶膨体纱织制，其毛型感强、色泽鲜艳、质地轻软膨松，纤维断裂强度比毛纤维高，不会虫蛀；但其弹性恢复率低于羊毛，吸湿性较差，舒适性和保暖性不及纯羊毛衫，价格便宜，易起球，适宜于儿童服装。近来，国际市场上流行的以腈纶和锦纶混纺制成的仿兔毛纱、变性腈纶仿马海毛纱及其成衫可以与天然兔毛、马海毛服装媲美。

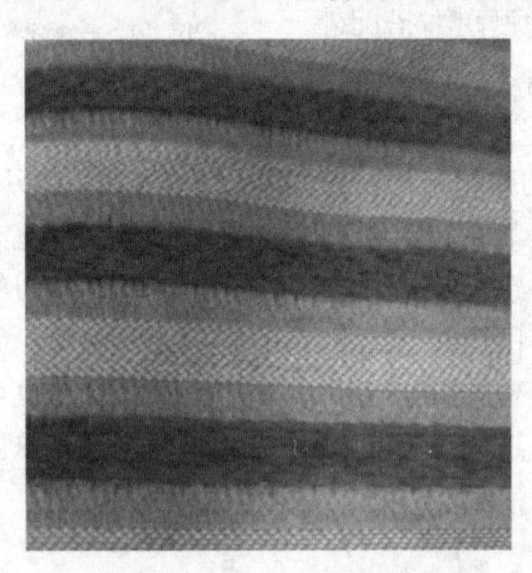

图 7-11　时尚针织面料

思考与练习

1. 外穿针织服装包括哪些种类？
2. 简述针织面料的主要特点和缺点。
3. 外穿针织服装穿着时应注意什么？
4. 调研分析外穿针织服装的发展趋势。
5. 调查了解手工编织外穿针织服装的情况。

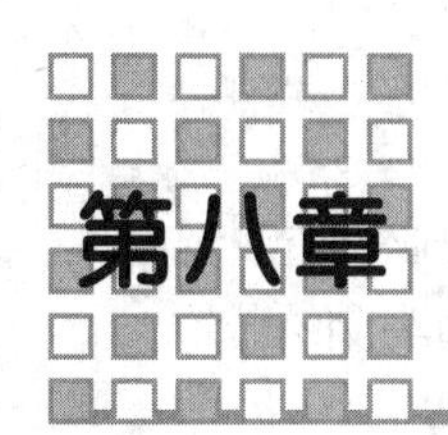

第八章

儿童服装及其面料应用

第一节　儿童服装概述

儿童服装除了通常所指的儿童身上所穿的衣服外，还包括头上戴的帽子、脚上穿的鞋子以及手套和袜子等穿戴用品。如图8-1所示。

图8-1　儿童服装

一、儿童服装的种类

儿童服装的种类很多，根据儿童在生长过程中体型、生理、心理等方面在不同时期的变化与特征，儿童服装可根据衣着功能分为内衣和外衣两大类，此外，还有一些服饰品。

（一）内衣

1. 贴身衣裤

贴身衣裤包括男童的短裤、背心内衣、短袖或长袖套头式内衣(棉毛衣裤)，以及女童的内裤、背心内衣、棉毛衣裤。此类衣裤使用厚薄不同的棉针织面料制成，保暖性能和吸湿性能好，织物弹性也好，衣服紧贴人体而不妨碍外衣的完美造型。

2. 睡衣、睡裤

睡衣、睡裤是睡觉时穿着的衣裤，通常以保暖的全棉绒布或滑爽的真丝及人造丝面料、细亚麻布、白棉细布制作。衣裤宽松柔软，裤子一般为大脚裤或灯笼裤。

3. 睡袍

睡袍的款式似和服，领子交叉相叠，袍子宽松，以带子在腰间系束。睡袍并非睡眠时穿着，而是用于清晨或临睡前、浴前或浴后的衣装。春、夏、秋季睡袍的面料为细亚麻布或薄棉布，冬季睡袍用薄棉布，内衬腈纶棉，并缉缝明线图案。

4. 女童睡裙

睡裙是女童睡眠时穿着的裙与背心，或上下相连的衣裙，使用薄棉布、细亚麻布或绸制作，滑爽而适体。睡裙有短袖、长袖、无袖等多种款式，长短不一，常缀以蕾丝花边与刺绣装饰。

5. 女童衬裙

衬裙即衬在裙内的内裙，行走时可使外裙不与肌肤摩擦、吸贴，以保持外裙的美观。使用吸湿性与滑爽性较好的人造丝织物、尼丝纺等面料制作，色彩以白色或黑色较多，也可用与外裙相似的色彩。常在裙边处缀以蕾丝花边，作为装饰。此外，还有以珠罗纱材料制成的衬裙，具有保持外裙造型的作用。

（二）外衣

1. 婴儿服

婴儿时期的服装称为婴儿服。由于婴儿的自主活动能力差，且睡眠时间长，所以婴儿服装主要包括罩衫、围兜、连衣裤、棉衣裤、睡袋、斗篷等。罩衫与围兜可防止婴儿的涎液与食物沾污衣服，具有卫生、清洁的作用。连衣裤穿脱方便，婴儿穿着较舒适自如。睡袋、斗篷则可以保暖，也易于调换尿布。婴儿衣服应易洗、耐用，多使用柔软而透气性好的纯棉布、绒布制作。

2. 幼儿服

1～3 岁的幼儿服，根据男女幼儿的不同，包含连衣裤、连衣裙、背带裤、背带裙、罩衫、茄克外套、大衣、斗篷等。幼儿服要方便穿脱与换洗，并便于儿童活动。使用材料为透气性强、柔软易洗的纯棉布、绒布和灯芯绒布，冬季也可使用化纤混纺面料及呢绒面料。

3. 幼儿园服

幼儿园服有女童的连衣裙、背带裙、短裙、外套、大衣，男童的圆领运动衫、茄克、外套、西装裤、大衣等。这类服装作幼儿园校服之用，也可作家庭日常服用。面料以纯棉起绒针织布、纯棉布、灯芯绒布及混纺涤棉布居多。

4. 少年装(学生装)

少年装实际上也可以称为学生装。与成年装非常接近，但是又充满了朝气与生机。流行元素往往在少年服装中能够较早地捕捉到。学龄时期的儿童服装，由于年龄跨度较大，服装种类多，变化也较大。主要包括男女穿着的衬衫、背带裙、短裙、连衣裙、长裤、短裤、外套、大衣、套装等。

5. 运动装

运动装主要包括男、女童长袖与短袖套头运动衫、圆领衫、运动茄克衫、短裤、背心、泳装等。运动服可作体育课及各种体育运动的专用服装，以纯棉起绒针织布、毛巾布、尼龙布、纯棉及混纺针织布制作。

6. 休闲装

休闲装包括适合休闲游玩的爬山装、牛仔装、海滩装、水手装等模仿大人的各类服装，具有闲适轻松的风格。面料多为全面卡其、斜纹布、劳动布(蓝丁尼布)、印花棉布、化纤布。休闲装是服装设计与开发的重要领域。

7. 盛装

盛装指在生日宴会、庆典活动、演出、聚会和随父母或其他家人作客等喜庆气氛场合所穿着的服装。盛装有女童的刺绣连衣裙、细褶连衣裙、花边连衣裙、荷叶边连衣裙、罗曼蒂克长裙，以及男童的具有礼服风格的套装等。冬季礼服，男童可选用高档的呢绒面料，配以精致的刺绣花纹；女童可选用贵重的丝绒面料，配以精致的刺绣装饰。夏季女童礼服多选用华丽的丝绸面料，并以花边或刺绣装饰。

（三）服饰品

儿童服装除了内衣和外衣各式服装外，还有许多服饰品，这些服饰品包括帽子、提包、鞋袜和装饰品等。儿童的服饰品与成年女士纯粹作装饰用的服饰品不同，以实用性和趣味性为主，要符合儿童心理，不能成年化，更忌用金、银或珠光宝气的女士装饰品。

实用的儿童服饰品有帽子、围巾、领巾、手帕、腰带、吊带、书包、提包、手套、短袜、长袜、连裤袜、鞋子、雨具等。装饰性用品有项链、胸饰、手镯、人造花、蝴蝶结头饰、动物及小珠提包等。

儿童服饰品的佩戴与选用应配合衣服的款式与色彩，一般可分为轻松趣味式和优雅式两种。休闲服可使用轻松趣味式的装饰，而生日服需配以优雅式的人造花、小珠提包等装饰。儿童服装饰品不宜过多、过大、过于奢华，应体现儿童活泼可爱的特点。如图 8-2 所示。

图 8-2　儿童服装

二、儿童服装的特点

根据儿童服装的种类不同，服装的特点也有差异。总体可归纳为以下几点：

1. 服装的款式造型简洁，便于儿童活动；
2. 服装的图案充满童趣，色彩欢快、明亮；
3. 服装具有良好的功能性、舒适性；
4. 服装面料的耐用性能体现在易洗涤、耐磨。

（一）婴儿服装的特征

一周岁以前的婴儿，身体发育快、体温调节能力差、睡眠时间长、排泄次数多、活动能力差、皮肤细嫩。因此婴儿装必须十分注重卫生和保护功能，具体要求婴儿装应具有简单、宽松、便捷、舒适、卫生、保暖、保护等功能。衣服应柔软宽松，采用吸湿、保暖与透气性好的织物制作，如纯棉纱布、绒布、针织布等。

（二）幼儿装

幼儿装的特点应该方便幼儿的肢体活动。幼儿时期的儿童行走、跑跳、滚爬、嬉戏等肢体行为使儿童的活动量加大，服装容易弄脏、划破。因此幼儿装的服用功能主要体现在穿脱方便与便于洗涤等方面。由于幼儿对体温的调节不敏感，常需要成人帮助及时添加或脱减衣服，因此幼儿常穿背带裤、连衣裤、连衣裙等，要求结构简洁宽松，下裆部设计成用扣子可以开口与闭合的形式。既穿脱方便，又美观有趣。

（三）少年装（学生装）

学生装主要是小学到中学时期的学生着装。考虑到学校的集体生活特点，这类服装要求能够适应课堂和课外活动的需要。款式不宜过于繁琐、华丽、触目，一般采用组合形式的服装，以上衣、罩衫、背心、裙子、长裤等组合搭配。因此学生装的服用功能主要体现为具有生气、运动技能性强、坚牢耐用。

小学时期的儿童天真活泼、活动量大，这时期的学生装应活泼可爱、宽松耐用。面料以棉织物为主，要求质轻、结实、耐洗，不褪色，缩水率小。

（四）盛装

随着人们生活水平的不断提高，诸如生日服装、礼品服装等盛装日益普遍。这类外观华美的正统礼服，增添了庄重和喜庆的气氛，有利于培养孩子的文明、礼仪意识。在现代社会中，儿童盛装已越来越受到家长们的重视。

女童春、夏季盛装的基本形式是连衣裙，面料宜用丝绒、平绒、纱类织物、化纤仿真丝绸、蕾丝布、花边绣花布等。

男童盛装类似男子成人盛装，即采用硬挺的衬衣与外套相配合。外套为半正式礼服性的双排扣枪驳领西装，下装是西长裤或西短裤。面料多为薄型斜纹呢、法兰绒、凡立丁、苏格兰呢、平绒等，夏季则用高品质的棉布或亚麻布。

第二节　儿童服装面料的选择

儿童服装面料的选择要符合儿童的生长发育特点以及活动的需要。

一、儿童服装面料的选择

目前，市场上儿童服装面料的花色品种繁多，可供选择的范围也很广，在这万紫千红的面料中，重要的是应根据儿童生长发育不同时期的特点来酌情选择。

（一）纯棉面料

一般而论，儿童服装的面料以纯棉织物为主。因为纯棉织物的纤维内部结构含有大量的空气，具有良好的保温性和吸湿性能，导电性能也比较好，很适合儿童穿用。

婴幼儿的皮肤娇嫩，衣服应以简单、松软、保暖、舒适、卫生、容易脱穿为宜，最好选用质地柔软、便于洗涤的棉布面料。面料的质地薄厚应随季节的不同而有所变化。春夏季可选用纱支较细、透气性能好的轻薄织物，而秋冬季则要选用保暖性好、手感柔软、颜色淡雅、不易褪色的绒布材料为佳。

夏日幼儿服的面料可用泡泡纱、条格布、色布、麻纱布等透气性好、吸湿性强的棉布，使孩子穿着凉爽。秋、冬季宜用保暖性好、耐洗耐穿的灯芯绒、纱卡、斜纹布等。幼儿服运用面料的几何图案进行变化，用条格布作间隔拼接，或用灯芯绒与皮革等不同质地的面料相拼，均能产生十分有趣味的设计效果。

近年来儿童服装厂家除了注重吸汗、透气性，选用棉质、亚麻等天然面料外，还对一些普通面料进行特殊处理，如对纯棉进行弹性、压泡、丝光、牛仔砂洗等处理，改善织造工艺，使质地细柔软滑，透气性更佳。近几年，受成年人流行服装的影响，选用纯棉劳动布、牛津纺、卡其布制作儿童服装已形成了一股潮流。

（二）化纤及其混纺面料

另外，柔软的涤棉、中长化纤针织面料，穿在身上使人感觉舒适，心情愉快，也适合做儿童服装。

合成纤维材料具有色泽艳丽、易洗快干、外观效果好等特点，适合做儿童的外衣面料。例如3～5岁儿童的特点是成长快，活泼好动，特别是入幼儿园的小孩，一般都处于唱歌、跳舞、做游戏等活动中。因此，可选用一些质地牢固而耐磨性较强的化纤材料作面料。例如，涤棉、锦纶及涤纶等面料制成的儿童衬衫和裙子，具有轻盈、舒适和洗后不需熨烫的特点，适合春夏儿童服装勤换勤洗的要求。

但涤纶、锦纶等材料，具有不吸汗、透气性能差的特点，质地也比较粗硬，容易产生静电。这对幼儿细嫩的皮肤会有一定的刺激作用，容易引起皮肤过敏性疾病等等。因此，合成纤维材料，切不可用作婴、幼儿的服装和尿布材料。

（三）儿童服装应该谨防“污染”

服装在生产、销售过程中，已经受到了不同程度的污染。对于儿童服装，其卫生舒适性显得更加重要。染料污染会对人体的皮肤产生刺激，引起病理反应，如过敏性皮炎等；面料整理剂等往往带有有毒物质，如甲醛等，这些有害物的残留会对儿童的皮肤造成伤害。因此儿童服装面料选择时应注意符合有关环保标准。

（四）高科技面料

越来越多的高科技面料取代了天然棉布，吸湿排汗锦纶、大豆纤维、牛奶纤维、天然彩棉等面料，越来越多地被运用到儿童服装设计中。经弹性、防水、抗菌、防臭、防静电、防紫外线、防电磁波等功能性处理的面料在儿童服装中也应用的越来越多。

（五）辅料的选择

随着工业生产技术的发展，儿童服装中的辅料也常常成为服装的辅助装饰。在一些新颖的儿童服装中，由于纽扣的图案、色彩和质感的映衬，更引人注目，大有别具一格之美感。

二、儿童衣料颜色的选择

儿童衣料颜色的选择，首先要注意儿童的心理，符合儿童天真活泼的个性。一般来说，色彩艳丽、花形生动活泼，并具有热闹和明快感的衣料比较合适，如红、妃、橙等暖色，或清净明朗的鹅黄、淡黄、果绿、天蓝以及悦目的中间色调。只有给人们热烈、明快、欢乐等直接视觉的花形色彩，才能与儿童的服装服饰和天真活泼的儿童性格及心理相适应。

其次，儿童衣料颜色的选择，还应随季节的变化而有所不同，例如，春季可以选用粉红、果绿、淡黄、浅蓝、湖蓝等色；夏季则宜浅不宜深，以明朗、凉爽、轻快为宜；秋冬季可挑深艳一些的暖色调，如玫红、枣红、酱红、橙、棕色等，也可选用艳蓝、绿、深雪青等颜色。

2～3 岁的孩子，一般都喜欢较为鲜艳、明亮的色彩，如大红、朱红、橘黄、艳蓝、湖蓝、棕黄等色调。在色彩的冷暖上，可多挑选偏暖的色泽。此外，以色块进行镶拼、间隔，也能获得活泼可爱、色彩丰富的效果。

小学生的服装则不同，在色彩的选择上，为保证学校正常安静的学习气氛，应减少鲜明色彩对小学生视力的刺激和影响，最好选用冷静、素雅一点的。一般可以利用调和的色彩取得悦目的效果。冬季用土黄与咖啡色、深蓝色与灰色、黑色与白色、灰色、墨绿色或暗红色；春夏宜采用明朗色彩，如白色与天蓝色、鹅黄色、草绿色、粉红色等。此外，也可用小型图案与单色配合运用。

第三节　儿童服装的典型面料

针对儿童的生理特点，儿童服装面料宜选用吸湿性强、透气性好、对皮肤刺激小的天然纤维制造，天然纤维中最宜选用棉纤维，因为它不仅服用性好，且柔软结实，价格低廉，适合水洗。

以下介绍几种常用于儿童服装的棉以及棉型织物：

一、斜纹类棉织物

（一）斜纹布

斜纹布是一种带有斜纹组织的织物。从布的正面看，斜纹的纹路清晰，斜向为右下左上倾斜，倾角 45°，反面的纹路不明显，类似平纹织物。其经纱密度大于纬纱密度，质地比平纹织物厚实、紧密，手感比较柔软。

斜纹布的品种，可分为漂白和染色两类。从厚度上看，有粗斜纹布和细斜纹布之分。粗斜纹布用 32 tex(18^S)以下棉纱作经纱和纬纱；细斜纹布用 18 tex(32^S)以上棉纱作经纱和纬纱。此外，还有经电光或轧光整理的斜纹布，材质较亮，可用于制作儿童外衣、裤子。宽幅的漂白斜纹布或经印花加工的斜纹布可做儿童床上用品。

（二）卡其

卡其原为乌尔都语，是泥土的意思，英语为 Khakidrill。原本为斜纹组织棉织物，因为军用，最初用一种名叫“卡其”的矿物染料染成类似泥土的保护色，后来就以此染料得名。

卡其是斜纹织物中比较重要的一个品种，其经密比纬密大 1 倍，结构紧密，手感比较挺硬，除了少数漂白、印花产品外，大多数都是染色产品，如土黄色、灰、蓝、棕色等。除了纱卡其和线卡其之外，还有采用斜纹变化组织织制的双纹卡其、人字卡其等。

纱卡其，又称单面卡，正面有明显的斜纹纹路，斜向为左上斜，反面斜纹不明显。纱卡其以单纱作经纱和纬纱。其经纱的浮长比斜纹布长，密度比斜纹布大，布身紧密厚实，强力大，但耐磨性不如斜纹布。从服用性能比较，纱卡其比斜纹布耐穿。如图8-3所示。

图 8-3　纱卡其

线卡其，又称双面卡，正反面的斜纹纹路都很清晰，斜向为右上斜，但也有单面斜纹的单面线卡其，其斜向与双面卡一致。线卡其按照所用的纱线不同，又分半线卡和全线精梳卡两种。经纱用普通纱、纬纱是用精梳纱织成的，称之为半线卡。经纬均用全精梳纱织成的，则称之为全线卡。

线卡其密度紧密，斜路明显，布身厚实，不易起毛。但由于经纬纱过于紧密，手感比较挺硬，不够柔软，穿着时，衣服的折边缝份容易折断和磨损。另外，染色时，颜色也不易吃透，衣服穿久了，就会出现磨白、泛白的现象。

卡其的用途比较广泛，除制作男女老少的春秋和冬季外衣、裤子外，还可作风衣、雨衣以及沙发靠垫、窗帘等装饰材料。

二、起绒类棉织物

由经纱或纬纱构成的外观起绒的棉织物，布身柔软，保暖性好，有绒布、灯芯绒和平绒等品种。

（一）绒布

绒布是由一般捻度的经纱与较低捻度的纬纱交织成的坯布，经过拉绒后，表面呈现丰润绒毛状的棉织物，分单面绒和双面绒两类。单面绒以斜纹为主，绒毛丰满；双面绒以平纹为主，绒毛比较稀疏，牢度不如单面绒。根据织物组织分为平纹、斜纹、提花和凹凸绒布；根据后加工情况分为漂白、染色、印花绒布；根据织物厚薄又分为厚绒布（纬纱 58 tex 以上）和薄绒布（纬纱 58 tex 以下）。绒布手感柔软，保暖性强，吸湿性好，穿着舒适，一般用作冬季衬衫、内衣、睡衣、童装及衬绒。印花绒布可做外衣面料，印有动物、花卉和童话花样的绒布，更为儿童所喜爱，是制作儿童服装的极好材料。如图 8-4、8-5 所示。本色绒布和漂白绒布适宜作冬季服装及鞋帽、手套等服饰的夹里。

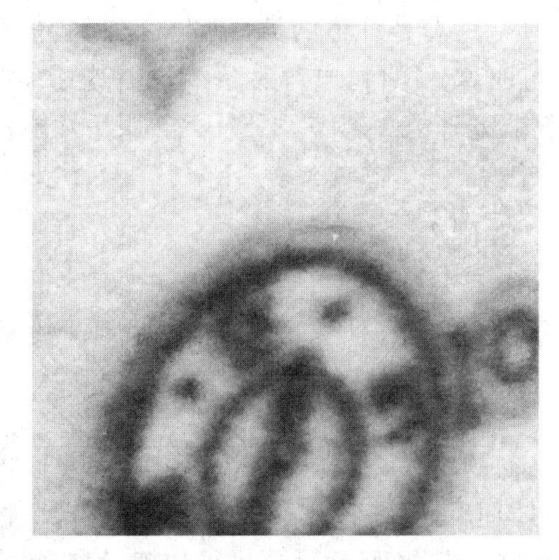

图 8-4　拉绒布

图 8-5　机织绒布

（二）灯芯绒

灯芯绒是外观形成纵向绒条的棉织物，因绒条像一条条灯草芯而得名。1750 年首次在法国里昂出现，作为高贵织绸代用品，在上层人士的服饰中大为流行。

灯芯绒采用复杂组织中的起毛组织，以纬起毛组织居多。织制时，地纬和地经交织成固结绒毛的地组织，绒纬与经纱交织成有规律的浮纬，经割绒、刷毛和染整，成为耸立灯芯状的绒条。

灯芯绒的花色品种很多，按绒条的宽窄变化可分为宽条、粗条、中条、细条、特细条、特宽条、变化条等。还有提花、拷花和弹力灯芯绒。按印染加工，又分印花及染色两类。成品幅宽多为 91 厘米。

灯芯绒具有质地厚实，手感柔软，绒条清晰丰满，保暖性好，经久耐磨等许多优点，适于制作春、秋、冬三季各式外衣，尤其是童装。特细条绒还可做衬衫、裙装。此外，还可用于室内装饰及手工艺品、玩具等。灯芯绒洗涤时不宜热水强搓，洗后不宜熨烫，以免倒毛、脱毛。如图 8-6 所示。

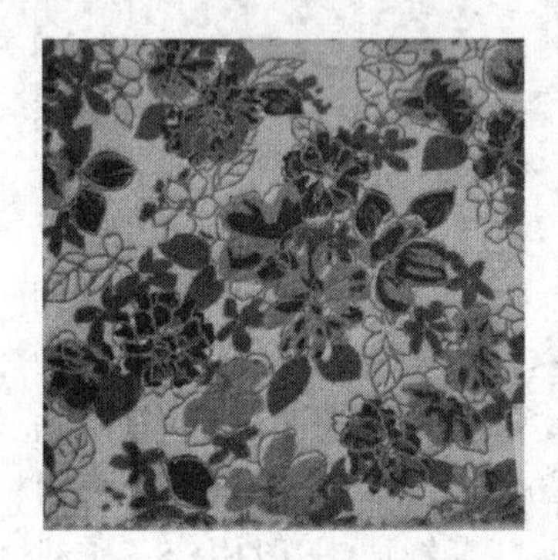

印花灯芯绒

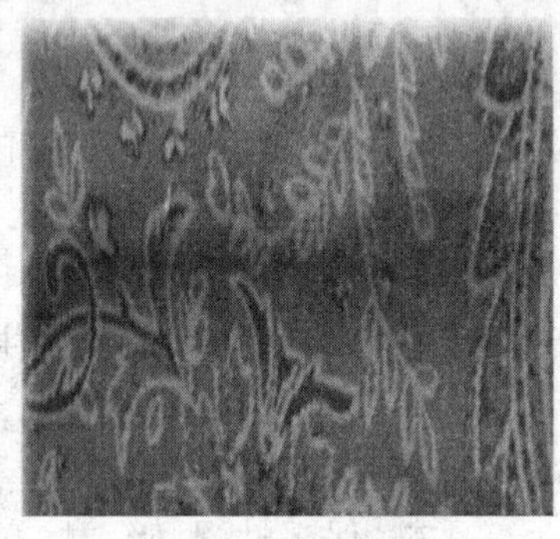

弹力印花灯芯绒

反面印花灯芯绒

图 8-6　各种灯芯绒

（三）灯芯布

灯芯布是织物表面呈灯芯绒条状织纹的棉织物，有印花和什色两类，幅宽 91 厘米，布身轻薄，吸湿性好，透气舒适。浅色印花灯芯布花型与地纹交织，衬以灯芯条纹，富有层次，别具风格，是妇女和儿童衬衫、罩衫的理想衣料。经树脂处理的灯芯布，不皱不缩，服用性能良好，是一种比较新颖的棉布材料。

三、起绉类棉织物

起绉织物是布面呈现各种不同的绉纹或凹凸泡状的棉织物，也是棉布类中深受广大消费者所喜爱的品种，包括绉布、泡泡纱。

（一）绉布

绉布是一种薄型平纹棉织物，其表面有纵向均匀的绉纹，又称绉纱。其经纱为普通棉纱，纬纱则选用定型后的强捻纱。经热水或热碱液处理后，随纬纱收缩（约收缩 30%），织物呈现绉缩效应，即均匀的绉纹；也可以使织物先经轧纹起绉处理，然后再进行加工，使布面绉纹更加细致均匀有规律。

绉布手感挺爽、柔软，纬向具有较好的弹性，质地又轻又薄，有漂白、素色、印花、色织等多种，适宜做衬衣、裙子、睡衣裤以及装饰材料等。如图 8-7 所示。

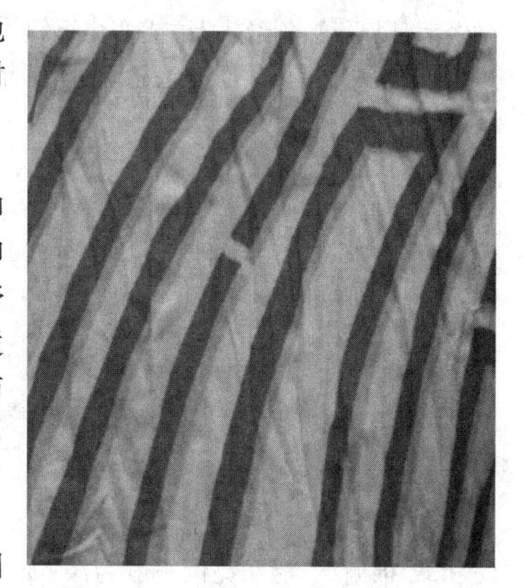

图 8-7　绉布

（二）泡泡纱

泡泡纱是采用平纹组织的轻薄细布，经染色、印花加工而形成泡泡，故名泡泡纱，有漂白、素色、印花、色织等多种。泡泡纱外观独特，立体感强，且舒适不贴身，无需熨烫。素色、印花、色织泡泡纱均适宜作夏季女士、儿童服装及睡衣裤、床上用品、台布等。为保持泡泡耐久不变形，洗涤时水温不宜太热，轻洗轻揉，洗后不熨烫。如图 8-8 所示。

形成泡泡纱效果的方法主要有三种：

1. 机织法：利用经纬纱的粗细不同、速度不同而织出泡泡纱，一般以色织彩条为多。

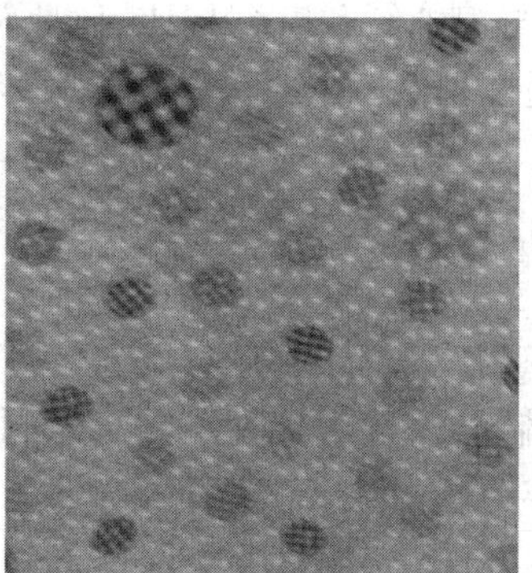

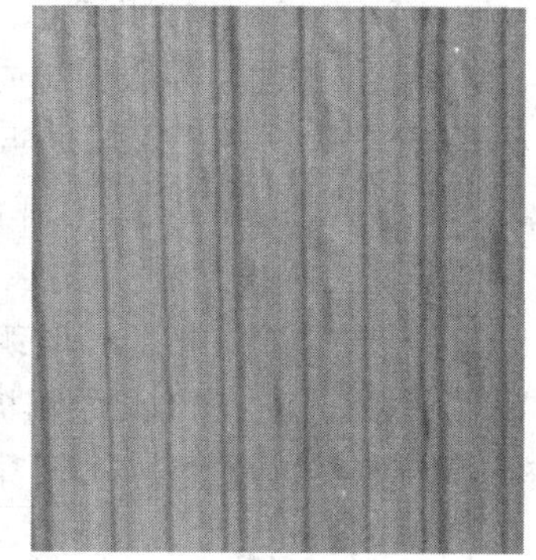

图 8-8　泡泡纱

2. 化学法：利用化学试剂，使部分棉纤维收缩，使布身形成凹凸泡状。

3. 利用收缩性能不同的纤维，即利用两种受热缩率不同的纤维而使布身形成凹凸状泡泡。为了保持泡泡的持久性，洗涤时不宜用热水，也不要用搓板搓、揉或用力拧绞；凉干后，不要熨烫。缺点是耐久性较差，经多次洗涤，泡泡会逐渐消失。

四、人造棉面料

（一）人造棉平布

采用 0.13～0.17 tex×32～38 mm 的普通黏胶纤维纺成 14～28 tex 的纱线，以平纹组织结构织制，织物经密 236～307 根/10 cm、纬密 236～299 根/10 cm，织成各种厚薄不同的人造棉细平布、中平布，再经染色和印花加工形成风格各异的面料。织物的主要特点是质地均匀细洁，色泽艳丽，手感滑爽，穿着舒适，透气性好、悬垂性好，价格便宜，但织物的抗褶皱性较差，缩水率大，耐穿性较棉织物差，是夏季家居睡衣、童装的材料。

（二）人造棉色织面料

采用 0.22～0.28 tex×51～75 mm 的中长型黏胶纤维纺成纱。一般以 14 tex×2 股线做经纬，以平纹、斜纹、缎纹或变化组织构成的各种花纹、条格以及花式线织物。织物主要特点表现为手感厚实柔滑有毛感、色泽鲜艳、美观大方、经济实惠。适用于女士衣裙、外套、童装等。

（三）富纤面料

采用棉型富强纤维为原料纺成 14～19.5 tex 纱，以平纹、斜纹组织结构织成的细布、斜纹布、华达呢等。织物主要风格是色泽鲜艳度较差，手感滑爽，坚牢耐用，缩水率较小，抗皱性较黏胶纤维同类织物稍好，湿强力较普通黏胶纤维织物高，价格相近。适用于夏季服装、童装。

五、棉混纺面料

（一）涤棉混纺面料

采用棉型 0.13～0.17 tex×32～42 mm 的涤纶纤维与棉纤维混纺，常见品种有涤/棉细纺和涤/棉府绸，混纺比例一般为涤 65/棉 35、涤 40/棉 60，纺成 13 tex 纱做经纬，经纬密度在(523.5×283)根/10 cm、(433×299)根/10 cm、(395.5×360)根/10 cm 以及(377.5×283)根/10 cm 等。织物的特点与棉细纺和府绸相比，质地轻薄、手感柔滑爽挺，抗皱免烫，坚牢耐用，价格便宜，但服用舒适性稍差。主要用于夏季服装，用量很大。

涤/棉卡其一般以混纺比 65 涤/35 棉纺成 9.7～32 tex 纱，织成纱卡其和线卡其。织物外观光洁细腻，手感厚实富有弹性，挺括免烫，坚牢耐用，保形性好，用途较为广泛。

（二）涤毛混纺面料

涤毛混纺面料一般为精纺织物。采用毛型 0.33～0.56 tex×64～100 mm 涤纶纤维与羊毛混纺成 16.6～50 tex 的精梳毛纱，选用各种不同组织制成华达呢、花呢、女士呢等。织物外观挺括免烫，尺寸稳定，耐穿耐用，易于管理，价格较低。

六、针织面料

（一）涤盖棉面料

涤盖棉面料是一种涤棉交织的双罗纹复合织物。该织物一面呈涤纶线圈，另一面呈棉纱线圈，通常以涤纶面为正面。原料可选用 5.6～15 tex 的涤纶，10～18 tex 的棉纱等。

涤盖棉针织物集涤纶织物的挺括抗皱、耐磨坚牢及棉织物的柔软贴身、吸湿透气等特点为一体，适宜于制作衬衣、茄克衫及运动服等。

（二）棉盖丝面料

棉盖丝面料是采用纬平针添纱组织编织的复合针织物。原料选用 14.5 tex 精梳棉和 13 tex/30F 黏胶长丝作为面纱，以 5.6 tex/48F 细旦丙纶长丝作为地纱。织物弹性好、轻薄柔软、穿着舒适，具有吸湿导湿快、干爽不粘身的特点，适合作运动衣、紧身衣等。

（三）双反面面料

双反面面料是由正面线圈横列和反面线圈横列相互交替配置而成的针织物。织物的两面都像纬平针织物的反面一样。双反面面料在纵向拉伸时具有较大的弹性和延伸性，纵向和横向的弹性、延伸性相接近。织物比较厚实，无卷边现象，但能顺、逆编织方向脱散。

双反面面料的品种规格较多，根据织物的组织结构，分为平纹双反面织物和花色双反面织物。

平纹双反面织物常用1+1、2+2或1+3等双反面组织。花色双反面织物有各种花纹效应，如在织物表面根据要求混合配置正、反面线圈，则可形成正面线圈下凹、反面线圈凸起的凹凸针织物；又如，在凹凸针织物中变化线圈颜色，则可形成既有色彩、又有凹凸效应的提花凹凸针织物。

编织双反面面料的原料常用粗或中粗毛纱、毛型混纺纱、腈纶纱和弹力锦纶丝等，适宜于制作婴儿服、童服、袜子、手套和各种运动衫、羊毛衫等成形针织品。

（四）毛圈面料

毛圈面料指织物的一面或两面由环状纱圈（又称毛圈）覆盖的针织物，为花色针织物的一种，其特点是手感松软、质地厚实、有良好的吸水性和保暖性。

毛圈面料有单面毛圈织物和双面毛圈织物之分。毛圈在针织物表面按一定规律分布就可形成花纹效应。毛圈针织物如经剪毛和其他后整理，便可获得针织绒类织物。

毛圈面料所用的原料，通常以涤纶长丝、涤/棉混纺纱或锦纶丝作地纱，以棉纱、腈纶纱、涤/棉混纺纱、醋酸纤维纱、气流纺化纤纱等作毛圈纱。

1. 单面毛巾布

单面毛巾布指织物的一面竖立着环状纱圈的针织物。它由平针线圈和具有拉长沉降弧的毛圈线圈组合而成。单面毛巾布手感松软，具有良好的延伸性、弹性、抗皱性、保暖性和吸湿性，常用于制作长袖衫、短袖衫，适宜在春末夏初或初秋季节穿着，也可用于缝制睡衣。

2. 双面毛巾布

双面毛巾布指织物的两面都竖立着环状纱圈的针织物，一般由平针线圈或罗纹线圈与带有拉长沉降弧的毛圈线圈组合而成。双面毛巾布厚实，毛圈松软，具有良好的保暖性和吸湿性，对其一面或两面进行表面整理，可以改善产品外观和服用性能。织物两面的毛圈如用不同颜色或不同纤维的纱线组成，可以制成两面都可穿的衣服；又如，靠身体一面的毛圈用疏水性纤维纱线组成，另一面的毛圈用亲水性纤维纱线组成，可增加穿着的舒适感，这类织物适用制作浴衣、“免烘”尿布、婴儿衣服等。

3. 提花毛巾布

提花毛巾布指毛圈按照花纹要求覆盖在织物表面的毛巾布，一般为单面毛巾布。提花毛巾布一般用于制作内衣、外衣及装饰物等。

（五）棉毛布

棉毛布即双罗纹针织物，是由两个罗纹组织彼此复合而成的针织物。该织物手感柔软、弹性好、布面匀整、纹路清晰，稳定性优于汗布和罗纹布。

棉毛布的原料大多采用线密度为14～28 tex的棉纱，捻度略小于汗布用纱，以增加棉毛衫裤的柔软度。混纺棉毛布主要有维棉混纺和氯棉混纺，化纤织物有腈纶棉毛布、涤纶棉毛布和氨纶棉毛布。采用抽条工艺编织的抽条小方格别具特色；利用色织工艺可生产横条、夹色条、雪花等品种。棉毛布可用于缝制棉毛衫裤、运动衫裤、外衣、背心、三角裤、睡衣等。

（六）灯芯绒面料

灯芯绒面料指表面具有灯芯条状的经编针织物，织物的弹性、绒毛稳定性较经纬交织的灯芯绒布为佳。灯芯绒面料可采用各种天然和化学纤维纱线编织。按生产方法的不同，目

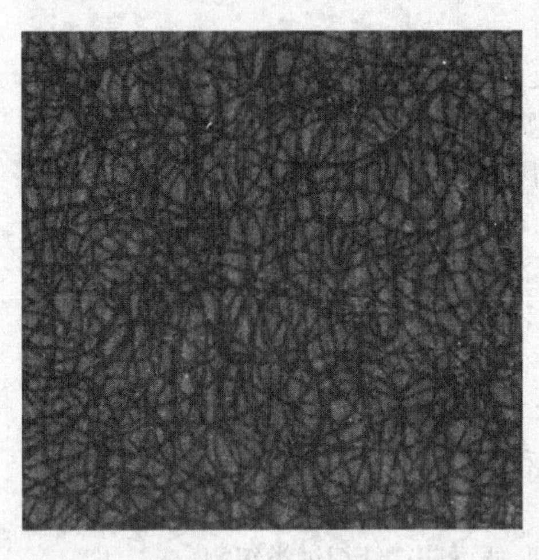

图 8-9 针织灯芯绒

前，经编灯芯绒主要有以下两种：

1. 拉绒灯芯绒：单针床经编机编织，一般采用 50 dtex、83 dtex 涤纶长丝，经拉毛工艺处理而成。织物绒条丰满厚实柔软，具有毛型感，保暖性好，宜于制作大衣、风衣、外套和童装等。

2. 割绒灯芯绒：双针床经编机编织，可以采用色织，也可以织好后染色。坯布经割绒、定型、电热烫光而成。双针床经编机除可织制纵条灯芯绒以外，还可采用不同的色纱穿纱顺序或改变走针方式，织成各种纵条、方格、菱形等凹凸绒面的类似花色灯芯绒织物，可作各种外衣、童装等。如图 8-9 所示。

（七）针织绒布

绒布指织物的一面或两面覆盖着一层稠密短细绒毛的针织物，是花色针织物的一种。绒布分单面绒和双面绒两种。单面绒通常由衬垫针织物的反面经拉毛处理而形成。按照使用的纱线细度和绒面厚度的不同，单面绒又常分为厚绒、薄绒和细绒三种。双面绒一般是在双面针织物的两面进行起毛整理而形成的。起绒针织物可分漂白、特白、素色、夹色、印花等各类绒布。

绒布具有手感柔软、织物厚实、保暖性好等特点。所用原料种类很多，地布通常用棉纱、混纺纱、涤纶纱或涤纶丝，起绒纱通常用较粗的棉纱、腈纶纱、毛纱或混纺纱等。

1. 细绒布

细绒布又称 3 号绒布，地组织用纱线密度为 14 tex 或 18 tex，起绒纱线密度为 58 tex。绒面较薄，布面细洁、美观。纯棉类细绒布的干燥面密度为 270 g/m^2 左右，一般用于缝制女士和儿童内衣；腈纶类细绒布的干燥面密度为 220 g/m^2 左右，常用于缝制运动衣和外衣。

2. 薄绒布

薄绒布又称 2 号绒布，地组织用纱线密度为 18～28 tex，起绒纱线密度为 96 tex（或 56 tex 或 36 tex）。薄绒布的种类很多，根据所用原料不同，可分为纯棉、化纤和混纺几种。如腈纶薄绒布色泽鲜艳，绒毛均匀，缩水率小，保暖性好，其干燥面密度在 380 g/m^2 以下，常用于制作运动衫裤；纯棉薄绒布柔软，保暖性好，其干燥面密度为 370～390 g/m^2，常用于制作春秋季穿着的绒衫裤。

图 8-10 涂印针织毛绒布

3. 厚绒布

厚绒布又称 1 号绒布，是起绒针织物中最厚的一种，地组织用纱线密度为 18 tex 和 28 tex，起绒纱线密度为 96 tex×2。厚绒布一般为纯棉和腈纶产品，其干燥面密度为 545～570 g/m^2。厚绒布的绒面疏松，保暖性好，常用来制作冬季穿着的绒衫裤。图 8-10 所示的是一种涂印针织毛绒布。

4. 驼绒布

驼绒又称骆驼绒，是用棉纱和毛纱交织成的起绒针织物，因织物绒面外观与骆驼的绒毛相似而得名。驼绒具有表面绒毛丰满、质地松软、保暖性和延伸性好的特点。驼绒针织物通常用中号棉纱作地纱，粗号粗纺毛纱、毛/粘混纺纱或腈纶纱作起绒纱。驼绒是服装、鞋帽、手套等衣着用品的良好衬里材料。

（八）法兰绒面料

法兰绒面料指由两根 18 tex 或 16 tex 涤/腈(40/60 或 20/80)混纺纱编织的棉毛布。混色纱常采用散纤维染色，主要以黑白两色相混，配成不同深浅的灰色或其他颜色。法兰绒适宜缝制针织西裤、上衣和童装等。

思考与练习

1. 儿童服装包括哪些种类？
2. 总结儿童服装的特点。
3. 婴儿服装应如何选用面料？
4. 简述灯芯绒面料具有哪些特性。
5. 列举两种品牌儿童服装，并分析它们的特点。

第九章 功能性服装及其面料应用

功能性服装的研究始于20世纪40年代，当时两次世界大战中，参战国都受到了严寒气候的威胁，服装舒适性和功能性的研发因此受到各国普遍重视，取得了很大的进展。

随着科学技术的发展，人类所涉及的地理和空间范围日益扩大，接触的天然和人为的气候条件也更加严酷，随着人们环境保护意识的增强，功能性面料的开发利用越来越受到人们的重视。同时，随着社会的进步和经济的迅速发展，人们对健康提出了更高质量的要求，希望服装除了具有舒适合体、保暖柔软等基本功能外，同时还要被赋予特殊功能，以适应人们生活多元化和社会信息化的需要，如休闲、运动需要具有舒适性的休闲服装和运动服装等。

功能性服装，作为一个研究领域出现并发展至今天，伴随着科学技术的发展、社会的进步和人类需求的增加，已呈现出性能不断优化、功能专门化、多样化、健康舒适化、高效化等发展趋势。

第一节 功能性服装的种类与发展趋势

一、功能性服装的种类

功能性服装指采用具有特殊功能的功能性面料制成、在使用过程中能够发挥特殊功效的服装，如各种防护服装、保健服装和舒适性服装等。

功能性服装的种类很多，大致分类如图9-1所示。

二、功能性服装的发展趋势

美国学者R. F. Goldman在服装设计研制中，强调“4F原则：Feel(感觉舒适)、Function(功能舒适)、Fit(适体舒适)和Fashion(时尚合适)。其中，前三项在功能性服装研究中尤为重要。随着科学技术的发展，新技术、新方法不断涌现，使得功能性服装迅速发展。

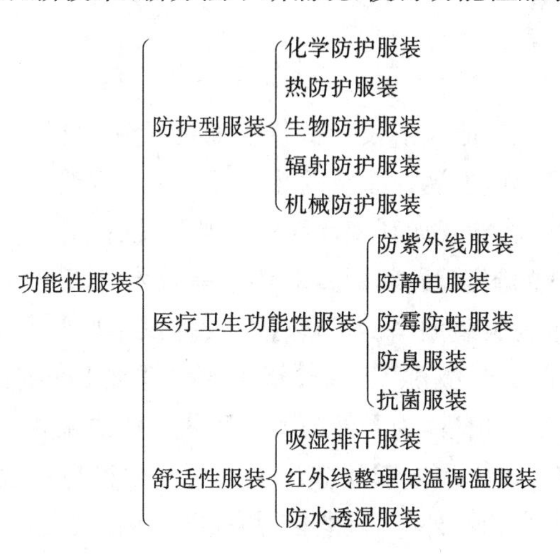

图 9-1 功能性服装分类

（一）性能不断优化

原材料及生产设备、技术的发展使功能性服装的性能不断优化。例如，伴随纤维原料向差别化、功能化和高性能化的发展，中空纤维、异收缩纤维以及远红外纤维等作为保暖材料得到广泛应用。在阻燃和热防护领域，Nomex 纤维防护服、Kermel 纤维防护服、Basofil 纤维防护服、PBI 纤维防护服都已推向市场。随着超细纤维、"形状记忆"材料、高分子微孔薄膜复合织物、远红外陶瓷纤维和高强纤维等的应用，功能服装的防护能力得到显著提高。

（二）功能专门化

在许多特殊行业中，人们需要具有某种特殊功能的服装来保护自身的安全健康。例如，医疗卫生领域中的辐射防护服、生物防护服、抗菌服，电子行业中的抗静电服，消防员的隔热阻燃服，安全人员的防弹服等等。随着科学技术的发展和社会化大分工的细化，越来越多的行业需要功能特殊的服装。

（三）功能多样化

功能防护服趋向多功能兼顾，集多种防护功能于一体。如消防服不仅需要具有阻燃性、防水性，同时由于消防员必须处理因化学药品喷溅、泄露等引起的火灾事故，所以还必须具有抗化学药品性；为了穿着舒适，还必须具有透气性。通过高技术纤维的应用，把复合、涂层等特种加工工艺结合起来，形成高技术产业。随着功能兼容技术的发展，未来的功能性服装将是多功能的载体，可以提供更全面的保护。

社会的发展、科技的进步和生活水平的提高，使得人们对于日常服装的要求也越来越高。人们在选择服装时，除了考虑基本的服用性能外，对服装的功能性也越来越重视。环境恶化和大气污染的日趋严重给服装这一具有特殊属性的社会产物增添了新的重要使命。例如，近年来由于电子产品的微波辐射污染和紫外线的增强，抗紫外线服饰和微波防护服装大大发展。另一方面，交叉学科和科技的应用导致各行各业接触的仪器和资源越来越多，相应地，人们受到的潜在威胁也越来越多。因此，日常生活中人们也要求具备多种功能的功能性服装。

（四）功能高效化

科学技术的发展为功能性服装的发展提供了前提条件，服装面料的功能化正是依赖这些新技术的作用而得到了相应发展。面料设计者可以融汇现代科技之长，采用新工艺，赋予服装面料各种新的、高效的功能。如利用远红外技术开发的远红外保健服装面料，利用微胶囊技术开发的有持久香味的服装面料，以及利用液晶技术开发的有现代流行气息的变色新时装等。新材料的涌现也为服装面料的功能性开发提供了广阔空间。超细纤维的出现，为开发柔软、舒适而又贴肤的面料提供了可能；新型弹力纤维 Lacra 的应用，改善了服装的美观和穿着舒适性；大豆纤维的出现，为开发与人体肌肤更加协调相宜的服装面料提供了原料基础；纳米微粒奇异的表面效应和体积效应产生了纳米材料与常规材料不同的物理化学性质，如抗紫外线、吸收可见光和红外线、抗老化、高强度和韧性、良好的导电和静电屏蔽效应、很强的抗菌除臭功能以及吸附能力等。

（五）健康舒适化

在任何情况下，对于穿着者来说，服装的舒适性都是十分重要的。因此，功能性服装面料在强调功能性的同时，必须兼顾舒适性，如减轻人体负荷、关注衣内微气候调节、进行抗菌加工等。PTFE 等多功能复合材料技术，为服装舒适性与功能性的共存提供了可能。

（六）应用领域不断扩展

科技的发展使人们认识到了许多以前不曾注意的危险，同时高科技也引发了一些新的危险。出于对人类自身安全和健康的重视，防护服的应用领域不断扩展，应用范围不断扩大。与此同时，还出现了将人体服装系统、头盔系统、微气候调节系统、能源系统与功能性服装系统化考虑的趋势。

第二节　功能性服装的主要功能

一、防护型服装

防护型服装指在特定环境穿着、保护人体免受该环境侵害的功能性服装，如化学防护服装、阻燃服装、机械防护服装、辐射防护服装和生物防护服装等。

（一）化学防护服装

化学防护服装指可有效防止液体、气相化学剂的渗透和伤害的服装，简称防化服。如化学化工业工作人员的防护服装。

防化服主要用于对各种有害化学品进行防护。按其具体的防护对象可分为防酸服、防毒服、防尘服等。目前，应用于防化服的材料可以分为三类：胶类，主要是丁基橡胶、氯丁橡胶、氟橡胶（如杜邦 Viton）和人造橡胶；涂层材料，包括氯化聚乙烯、含氟聚合物等；双组分结构的材料，在应用于化学防护时有性能方面的优势，使防护范围变宽，防护性能得以提高,如氟橡胶/氯丁橡胶、氯丁橡胶/PVC等组合。目前,国际上较为先进的防化性织物为选择渗透型复合膜,该选择渗透型复合膜由四层薄膜复合而成,互相匹配,进一步加强了防护作用。

(二) 阻燃服

阻燃服是各类功能性服装中应用最广的品种之一。阻燃服所用的材料一般为由阻燃纤维织造的织物,或经阻燃整理的常规纤维织物。阻燃服不易在高温环境下着火,主要用于消防、电力、石油等工业部门。

(三) 防水服

防水透湿型服装是采用特殊结构的织物使得汗液可以向外散发、但外部水分不能侵入的服装。

防水服主要用于保护从事淋水作业、喷溅作业、矿井和隧道等浸泡水中作业的人员。一般防水服多用传统的防水橡胶(PVC)涂层织物制成,这种织物虽防水,但不透气,服用舒适性较差。新研制开发的防水面料包括超薄型橡胶涂覆织物、防水透湿涂覆织物。70年代英国最早研制出的防水透湿织物—Ventile织物,主要以超细纤维为原料,采用高密度织造而成。这种织物由于超细纤维的不断发展一直应用至今。但这类织物的应用有一定的局限性,即在大风大雨的环境中不能抵御风寒。目前,应用越来越广泛的防水透湿织物是美国研制的Gore-Tex织物,采用PTFE(polytetraflu-oroethylene)薄膜来实现透湿目的。我国用于生产PTFE薄膜层压复合织物的生产线已建成投产,年产可达300万米。

(四) 防弹衣

防弹衣是使人体免受子弹、弹片等发射体伤害的防护服装,是军队、警察的必要装备之一。现在的防弹衣有的是用高性能纤维制成的,其原料为芳香族聚酰胺纤维、高强聚乙烯纤维等。英国科学家发明了一种从液体水晶中提炼出来的纤维制成的防弹背心,具有很好的防弹性能。另外,研究发现有一种蜘蛛丝的强度与Kevlar纤维相当,可用作防弹材料。据测定,这种蜘蛛丝的强力是Kevlar的3.5倍,韧性超过Kevlar纤维,延展性超过尼龙,而且重量轻,目前正在研究如何利用蜘蛛丝制作防弹衣。

(五) 机械防护服装

机械防护服装指使用特殊材料制得的能有效抵抗刺穿、压力、敲打、摩擦等物理机械伤害的服装,主要用于操作工业化大机器的技术工人的工作服。

二、卫生保健功能性服装

(一) 防静电服装

防静电服装是能抗静电、吸收微波等特殊功能的服装,主要应用在IT业、电子制造业等防尘防静电要求很高的领域。

静电防护服主要用于防止静电积蓄,具体品种还包括无尘服和电磁波防护服等。抗静电织物的生产方法目前主要采用在纤维内部添加导电纤维或抗静电剂来获得抗静电效果,有渗碳性纤维、铜纤维、不锈钢纤维、金属络合腈纶导电纤维等。应用较多的是金属导电纤维和腈纶铜络合导电纤维。无尘服主要以涤纶长丝与导电纤维适当编织而成。目前,电磁波防护服在生产技术方面有了很大进展，应用从军用转向民用，办公用工作服、电子机械工作服等所用的服装材料已在市场上出现。日本可乐丽公司已上市一种供电脑操作人员用的防护围裙，其面料采用 80/20 涤纶/尼龙，反面涂有含可屏蔽电磁辐射的镍树脂。日本大和纺公司开发了天然和合成纤维的涂铜和涂镍工艺，涂层厚度很薄，但能对电磁波有效屏蔽，30 MHz 到 30 GHz 频率范围的辐射屏蔽率达 99.9%。

（二）辐射防护服装

辐射防护服装利用金属纤维与其他纤维混纺制成，具有良好防辐射效果，主要用于军事装备、通讯及医疗等微波和射线辐射严重的部门。辐射防护包括射线防护（如紫外线、X-射线等）、中子辐射防护、微波辐射防护等。

1. 防电磁波辐射服装

科学技术的发展给人类的经济文化生活带来了巨大的变化，同时也给人类生存环境造成污染。大量电工、电子、电器产品的问世，使电磁波辐射的强度增强，电磁波污染已成为继空气、噪音污染之后的第四大污染源。由于其看不见，摸不着，短时间内接触不会产生不适感觉，但一旦积累成疾，很难治疗，因而科学界称之为“无形杀手”。长期生活在高压线、电讯发射装置、大功率电器设备周围，如工作在电力、电信、广播电视、金融、IT、民航、铁路、医疗行业的人员，以及经常近距离使用家用电器和办公设备，如电视、微波炉、电脑、手机、复印机等的人群患各种疾病的可能性将大大增加。较强的电磁场作用于人体后，在不知不觉中导致人的精力和体力减退，轻者产生如头晕、乏力、食欲不振、视力下降、情绪烦躁等症状，重者产生如白血病、大脑机能障碍、癌变、以及妇女流产、畸胎、不孕等疾病。因此，电磁波辐射的危害已引起人们的广泛关注，对电磁波辐射的防护也越来越受到人类的重视，联合国人类环境会议已将电磁波辐射污染列为环境保护项目之一。

目前，防电磁波辐射服装主要以反射、散射和吸收等方式有效地消除电磁波辐射的伤害。国内已开发的电磁辐射防护服有防护衬衫、防护围裙、防护马甲、防护大褂、孕妇裙、夹克套装。

2. 防紫外线服装

防紫外线服装在服装面料中加入了能吸收紫外线的材料，可阻挡 97%以上的紫外线，如医学领域的紫外线防护服。

太阳光谱中，紫外线约占 6%。紫外线照射不仅使纺织品褪色和脆化，强力下降，也会使人的皮肤变红，产生黑色素和色斑，甚至还会诱发皮肤癌，同时也会影响皮下弹性纤维，使皮肤失去弹性，形成粗糙的皱纹。

随着人们休闲时间的增多，室外闲暇和运动机会变多，晴天比阴天无形中接受更多的紫外线辐射，衣服单薄时，也会接受较多的紫外线辐射。另一方面，随着大气污染的日趋严重，臭氧层逐渐稀薄，空气中的紫外线强度越来越大。如何防止紫外线对人体造成的伤害已日益受到人们的重视。

紫外线按其波长分三段，即 UV-A（400～320 nm）、UV-B（320～290 nm）及 UV-C（290～200 nm）。此外，还有真空紫外线（200～10 nm）或称远紫外线。各种紫外线对皮肤引起日光性皮炎的情况，如表 9-1 所示。

表 9-1　紫外线对人体的影响

<table>
<tr><th colspan="2" rowspan="2">日光性皮炎</th><th rowspan="2">可见光
(400～780 nm)</th><th colspan="4">紫外光</th><th rowspan="2">备注</th></tr>
<tr><th>A
(320～400 nm)</th><th>B
(290～320 nm)</th><th>C
(200～290 nm)</th><th>太阳光紫外线</th></tr>
<tr><td colspan="2">红斑</td><td>促进 UV-B 的作用</td><td>促进 UV-B 的作用</td><td>温度和水能增强，305 nm 附近最强</td><td>未到地面，会破坏 DNA 细胞</td><td>7 J/cm²</td><td>红斑，暴晒 24 h 后是红斑高峰</td></tr>
<tr><td rowspan="2">皮肤发痒</td><td>立刻性</td><td></td><td>350 nm 附近最强</td><td></td><td></td><td>3 J/cm²</td><td>色素沉淀，暴晒后立刻发黑</td></tr>
<tr><td>滞后性</td><td></td><td></td><td>红斑后痒</td><td></td><td>10 J/cm²</td><td>暴晒几天后才发黑</td></tr>
</table>

通过紫外线整理的防护服不仅具有较高的紫外线遮挡率，还具有对人体无害、穿着舒适、透气性好、洗可穿性好等服用性能。

（三）抗菌防臭服装

抗菌防臭服装是将抗菌剂涂在织物表面、起到抑制菌类生长目的的特殊服装，它可以高效、长期地消除人体因排汗而引起的体味。这种服装尤其适合运动员穿着，也适合在特殊环境中工作和生活的人使用，如衣服换洗困难的海员、登山员、宇航员等。

获得抗菌防臭织物主要有两种方法：一种是采用抗菌防臭纤维直接织造抗菌防臭织物，这类织物的抗菌防臭功能持续时间长，耐洗涤；另一种是通过后整理方法把抗菌防臭剂固着在纤维上，然后织成织物，或将织物进行后整理，使其具有抗菌防臭的功能。但这类织物的抗菌防臭功能持续时间较短，不耐洗涤。

还有方法是采用吸湿快干纤维，将 PET＋硫磺化合物或氧化锌、磷酸钙或低分子亚胺化合物经碱处理后，再加入抗菌剂，制得吸湿快干型抗菌织物。

防霉防蛀服装是通过织物整理后具有防霉防蛀作用的新型服装，而生物防护服装是可防止空气、粉末、液体中存在的各种微生物侵害的服装，如 SARS 期间医院病人和医务人员使用的防护服。

三、舒适性服装

（一）吸湿排汗服装

吸湿排汗服装会将湿气从皮肤传送到外层织物或外界空气，使穿着者感到凉爽舒适。

（二）红外线整理保温调温服

红外线整理保温调温服是添加了可以发射远红外线的陶瓷粉末或其他元素，通过共混而制成的可以保温调温的保健服装。

四、功能性服装的新发展

近年来，人类在功能性服装的开发和研究中取得了很大的成就，各种新的功能独特的服装相继问世。

1. 体温服:英国一家公司应用聚脂纤维制成的高绒面织物,成功开发了一种能恢复体温的服装,体温过低的病人,穿上它很快就能使体温恢复正常。

2. 测温服:美国市场有一种随温度变化而变色的针织衫,这种针织衫平时呈蓝灰色,穿在身上时,它会随着温度改变而变成粉红色或绿色,这样便可知道自己的体温和环境气温。

3. 调温服:美国用可塑晶体的新型纤维制成了一种调温服,它能根据服装表面的温度自行聚集和挥发热量,无论在炎热的夏季还是寒冷的冬天,它都能给予人体需要的正常温度。

4. 驱蚊服:英国发明了一种使蚊子望而生畏的服装,它在纱衣般的外套上喷涂了一种名为二乙基甲苯酰胺的化学药品,穿上这种衣服,其中的药品便缓慢蒸发,使蚊子闻味而逃,药性减退时,重涂上药又可恢复其功效。

5. 释香服:其能释放香味的奥秘是纤维中附有香型不同的香剂微囊,人们穿上这种服装会释放出清香味,清新高雅,且可任意洗涤。

6. 气袋服:这是国外市场出现的一种新奇服装。服装设计师会根据着装者的尺寸,选择一个合适的模子,然后用喷雾器将一种特殊纤维喷涂在模子上,随即就可制成合身的衣服,既省时又方便。

7. 透风服:国外已纺制出一种透风夏季服装,内层为合成纤维,外层为棉布,两层之间的狭窄空间即是空气对流的通风层,夏季里穿上这种衣服,即使在高温下也能感到凉爽。

8. 伸缩服:日本发明了一种可伸缩的化学纤维,用它制作的衣服,遇水能伸长,遇到丙酮又可缩短;其伸缩适度,几乎与人体肌肉一样。

9. 电子裤:国外有一种婴儿电子衬裤,这种电子裤具有两个对湿度极敏感的电极和一个发音器,当婴儿排出第一滴尿时,电极就会使孩子的肌肉收缩而止尿,同时发音器发出声音,提醒大人。

10. 电热服:国外生产了一种新奇的电热服,将它的插头插入一个袖珍电池中,温度就会立刻上升到宜人的 28 ℃左右,非常适宜冬天穿用,并可洗涤和折叠。

11. 洁美服:这是日本生产的一种穿着高雅的清洁服,衣料由含氟的非离子型整理剂处理后制成,具有不沾染水迹、油污、果汁和酱油等防污性能,雨天时还可当雨衣使用。

12. 三防军服:即防生物、化学、核武器的军服。采用微孔聚四氟乙烯薄膜复合织物、反应型吸附织物、纤维状活性炭织物和阻燃织物等新技术,经透湿涂层技术、活性微囊技术等进行处理,实现防生化武器和有毒气体的目的。

科学技术的发展在继续,人们的需求也在不断增长,功能性服装的开发和应用也将不断向前发展。

第三节　功能性服装的面料构成与应用

功能性服装的面料应具备满足特殊环境、高温或寒冷等多变和恶劣天气条件下保护身体的功能,防摩擦、油污、易洗快干等易护理性能,以及牢固耐用的要求。

一、舒适性服装面料

舒适性服装面料是一类以改善服装气候，调节服装的保暖、吸湿和透气以及柔软性能，穿着舒适的面料。

（一）远红外线热纤维面料

远红外线热纤维面料是以可以发射远红外线的陶瓷粉末或钛元素等为添加剂，通过纺丝共混法，与涤纶或丙纶等纤维相结合制成的保温新材料。远红外纺织品的开发主要有两种途径：一是将远红外微能辐射体混入合纤纺丝原液进行纺丝，得到远红外纤维；二是在整理加工时将微能辐射体以涂层、浸轧和印花等方法施加到纺织品上。

远红外线是波长为 $4\times10^{2}\sim1\times10^{6}$ nm 的电磁波，特征如下：

1. 物体吸收了远红外线可以增加热能。

2. 有促进动、植物发育与新陈代谢的作用。

3. 有除臭效果。

4. 常温下有杀菌、防腐的作用。

掺入陶瓷粉末的远红外纤维，可以吸收人体发射出的远红外线，同时向人体辐射远红外线。它还具有吸收太阳光，把光能转化为热能以及阻止人体所产生的远红外线放热等多种功能。

目前国内外生产的远红外服用品有寝具、腹带、内裤、护腕、护膝、袜类等多种保健产品，具有活化组织细胞、促进血液循环、加速养分吸收、增进新陈代谢、加强免疫力、防臭、干燥、除湿、抗菌等效果。如图 9-2 所示。

图 9-2　远红外系列纺织品

（二）调温纤维面料

20 世纪 70 年代，美国人将二氧化碳等气体溶解在溶剂中，然后充进纤维的中空部分，在织造前将中空部分封闭，这样织造出的织物具有调温功能。织物处于低温时，纤维中空部分的液体固化，气体在其中的溶解度降低，从而使纤维的有效体积增大，织物的绝热性能提高；反之，环境温度较高时，织物绝热性能降低。

20 世纪 80 年代，有人利用某些带结晶水的无机盐制成了调温纤维。这种纤维中空部分的介质可以随外界温度的变化发生熔融和结晶，介质熔融时吸收热量，结晶时放出热量，使纤维具有双向温度调节的功能。纤维的发热量是未经处理纤维的 1.2～2.4 倍，可以用于制作飞行服、宇航服、消防服、极地探险服、滑雪服和运动服等。

（三）防水透湿面料

防水透湿面料是一种经 PU 涂层或贴合的可呼吸面料，它不仅有防水功能，且兼具可呼吸之透湿功能，使人体产生的热气、汗液可透过织物而排出体外，而外界环境下的雨水或雪水不能进入服装内，实现了防水透湿的机能。其基本原理如图 9-3 所示。

以前，人们曾通过增大织物密度或在织物表面进行防水透湿涂层等方法来实现织物既防水又透湿的要求，均因不能很好地解决防水与透湿这一对“矛盾”，其用途受到了限制。70

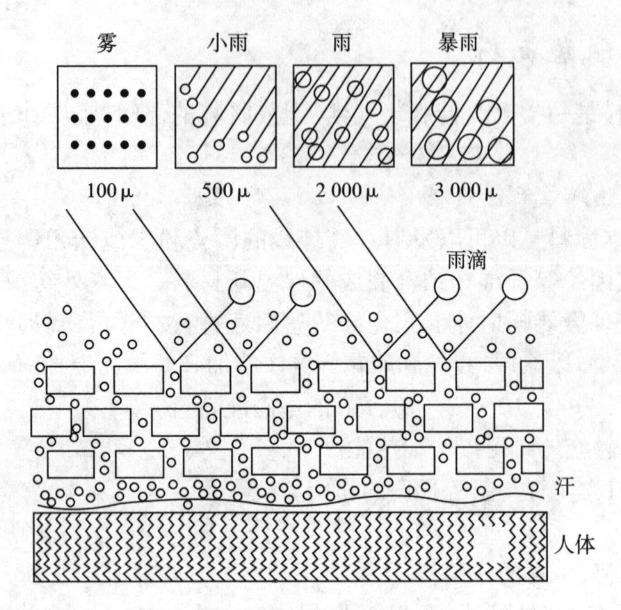

图 9-3 透湿防水原理

年代出现的聚四氟乙烯(PTFE)微孔膜复合织物,则以其特殊的膜微孔结构,成功地达到了防水透湿的目的,由此成为目前防水透湿织物的主攻方向。

最为成功、最为著名的是美国 W. L. Gore 公司的 Gore-Tex 织物。它于 70 年代后期被研制开发出来,经过近 20 多年的不断改进,已有系列产品,主要作军用、民用服装、防化服、防护内衣、鞋、帽、手套等等。80 年代起,国内有近 10 个单位开展了微孔膜的研制工作,并在研制过程中积累了大量的技术资料,总结出许多有效的加工方法。

国内某厂家生产的防水透湿织物采用三种不同的防水透湿技术:亲水无孔透湿 PU 粘合——高防水、高透湿,亲水无孔透湿 PU 涂层——高防水、中透湿,微多孔 PU 涂层——中防水、高透湿。可用于不同要求织物的加工生产。选用防水透湿织物制成的服装具有优秀的透湿透气、高耐水压、防风、拒水等性能,能拒绝水分和冷空气入内,并把人体排出的湿气排出,使身体长久保持干爽和舒适。

(四) 高吸湿吸汗织物

服装材料的吸湿透湿性能直接影响服用舒适性。测试资料表明,人在静止时,通过皮肤向外蒸发的水分约 15 $g/m^2 \cdot h$。在运动时则有大量的汗水排出,既有液态的也有汽态的,总共约为 100 $g/m^2 \cdot h$。在排出的汗汽中,少部分直接从织物的孔隙中排出,称为透湿扩散;而大部分则被织物中的纤维吸附,再扩散到织物表层,通过最后蒸发排入大气,称为吸湿扩散;至于人体排出的汗水,则主要通过毛细管现象吸入织物内层,然后扩散到织物表层,称之为芯吸扩散。

天然纤维具有良好的吸水吸湿性能,穿着舒适。化学纤维中的疏水性纤维,经化学和物理改性后,在一定条件下,在水中浸渍和离心脱水后仍能保持 15%以上水分的纤维称为高吸水纤维(在标准温湿度条件下,能吸收气相水分,回潮率在 6%以上的纤维称为高吸湿纤维)。

提高合成纤维吸湿吸水性的方法很多，但人们通过长期的研究发现，纤维的多孔化是一种改善合成纤维吸湿性非常有效的方法。此外，纤维表面异形、采用特殊的织物结构等方法也非常有效。

高吸水吸湿纤维 Hygra 就是采用微孔结构的原理制成的，其长丝的吸水性略逊于棉纤维，而短纤纱的吸水性却比棉纤维更胜一筹，且抗静电性好。

二、导电性纤维面料

一般情况下，有机纤维均不导电，它们的漏电阻较大，只要不含水，就不会导电，如果用导电性树脂包覆纤维或与其他导电类纤维复合则具有导电性。它们不受空气中湿度的影响，并且耐洗涤性优良。

导电纤维的导电性能主要基于自由电子的移动，而不依靠吸湿和离子的转移，所以导电纤维不依赖环境的相对湿度，它在相对湿度为 30%RH 或更低时仍能显示优良的导电或抗静电性能。

导电性纤维主要用于地毯和特种工作服等。用导电纤维制成的无尘、无菌衣，在精密仪器、机械零件、电子工业、胶片、食品、药品、化妆品、医院、计算机房中，具有防尘、防菌、防设备损坏、防计测失灵、防噪声等效果，而在石油精炼等领域则具有防引火爆炸的作用。此外，利用导电纤维对电磁波的屏蔽性，可制作特殊要求的房屋贴墙布，还可制作用于从事雷达、通讯、医疗等工作人员的有效防微波工作服。

随着机械、电子等产业的发展，对超净室洁净度的要求更加严格，对防尘服的性能要求也更高，尤其在电子工业，直径很小的微粒子就能造成一定的危害。因此，有待于开发性能更高的防尘服，除不吸尘、不透过灰尘等要求外，还要求具有耐化学性、耐洗涤性、耐蒸热灭菌处理、穿着舒适等多项性能。20 世纪 60 年代以来，人们不断探索开发新的有机导电纤维，利用碳黑或金属化合物，通过涂敷或与成纤聚合物共混、复合纺丝等方法制成导电纤维，是较为合理的途径。

赋予纤维抗静电性能主要有以下三种方法：

1. 用亲水性聚合物对纤维的表面进行亲水性处理，使纤维成为良导体；
2. 与亲水性聚合物进行共聚或接枝聚合，对聚合物进行亲水性处理；
3. 加入亲水性物质或混入亲水性聚合物。

上述第一种方法简单，但抗静电持久性差，耐洗性差。后两种方法为持久性处理方法。

三、防护型服装面料

（一）防辐射面料

多离子织物是当今国际上最先进的第六代电磁辐射屏蔽材料，是目前屏蔽低、中频段电磁辐射最先进的民用防护材料。多离子织物经精纺加工，具有柔软舒适、色泽均匀、除臭抗菌性强、耐洗、耐磨、耐气候、使用寿命长等优点，制作的防护服不仅具有可靠的安全防护性，同时具有优良的服用性。

多离子织物采用目前国际最先进的物理和化学工艺对纤维进行离子化处理。该产品以吸收为主，将有害的电磁辐射能量通过织物自身的特殊功能转变成热能并散发掉，从而避免了环境二次污染，净化了空气。由于织物中含有大量金属阳离子，可起到杀菌除臭作用，对皮肤无刺激，有助人体表皮微循环，同时具有防静电、防部分X射线及紫外线等功能。

（二）阻燃性防护面料

阻燃和防火为同义词，纤维的阻燃性可用极限氧指数表示（LOI值），LOI值越大，其阻燃性越好。

1. 赋予纤维阻燃性的方法

(1) 通过共聚改变分子结构，提高阻燃性；

(2) 与阻燃剂（如磷酸酯、卤化物、氢氧化铝等）共聚；

(3) 通过混合使聚合物改性；

(4) 吸收燃烧剂或固着燃烧剂的后加工法。

2. 阻燃面料的两种加工方式

(1) 在纤维中加入化学添加剂或对织物进行阻燃处理，即以吸附沉积、化学键合、非极性范德华力结合或粘结作用，使阻燃剂固着在织物或纱线上，以获得阻燃效果。

(2) 提高成纤高聚物的热稳定性，提高裂解温度，抑制可燃气体的产生，增加炭化程度，使纤维不易着火燃烧。比如在大分子链中引入芳环或芳杂环、线形大分子之间反应变成三维交联结构等。

第一种方法的发展取决于阻燃剂的发展和工艺流程的改进，第二种方法则和一些高性能纤维的发展联系在一起。

3. 新型阻燃纤维

一般可分为先天型和添加型。先天型阻燃纤维指纤维本身由于分子结构的原因而具备阻燃性能，其特点是阻燃性耐久、热稳定性高，具有良好的抗化学药品性，回潮率高，穿着舒适等。这类产品价格往往较高，下面就几种应用较多的纤维加以介绍。

(1) 间位芳香族聚酰胺纤维（Nomex），我国称之为芳纶1313，是美国杜邦公司在20世纪60年代发明并投入使用的，是一种良好的耐高温阻燃纤维，200 ℃下能保持原强度的80%左右，260 ℃下持续使用100 h仍能保持原强度的65%～70%，并在人体和衣服之间形成阻隔，降低传热效果，提供保护作用，能耐大多数酸的作用，对碱的稳定性也很好。由于其突出的性能和广阔的市场前景，各国纷纷进行研究开发，日本帝人公司在上世纪80年代开始生产相同的产品，并命名为Tei-jincomex纤维，目前年产量3 000 t。法国罗那公司于上世纪90年代初投产Kermel纤维，年产量约600 t。德国巴斯夫公司于20世纪90年代末在美国投产Basosil纤维，产量约为450 t。

(2) 聚苯并咪唑纤维（简称PBI），是由美国空气力学材料实验室（AFNL）开发的高性能阻燃纤维，该纤维由间苯二甲酸二苯脂（DPIP）和四氨基联苯，经固相聚合得PBI聚合体，然后再纺丝成形。PBI纤维在空气中不燃烧，其限氧指数高达40，远远超过Nomex（LOI值20～30）。在600 ℃火焰中较长时间暴露，纤维仅收缩10%，其织物仍能保持完整、柔软。该纤维热稳定性好，550 ℃高温下不熔化、不冒烟、不释放有毒气体，耐化学药品性好，回潮率达15%，服用性好，穿着舒适。

图9-4所示为阻燃性面料及其制品。

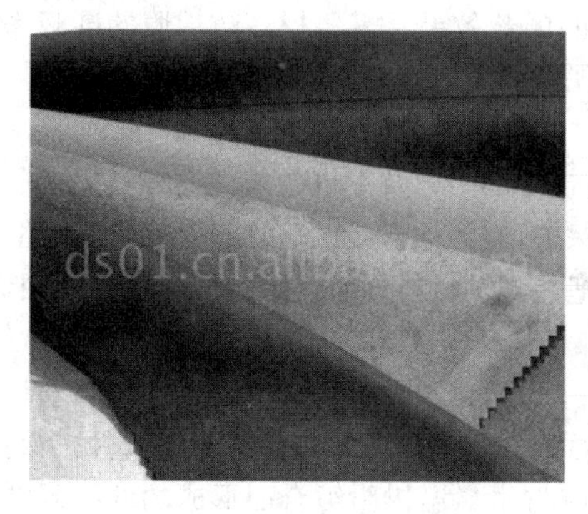

图 9-4　阻燃面料及其制品

（三）防紫外线面料

服装的紫外线透过率与衣服的厚度、面料的纤维组成和组织结构、色泽与花纹等有着很大的关系。防紫外线整理通过涂层法和添加有机化合物的方法使织物具有抗紫外线功能，如图 9-5。由于防紫外线剂大部分均不溶于水，所以可采用溶剂或分散相溶液的浸轧法制造。

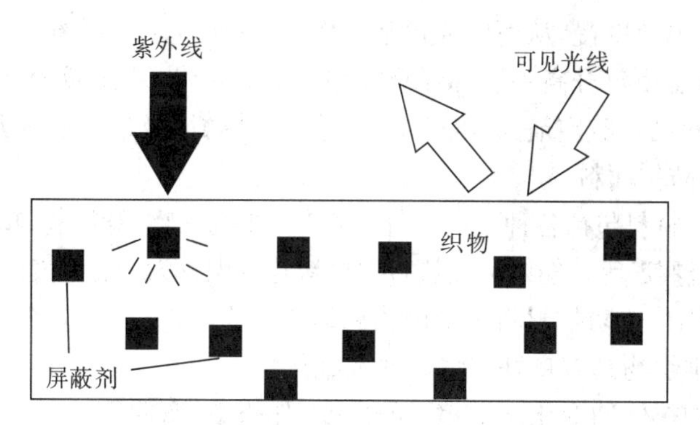

图 9-5　涂层法防紫外线加工原理

理想的紫外线吸收剂，吸收紫外线能量后转变成活性异构体，随之以光和热的形式释放并恢复到原分子结构，同时光稳定性好。如以紫外线吸收剂 UVabsorber FD 对棉织物进行防紫外线处理，采用将其加入洗涤剂中进行洗涤处理的方法。经处理后，棉织物吸收紫外线，尤其是吸收对人体伤害最大的 UV-B 区域紫外线的能力得到提高，而且这种提高随着重复洗涤次数的增加（要求 10～20 次）而明显增加。

（四）防 X 射线面料

防 X 射线纤维指具有防护 X 射线功能的纤维。传统的防 X 射线材料一般为含铅的玻璃、有机玻璃及橡胶制品。这些防护品不仅笨重，且其中的铅氧化物有一定毒性，会对环境产生一定程度的污染。因此，研制既安全又便于使用的新型防 X 射线防护用品是广大科研工作者的工作目标。

防 X 射线纺织品实现了新型 X 线屏蔽剂与纺织品的结合。如一种新型的防 X 射线纺织品为具有一定厚度的非织造布，其中的防 X 射线纤维利用聚丙烯和固体 X 射线屏蔽剂材料复合制成，对中、低能量的X射线具有较好的屏蔽效果。需要提高防护服的屏蔽率时，可以通过调节织物的厚度或增加它的层数来实现。

（五）热防护纺织面料

在实际生活或工业生产，如消防、冶金、建筑等部门以及军事领域，需要对在高温或超高温条件下工作的人体或部件进行外层或内层保护，避免损伤或破坏，所采用的保护性材料即为热防护材料。根据被保护材料的刚柔性可把热防护材料分为纺织刚性热防护材料和柔性热防护材料。

1. 纺织刚性热防护面料

纺织刚性热防护材料主要指用作各种高温条件下工作的结构件与非结构件热保护层的高性能纤维材料（如机织物、非织造布、毡等）或与耐高温树脂组合而形成的纤维复合材料。材料本身并不起主要承载作用，而只是保护部件免受外界高温影响，使其处于可接受的工作环境，需要与受保护部件配套设计与使用。

纺织刚性热防护材料包括耐热和隔热两要素。耐热即纤维材料在高温工作条件下不会因高温作用而发生严重的性能损伤，如软化、燃烧或裂解等等，这要求纤维材料要有较高的软化点和分解点。隔热的目的是降低热量的转移速度，这对纤维材料有两个要求：一是要有尽量低的导热系数，使纤维材料一侧所接触的热量尽量缓慢地传到另一侧，可使受防护部件侧接受的热量少，升温速度慢，从而保证正常工作；另一个要求是纤维材料要有较大的热容，这样，纤维材料自身温度每升高一度都要吸收相当多的热量，从而减少自身的热负荷。目前纺织刚性热防护材料已在航空航天、电子电气、冶金、消防以及核工业等方面得到一定应用。

2. 纺织柔性热防护面料

纺织柔性热防护材料包括各种耐高温纤维织物（如机织物、针织物、毡和非织造布）、耐高温有机膜（如有机硅橡胶）等。纺织柔性热防护材料是以织物为中心开发的各种热防护材料。

纺织柔性材料用作热防护材料主要因为有以下优点：

(1) 高性能纤维织物具有良好的耐热性和绝热性；

(2) 能够随保护热体的变化产生相应的形变，如折叠、弯曲等；

(3) 可以承受一定的伸长和较大的张力。

高性能纤维纺织柔性热防护材料所具有的显著优点使其在越来越多的场合得以应用，这是因为它具有无机涂层热防护材料和经过阻燃处理而具有阻燃性的纤维织物所不可及的优点。无机涂层热防护材料的致命弱点是它承受稍大的形变就会发生灾难性破坏，使用状态单一。经过后处理的阻燃织物，其作用只是在织物受高温破坏时不发生燃烧，当温度超过250 ℃时，大部分织物会发生急剧降解而破坏，根本无法在高温下使用。随着科技的发展和使用要求的提高，高性能纤维纺织柔性材料将会在航天航空、舰艇、高级建筑以及军事等方面获得更广泛的应用。

（六）防弹纺织面料

人们对防弹衣的要求是既有高的防御能力，又要求质地越轻越柔软越好。这首先要提高材料自身的拉伸强度，然后降低纤维纤度以降低防弹布的面密度，从而保证防弹效果并减轻重量。防弹材料可分为软质和硬质两大类，目前的软质防弹材料种类与性能如表9-2所示。

表 9-2 软质防弹材料的发展与性能

防弹材料名称	特　点
Kevlar29-Kevlar129(Ht)-Kevlar	强度提高了许多，纤度降低，面密度 200 g/m^2
Comfort-AT，AS	防弹布已可大量供应，125 g/m^2 材料已问世
Twaron1000-Twaron CT-Twaron	强度提高了许多，超细纤维已能稳定上市
SRM	强度高、密度低((0.97 g/m^2))SK77 也已问世
Dyneema 系列	性能较高
Spectro	性能较高，与 Dyneema 相似
GoldFlex	性能较高，它是 PE 和 Twaron 复合设计产品，强度保留值较高
PBZ 系列(PBO 及 PBT 纤维)苯并双噻唑	PBO 纤维是目前世界上强度最高的纤维
苯并双恶唑	与 Kevlar、Twaron 相似，但强度要高 1/2 以上，国际与国内公司已开始研制

目前，我国已经成为世界上第四个拥有顶级防弹材料技术的国家。据介绍，这种材料的密度比水还小，置于水中可以浮起来，而且强度与同直径的钢丝相比要高 12 倍，重量却只有钢丝的 1/8。它的耐超低温性能极强，是目前唯一在 −269 ℃～−96 ℃极低温下仍保持优良电绝缘性能的新材料。它耐磨、耐腐，可以在海里长期使用而不受腐蚀，能承受强烈的紫外线辐射等。

国际上研究过的硬质防弹材料有合金钢、陶瓷复合材料、金属基陶瓷复合材料等等。但成熟上市的只有钢和陶瓷复合材料，而钢因太重已很少再用，目前主要是陶瓷复合材料。理想的陶瓷装甲为双硬度装甲，由坚硬的面板和韧性的背板结合而成，入射的枪弹(丸、片)在碰撞陶瓷靶时，首先消耗弹丸的动能把面板粉碎，同时使尖锐的弹头变形而成钝头，然后韧性背板的变形和破裂进一步吸收动能，并通过偏制机理抑制弹丸而达到防弹目的。

高防弹性纤维面料由高强高模、防弹陶瓷材料、蜘蛛丝防弹材料等特殊防弹材料制成，是高防弹性军服的首选材料。“蜘蛛丝”是目前强力最好的纤维，它的强力比锦纶大五倍。用它做成的军服能够抗击连续冲击，抗碎裂扩散，防止子弹近距离直射。

（七）抗菌防臭面料

抗菌防臭面料能杀灭或抑制与其接触的细菌等微生物，起到卫生防臭的效果。图 9-6 为抗菌卫生整理系列纺织品。

图 9-6 抗菌卫生整理系列纺织品

抗菌防臭纤维是继抗菌防臭整理后的新技术，国际上是在 20 世纪 80 年代开始研制的。通常是将抗菌剂以共混改性的方法加入到化学纤维中，制得持久性抗菌纤维。国内外多年研究结果表明，有机类抗菌防臭剂不耐高温，难以用于熔融纺丝；无机抗菌剂则特有耐高温的性能，有陶瓷、氧化物等类型，它们主要通过所含的银、铜、锌等金属离子的抗菌作用，达到抗菌防臭的效果。采用新型的纳米级无机抗菌剂与涤纶、丙纶树脂共混纺丝，获得抗菌涤纶、抗菌丙纶，进而获得抗菌面料和抗菌纺织品。

（八）其他防护面料

1. 防螨面料

螨虫是诱发哮喘和过敏症的罪魁祸首。螨虫大量存在于温暖潮湿的地方，如床褥、枕头、棉被等，靠人体脱落的死皮和汗水为生，是健康睡眠的大敌。以前防螨的主要方法是化学防螨，现在新研发的防螨面料为物理防螨提供了可能性。如美国生产的 Tyvex 特卫强是用 100%的高密度聚乙烯经特殊工艺制成超细纤维再热粘而成的非织造布，具有环保性，透气不透水，保暖性能优良，且有良好的耐腐蚀、防液体和固体细菌穿透的能力等。图 9-7 所示的是抗菌抑螨竹纤维面料。

图 9-7　抗菌抑螨竹纤维面料

2. 夜光整理织物

采用夜光涂层整理的织物可供井下矿工、消防人员以及野外工作人员穿着。国内某厂开发了一种新型高科技彩色与彩色光稀土夜光纤维，是经过特种纺丝工艺制成的蓄光型夜光纤维。该纤维只要吸收任何可见光 10 min，便能将光能存储于纤维中，在黑暗状态下持续发光 10 h 以上，且可无限次循环使用。

3. 反光整理织物

采用玻璃微珠或彩色的透明塑料微球粘附在织物表面上的加工方法制成。该织物用于制造警服和铁路、公路、清洁工的工作服，在生活中用它制成伞面，雨夜中行走时能够避免伤亡事故。

四、智能型服装面料

所谓智能型服装面料具有懂得身体语言的功能，随着人体与环境的温度变化而变化，即对能量、信息具有储备、传递和转化功能的服装面料。这种面料常涉及微囊技术和纳米技术。

（一）空调服装面料

美国对普通棉布采用聚乙烯乙二醇进行特殊处理，使得棉布遇热膨胀时吸收热量，而遇冷收缩时放出热量。日本则通过使纤维分子间距在 25 ℃时发生改变的原理制成空调服装面料，达到调节温度的目的。

（二）变色服装面料

由应用热敏和光敏技术、电子模拟技术制得的光敏变色纤维织造而成，可根据外界光照度、紫外线受光量的多少而发生可逆的色泽变化，与周围环境相适应。这种面料不仅可用于军队作战时的伪装，还可用于测定空气温度。如图 9-8 所示为感温变色印花面料。

图 9-8 感温变色印花面料

思考与练习

1. 简述功能性服装的发展趋势。
2. 一般讲的功能性服装指的是哪些功能？
3. 考察分析目前市场上所见的功能性服装的功效。
4. 你认为应注重发展哪种大众化的功能性服装？

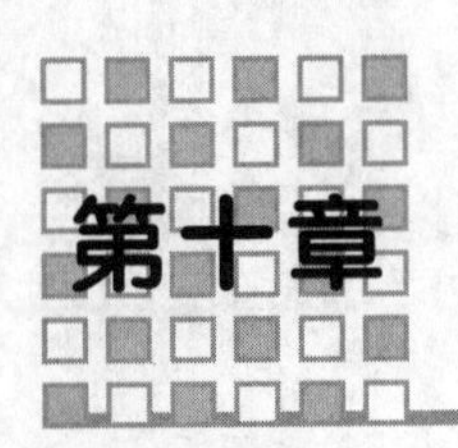

第十章

生态服装及其面料应用

服装面料中各种有害残留物越来越引起世界纺织界的重视，各国均不同程度地对服装中有害物质的残留规定了限量标准。1994年，德国率先颁布法令，禁止使用以联苯胺为代表的可分解出致癌芳香胺的染料，生产厂不得制造这些染料，进口商不得进口用这些染料印染的纺织品。

为了解决纺织品的环保问题，提出了生态标签的概念，生态标签为消费者认定是否为环保产品提供了保证。获得生态标签的纺织品不带有任何生态危害，是质量优秀、环保优秀的双优产品。目前“生态标签”在全球迅速发展并普及，这一制度的推行使环境得到保护的同时也对贸易产生了积极的影响。图10-1为生态标签实例。

真丝

纯棉

纯毛

毛混纺

图10-1　生态标签实例

这些标志对服装上所含的有毒、有害物质及其范围限制很广也很严，从pH值、染色牢度、甲醛残留、致癌染料、有害重金属、卤化染色载体、特殊气味等化学刺激因素和致病因素，到阻燃要求、安全性、物理刺激等方面都有规定，涉及面非常广。仅染料涉及的致癌芳香胺中间体就达22种，相应的染料助剂、涂料等达100多种，重金属也涉及10多种。

生态服装必须包括三个方面的内容：一是生产生态学，即生产过程对环境不产生污染，是生产上的环保；二是用户生态学，对用户不带来任何毒害，即使用者环保；三是处理生态学，指废弃后的处理，比如是否可回收或可降解。

第一节　生态服装概述

一、生态服装的发展

随着人们健康和环保意识的增强，服装对人体的无害性越来越受到重视，且服装生产过程要对环境无污染，由此出现了生态服装和环保服装等。

（一）生态服装

所谓生态服装，即从原料生产、漂染、制作到配套辅料皆使用天然材料，如棉花在种植时摈弃农药，同时培育有色棉花；在面料的生产过程中，不用染色，更不用氯、增白剂和甲醛等化学原料。这类服装对人体无任何害处，它的质感、色调、款式均贴近大自然。生态服装在设计上崇尚自然美，以绿色和蓝色为主，配以大自然的山川、花草等服饰图案，使人赏心悦目。辅料配件如纽扣采用“玻璃纽扣”、木本或天然贝壳（如椰子壳等）雕刻成的“椰壳纽扣”等。

20 世纪 90 年代，西班牙时装设计中心推出了新颖的“生态时装”。这种服装的面料多采用棉、毛、丝、麻、绸等天然织物，颜色大多以蓝色和绿色为基本色调，以象征广阔的原野、森林、蓝天和大海。花纹设计则模仿山川丛林的景观或花鸟虫鱼的造型，以展示人与大自然的和谐。服装款式宽松简洁，轻松活泼，飘逸潇洒，富于个性。

现在，具有个性化的与大自然融为一体的生态时装已风靡全球，穿着这种服装不仅可以时刻提醒人们关心世界环境问题，而且有助于人们松弛神经、消除疲劳、心情舒畅。

（二）环保服装

所谓环保服装，其材料均来自回收的旧服装、报刊杂志、旧轮胎、塑料汽水瓶、玻璃等废弃物，通过再生加工制成服装面料及鞋帽等，既减少了环境污染又增强了人们的环保意识，也给制造商带来了可观的经济效益。同时在加工过程中，不使用也不产生对环境不利的化学物品。如棉制衣服采用有色棉花做原料，这样的棉纱无需印染加工，而且布料预先用机械方法收缩，避免了一般加工程序中使用树脂等物而产生的污染。衣服上的金属配件如拉链、别针等都用不锈合金制成，不需电镀，可避免产生大量有害电镀废水。

回收的塑料汽水瓶、饮料包装盒等可加工成纤维或超细纤维，用作茄克衫、牛仔装、运动装等面料，舒适、柔软、挺括。其他回收的废料也可制成服饰配件（如纽扣、手袋、皮带等）与服装相配，别有一番风味。

二、生态服装面料的生产

绿色纺织品指符合环保和生态指标要求的纺织品，它涵盖的范围相当广泛，包括原料取用、无害生产、能源利用、产品的回收利用等整个生产、使用的全过程。其中尤以减少生产过程污染或做到“无过程污染”为绿色纺织品的主要发展方向。目前生态服装面料的生产方式大致分为以下几类：

1. 采用生产过程无污染或少污染的纤维，即彩色棉纤维、彩色毛纤维、甲壳素纤维、罗布麻纤维、木浆纤维及有机天然纤维（即指在生长过程中不接触任何化学品的作物，而且种植这种作物的田地在种植前至少已有 3 年未使用化学品）。

2. 在染整加工中利用生物酶实现少污染、无污染工艺。利用纤维素酶水解去除棉及其混纺织物上的毛羽和微纤，以替代烧毛工序，节约了能源，且无粉尘及废气污染等。采用淀粉酶退浆，免除了酸、碱和氧化剂退浆所产生的化学品污染。用果胶酶、脂肪酶、蛋白酶等酶处理，替代传统的棉及其混纺织物的精炼，以减少污染源。用色素酶替代传统的次氯酸钠或双氧水化学漂白剂的漂白。尽量废弃能致癌和过敏的染料，选择能被酶解的染料进行染色和印花，使污水中的残余染料易被酶解而脱色。

3. 生产可生物降解的纤维，如 Tencel 纤维、大豆蛋白纤维及各种可降解合成纤维。

4. 采用天然矿物色素、天然植物染料染色。

5. 无水染色技术，如涤纶超临界二氧化碳无水染色技术等。

6. 利用光线折射形成多种彩色纤维，如日本东京工业大学开发的多层复合纤维，白光经该纤维折射后，会发出清新的亚马逊蝴蝶的彩色，不用染色，十分高雅。

三、生态服装必须具备的条件

生态服装必须具备的条件如下：

1. 从原料到成品的整个生产加工链中不存在对人类和动植物产生危害的污染；

2. 不能含有对人体产生危害的物质，或这类物质不得超过一定的极限；

3. 不能含有使用过程中可能分解而产生对人体健康有害的中间体物质，或这类物质不能超过一定的极限；

4. 使用后处理不得对环境造成污染；

5. 经过检测、认证并加饰有相应的标志。

四、生态服装的种类与功能

完全意义上的生态服装目前还鲜为人见。但是，自从德国政府颁布禁止使用有毒偶氮染料的规定以来，世界上消费生态服装的潮流已成为不可阻挡之势，各种各样的生态服装应运而生，如多功能保健服装、医疗保健服装、营养服装、治疗服装、救护服装、纸制服装、塑料服装、液晶服装、减肥服装、香味服装等。

（一）多功能保健服

多功能保健服是一种集抗静电、防电磁波辐射、杀菌保洁及保健功能于一体的多功能服装，它含有金属网丝、药石纤维等成分，具有屏蔽电磁波、微波功能，还具有能够永久性防静电、杀菌保洁、透气性能好、耐洗涤、耐盐雾腐蚀等特性。该类服装对电磁辐射屏蔽效能可达 20～30 dB，又由于织物中加入天然矿物远红外功能纤维，具有在人体体温下能产生远红外线的特殊功能，既能激活人体细胞，又能增强人体抗病免疫力，达到保洁、杀菌、健体的效果。

（二）医疗保健服

将中草药、植物香料与茶叶进行高技术处理后，加入纯棉或纯毛衣料中制成保健服，可起到吸汗与治病的作用。例如用肉桂、薄荷、菖蒲、艾叶等药材加工后混入衣料中制成衣服，可用来治疗慢性支气管炎，有平喘、利尿、消炎、提神等作用。

（三）治病服装

治病服装的纤维聚合物中含有微元生化功能成分，具有神奇的生物学效应。衣服穿在人身上，可持久发射对人体有益的远红外线，从而激发人体内健康细胞的活性，改善局部血液循环，起到保健强身和防病治病的作用。对神经痛、风湿性关节炎等具有明显的镇痛作用，对气管炎、肠胃炎、前列腺炎、肩周炎等也有缓解作用。

（四）两用救护服

一种是用空芯膨体化纤维制成的衣服，干燥时与普通织物一样，一旦浸入水中，其体积在几十秒钟内可膨胀 18 倍，具有很强的浮力。利用此特性制成的海生服，既是工作服，又是救生衣。

（五）营养服装

近几年，欧洲一些国家开始流行“营养袜裤”。德国有一种营养丝袜，丝袜上有一道道条纹，用于储藏维生素 A、C、E，人走路时通过肌肉吸收营养，从而增强人体活力。长期穿着营养丝袜可以改善女性腿形，减少静脉曲张及其他人体老化现象。另一种儿童营养服装含有可食的维生素等物质，并随着儿童的成长而“长高”。该服装的领带、腰带、背带、袖子、裤筒都可以调节，能在 5 年内使衣服随孩子的身体变宽变长，既舒适轻便，又节约原材料。

（六）磁性服装

英国一家纺织厂把具有一定磁场强度的磁性纤维编织在布里，使布也带有磁性。用这种织物加工制成的服装，充分利用了磁性电力线的磁场作用，使之与人体磁场相一致，可治疗风湿病、高血压病。

（七）纸制服装

纸制服装由一种无纺布式的纸制成，色彩繁多，鲜艳异常，可洗涤。产品有外衣、内衣、休闲衣、纸裙、纸裤、毛巾、纸浴巾等。此服装吸水、吸汗，可多次穿用，款式设计成新潮时装，穿坏后可当抹布使用，成本低廉，轻便卫生。

还可采用类似宣纸的纸制作一次性服装，如表演服装、工艺服装、内衣等。图 10-2 所示为宣纸制作的服装。

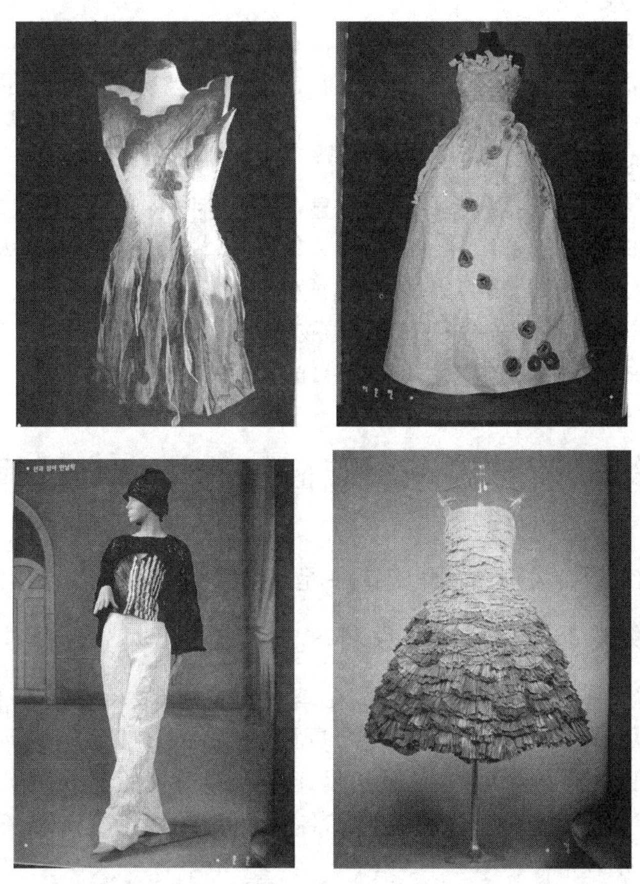

图 10-2　纸服装

(八) 塑料服装

塑料服装是用塑料瓶制作的服装,其加工方法是把塑料瓶辗压成颗粒状,去除杂质后用化学方法将剩下的材料按乙二醇和聚酯分开,将其压成纤维状,再加入原始聚酯纺成纤维后染色。一件茄克衫需 20 个瓶子,具有轻、软、暖等特性。其不足之处是加工成本比普通聚酯生产高 40%。

(九) 液晶服装

液晶是液态晶体的简称,是介于液体与固体之间的一种物质形态,液晶服装即以液晶为基础研制而成。当液晶分子排列成极薄的层面时,其层间距离随着温度、电场等变化而改变,因此光学特性独特。利用液晶光敏效应强的特性,人们把混合型液晶涂在不同面料表面,形成一层 30～40 nm 的变色层,制成迷人的光泽变化液晶时装,它能在28～33 ℃范围内变化出丰富的色彩,28 ℃时呈现红色,后变成绿色,到 33 ℃显示蓝色。

(十) 发光礼服

用发光尼龙纤维制成婚纱、晚礼服或安全工作服,可供暗处工作及夜间人员使用。此发光面料织成后,用无毒染料漂染,并且经特殊加工和防止褪色工序处理,制成衣服后可吸收并储存日光、灯光能量,在暗处时其纤维会慢慢放射出不同颜色的光。若在舞厅等场合,经灯光照射,纤维颜色会起变化而呈现出各种图案。

(十一) 减肥服装

减肥服装能使胖子慢慢变瘦。此种服装由具有较强吸水吸脂肪性能的多孔中空纤维制成,肥胖者穿上后会不断出汗,汗水被衣服吸收,使人体中水分与脂肪大量消耗,达到减肥的目的。

(十二) 芳香服装

研究证明许多香味对人精神作用非常明显,所以这种经特殊芳香加工处理的服装,会使穿着者如沐春风,如坐花丛,心旷神怡。清晨和午休时,柑橘香味能唤醒人们精神爽快;工作期间各种花香可使人们镇静、精力集中;午餐或休息时,森林香味帮助人们有效消除工作疲劳。采用啤酒花、薄荷等植物香料和木槿属植物的花茎提取的纯天然香料制成的芳香面料,可耐受 50 次洗涤而不褪色、不失效,其香味可保持 2 年之久。

第二节　生态服装面料的构成与选用

生态服装面料的设计关键在两个环节,一是纤维原料的选择,二是印染后整理。

一、生态服装面料的纤维原料选择

目前,国内绝大多数纺织品对面料的色泽、手感等外观质量和透气、吸湿、防皱等服用性能都有要求,但较少从环保、安全等方面来考虑,只有少部分产品属于生态纺织品。面料的环保性首先要求设计师以一种更为负责的方法去设计产品,围绕人的健康、舒适,以及对生态环境的保护来开发新产品。随着科学技术的进步,各种环保型绿色纺织纤维不断被开发出来。

(一) 有机棉、有机麻

有机棉、有机麻就是在棉花、麻的生长过程中,不使用化学品,如农药、化肥等。如果在河流、土壤中不存在有害的化学残留物，对人体就不会造成潜在的危害。

（二）天然彩色纤维

通过植入不同颜色的基因，使棉花、蚕丝、羊毛具有不同的自然色彩。目前天然彩色棉有绿色和棕红色（如图5-12），其主要物理性能已和白色棉相近。据国际有机农业委员会预测，未来30年内，全球棉花总产量中近30%将被天然彩色棉所代替，我国在新疆、四川、海南及江浙一带都已建立了彩色棉基地。我国培育出的彩色蚕丝品种有绿色、黄色等，国内外培育出的彩色羊毛和兔毛也有多种颜色。这些彩色原料的出现，取消了织物的染色过程，减少了染料对人体和环境的污染。

（三）牛奶纤维

采用牛奶蛋白通过特殊工艺制成的纤维，纺成面料后制成的衣物穿着柔软、滑爽、透气、悬垂飘逸，具有天然面料的健康特色，特别适用于内衣、女性专用卫生品及床上用品等。

（四）大豆蛋白纤维

大豆蛋白纤维是我国自行开发的"绿色纤维"。它的原料来源数量大且可再生，不会对资源造成掠夺性开发，其生产过程也完全符合环保要求。大豆蛋白纤维光泽怡人，悬垂性好，手感柔软、滑爽，穿着舒适，而且强度高，面料尺寸稳定性好，抗皱性出色，与人体皮肤亲和性好。

（五）聚乳酸纤维

聚乳酸纤维以玉米、小麦等为原料开发而成。其面料性能优越，穿着舒适，吸湿透气，弹性、悬垂性、耐热性都很好。该纤维原料来源于天然植物，废弃后可自然降解，对环境不会造成负担，用它可制造服装、家用纺织品、医疗卫生用品、农业、工业用材料，发展前景十分可观。目前，美国和日本都在大力推进其商业化进程。

（六）天丝（Tencel）纤维

天丝纤维被公认为21世纪的环保纤维，Tencel是它的商品名。天丝纤维以可不断再生的天然纤维素为原料，制造过程所使用的溶剂没有毒性，可以循环使用，加上纤维本身能够被自然环境分解，对生态环境无污染，因而具有广阔的发展前景。其织物不但具有天然纤维面料的吸水、透气、柔软等特性，同时还具有化纤面料强度高等特点。该面料在湿态下的收缩率较低，洗后不易变形，广泛用于生产各类服装。国内第一条天丝纤维产业化生产线已在上海建成。

目前开发的天丝纤维产品主要有粗斜纹布工作服，薄、厚型裤子，衬衫面料（图10-3）、针织服装面料、外衣绒线、毛绒织物、手工针织纱线等。现主要用于制作高档衬衣、套装，也可用于休闲服、牛仔服等服装面料；同时，还可利用纤维的原纤化效应开发另一种产品，例如目前市场上较为流行的桃皮绒、仿麂皮等。天丝纤维不仅拥有人造纤维的丝绸般质感、柔软舒适、透气性好，而且具有合成纤维的实用性，防皱不变形，强度高。天丝纤维的特种用途产品也在开发之中，例如阻燃后处理织物、过滤布等。天丝纤维在增强生物复合材料方向也有良好的前景。

除此之外，还有甲壳素纤维、再生涤纶纤维及本身具有消除污染功能的防电磁波纤维、离子交换纤维等绿色环保纤维。图10-4为甲壳素面料。

图 10-3 棉天丝提花府绸

图 10-4 甲壳素纤维面料

二、生态服装面料的加工方法选择

(一) 天然浆料加工

棉毛纤维等服装面料生产中需经浆纱加工,浆纱加工中使用的浆料包括天然浆料和化学合成浆料。由于环保的要求,以天然浆料部分或全部取代化学合成浆料成为必然趋势。天然浆料是从植物的种子、块茎、块根,或从动物的骨、皮、筋腱等结缔组织提取的,包括淀粉(如玉米淀粉、小麦淀粉、马铃薯淀粉、橡子淀粉)、植物胶(如海藻胶、阿拉伯树胶、槐豆胶)和动物胶(如明胶、骨胶、皮胶等)等。这类天然浆料为天然高分子化合物,易于生物降解,对环境的危害小。用这些天然浆料加工的棉、毛等纺织服装产品,具有明显的生态效果。

(二) 天然染料、整理加工剂加工

天然染料又名天然色素,主要来源是植物的根、茎、叶、花、果(如板栗皮)等,以及动物体内的有色物质(如乌龟体内的黑色分泌物)或天然彩色矿石、土(如黄土)等。天然染料一般无毒,可以生物降解。天然彩色矿石大多不含有有毒的重金属,也不含放射性元素,对人体和生态环境均不造成危害。采用这样的天然染料对纺织品进行染色,获得的产品具有生态效应。天然土黄(TR-H)和天然绿(TR-G)就是从植物中提取的,可用于纯棉和丝绸产品的染色。日本用绿茶染色开发的棉制品具有抗菌、除臭、不引起过敏等特点。采用这些天然染料染制的纺织服装产品,在市场上深受消费者的欢迎。图 10-5 为天然染料染色的真丝皱绸。

图 10-5 天然染色真丝皱绸

纺织服装产品的后整理多采用化学制剂，如防皱、免烫等树脂整理大多采用甲醛等，对人体及环境都是有害的。采用天然整理剂进行后加工整理，就可以避免化学品带来的危害。天然整理剂以天然动植物为原料，经加工纯化而制取，用它对纺织服装产品进行后整理加工，可获得优良的生态效果。如面料的抗菌除臭保湿整理就可以用蟹或虾外壳制成的整理剂，面料的舒适柔软整理可以从蚕丝精练液中回收提取的丝胶进行等。

除采用以上天然原料对纺织服装产品进行整理加工外，采用少水和无水加工的染整新技术，也是纺织服装界"绿色生产"获得"绿色产品"的重要手段。这些新技术包括生物酶处理技术、低温等离子体处理技术、超临界二氧化碳介质染色技术及数码喷射印花技术等。

三、生态服装面料简介

选择生态纤维材料，利用低污染新工艺，如天然浆料上浆、天然染料染色等，各种生态服装面料纷纷出现。

（一）大豆蛋白纤维面料

大豆纤维被誉为21世纪的健康舒适纤维。1999年由我国李官奇先生发明，其原料来自天然大豆，不仅环保又无资源限制。大豆蛋白纤维含有多种天然氨基酸，更有养生保健的功能。大豆纤维织物手感柔软舒适又具有多功能性，适合追求健康舒适的现代人穿着。

1. 大豆蛋白纤维生产原理

大豆蛋白纤维是一种再生植物蛋白纤维，它取材于大豆榨油后的渣滓豆粕。其生产原理是将豆粕水浸、分离，提出蛋白质，将蛋白质改变结构，并在适当的条件下与羟基和氰基高聚物共聚接枝，配制成一定浓度的蛋白纺丝液。熟成后，用湿法纺丝工艺纺成单纤线密度为0.9～3.0 dtex的丝束，经醛化稳定后，再经过卷曲、热定型、切断，即可生产出各种长度规格的纺织用大豆纤维。

在大豆蛋白纤维生产过程中，由于所使用的辅料和助剂均无毒，且大部分助剂和半成品均可回收重新使用。大豆提取蛋白后留下的残渣还可以作为肥料，其生产过程不会对环境造成污染。大豆纤维的出现填补了我国作为纺织大国在纺织原料开发方面的一项空白。

2. 大豆蛋白纤维的主要性能

大豆蛋白纤维不但单丝细度细、密度小、强伸度高、耐酸耐碱性好，而且它的吸湿放湿性能、透气性能、保暖性能和可纺性能都与棉、毛、麻、丝等天然纤维相仿。

大豆蛋白纤维产品具有以下特点：

（1）抗菌防臭，保持肌肤清洁健康；

（2）远红外线功能，促进肌肤血液循环；

（3）抗紫外线，保护肌肤远离紫外线伤害；

（4）释放负氧离子，有助保持肌肤活力健康；

（5）羔羊绒般手感，蚕丝般天然光泽；

（6）吸湿透气性佳。

3. 主要功能

大豆蛋白纤维作为服装面料则具有以下三种主要功能：

（1）外观

服装面料在外观上给人们的感觉体现在光泽、悬垂性和织纹细腻程度 3 个方面。大豆蛋白纤维面料具有蚕丝般的光泽，舒爽怡人；悬垂性极佳，给人以飘逸脱俗的感觉；用高支纱织成的织物，表面纹路细腻、清晰，是高档的衬衣面料。

（2）舒适性

大豆蛋白纤维面料不仅有优异的视觉效果，而且在穿着舒适性方面更有着不凡的特性。以大豆蛋白纤维为原料制成的针织面料手感柔软滑爽、质地轻薄，具有蚕丝与山羊绒混纺的感觉，其吸湿性与棉相当，而导湿透气性远优于棉，保证了穿着的舒适与卫生性。

（3）保健功能

大豆蛋白纤维与人体皮肤亲和性好，且含有多种人体所需的氨基酸，具有良好的保健作用。在大豆蛋白纤维纺丝工艺中加入定量的有杀菌消炎作用的中草药，与蛋白质侧链以化学键相结合，其药效显著且持久，避免了应用后整理方法开发的功能性棉制品的药效难以持久的缺陷。图 10-6 与图 10-7 所示分别是大豆蛋白花呢和毛大豆混纺花呢面料。

图 10-6　大豆蛋白花呢

图 10-7　毛大豆混纺花呢

（二）其他生态服装面料

1. 麻席杉织物

麻席杉是采用我国发明专利研制的新一代纺织品。它使用苎麻无捻线编织而成，为天然纤维织物。该织物中的麻纤维全部平行，无捻排列。

2. 彩色羊毛和彩色兔毛面料

俄罗斯已培育出彩色绵羊，其颜色品种有蓝、红、黄和棕色。澳大利亚也已培育出可产蓝色羊毛的绵羊，蓝色羊毛包括浅蓝、天蓝和海蓝。在改良兔毛方面，法国和中国都培育出了多种彩色兔毛，据报道，我国彩色兔子有 13 种。这些彩色原料对环境保护和人体保健发挥了不可低估的作用。

3. 桑树皮纤维面料

我国开发的桑树皮纤维技术填补了国内外关于桑树皮纤维研究和开发的空白。天然桑树皮纤维作为“生态纺织品”的典型原料，既具有棉花的特性，又具有麻纤维的许多优点。桑树皮纤维具有坚实、柔韧、密度适中和可塑性强的特点,单纯的“桑衣”不仅具有蚕丝的光泽和舒适度,还具有麻织品的挺括,并且既保暖又透气,是极佳的绿色生态纺织品。同时,桑树皮纤维还可以与棉、毛、丝、麻、涤等常用纺织纤维混纺制成桑毛、桑棉、桑丝等新型纺织品。

4. 竹皮时装

普通的竹皮经过工艺处理,再由人工精心编织,就成为一件价格不菲的保健时装。穿着这种从用材、工艺、外观到功能等都十分新颖的时装,如今成为一些欧美国家的时尚。据介绍,竹衣具体的做法是:将竹子抽成丝后进行特殊处理,使之既软又韧,再按照款式设计编织而成。

思考与练习

1. 简述生态服装的内涵。
2. 叙述生态服装的种类与功能。
3. 大豆蛋白纤维具有哪些主要功能?
4. 调查了解市场应用的生态服装面料性能。
5. 你认为生态服装及其面料应用应如何发展?

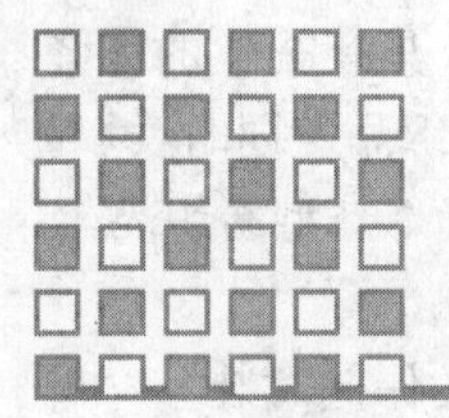

参考文献

1. 朱松文,等.服装材料学.第二版.北京:中国纺织出版社,1996
2. 沈婷婷,等.家用纺织品造型与结构设计.北京:中国纺织出版社,2004
3. 刘国联,等.服装材料与服装制品管理.沈阳:辽宁美术出版社,2002
4. 梅自强,等.牛仔布与牛仔服装实用手册.北京:中国纺织出版社,2000
5. 包铭新,等.衣料选购指南.北京:金盾出版社,1992
6. 郑健,等.服装设计学.第二版.北京:中国纺织出版社,1996
7. 周国屏.服饰图案.北京:高等教育出版社,2003
8. 焦宝娥.礼仪服饰.北京:中国轻工业出版社,2001
9. 邢宝安.中国衬衫内衣大全.北京:中国纺织出版社,1998
10. (日)文化服装学院.文化服装讲座(新版)童装、礼服篇.1998
11. 金壮,张弘.纺织新产品设计与工艺.北京:中国纺织出版社,1991
12. 向东.男装构成裁剪与缝制.北京:中国纺织出版社,2000
13. 吴卫刚.服装标准应用.北京:中国纺织出版社,2002
14. 阎玉秀.童装篇.北京:中国纺织出版社,2000
15. 胡迅,胡蕾.童装设计初步.杭州:浙江人民美术出版社,2000
16. 李当岐.服装学概论.北京:高等教育出版社,1998
17. 刘国联,等.服装新材料.北京:中国纺织出版社,2005
18. 邬红芳.服装配套艺术.北京:中国轻工业出版社,2001
19. 许星.服饰配件艺术.北京:中国纺织出版社,1999
20. 王维堤.中国服饰文化.上海:上海古籍出版社
21. 马蓉.服饰配件艺术.重庆:西南师范大学出版社,2002
22. 美乃美.中国少数民族服饰.北京:中国人民美术出版社
23. 刘丽等译.百年箱包.北京:中国纺织出版社,2000
24. 罗莹.贴心时尚:内衣设计.北京:中国纺织出版社,1999
25. 陈东生.服装卫生学.北京:中国纺织出版社,2000

26. 杨荣贤，宋广礼，杨昆，等. 新型针织. 北京：中国纺织出版社，2000
27. 马大力，陈红，徐东，等. 服装材料学教程. 北京：中国纺织出版社，2002
28. 沈雷. 针织内衣设计. 北京：中国纺织出版社，2001
29. 杨建忠，等. 纺织材料及应用. 上海：东华大学出版社，2003
30. 梁建芳. 内衣面料的性能探讨. 针织工业，2002(6)：84～86
31. 张士俊. 纺织刚性热防护材料. 北京纺织，2001，22(4)：47～50
32. 陈昕罡编绘. 运动服装设计与制作 800 例. 北京：中国纺织出版社，2000
33. [美]美尔·拜厄斯. 50 款体育用品设计与材料的革新. 张旭东，谢大康，译. 北京：中国轻工业出版社，2001
34. [美]伊莱恩·斯通. 服装产业运营. 张玲，张辉，等，译. 北京：中国轻工业出版社，2004
35. 杨荣贤. 羊毛衫生产. 北京：中国轻工业出版社，1993
36. 朱松文，等. 服装材料学. 北京：中国纺织出版社，1996
37. 王秀丽，周璐瑛. 阻燃防火服及其开发策略. 上海纺织科技，2001，29(4)：44～46
38. 刘丽英. 功能性服装的研究现状和发展趋势. 中国个体防护装备，2001，47(4)：24～25，29
39. 孙锋. 针织运动服装及其面料的研究. 上海纺织科技，2004，32(6)：34～36
40. 丁雪梅，等. 聚四氟乙烯防水透湿织物及其服装的研究与开发前瞻. 北京纺织，1998，19(2)
41. 王乐军，等. 防辐射织物与服装的开发. 产业用纺织品，2002，20(10)：12～14
42. 毛成栋，邵敬党. 服装面料的功能性开发与趋向. 辽宁丝绸，2002(4)
43. 谭立平. 特殊服装材料对未来战争及人们生活的影响. 纺织学报，2004，25(4)：128～129
44. 张菊美. 浅谈 21 世纪内衣产品的开发. 纺织导报，2002(4)：74～75
45. 张睿，戴鸿. 内衣发展前景的构想. 四川丝绸，2003(3)：36～39
46. 陈继红. 论针织内衣的发展. 武汉科技学院学报，2003，16(6)：16～19
47. 纤维产品消费科学研究会研究报告. 第一号，29 页
48. 杨旭红. 功能性运动服装的开发. 棉纺织技术，2001，29(6)：383～384
49. 刘国华，王启明. 含有 Coolmax 和 Lycra 的运动内衣：舒适、适体. 针织工业，2002(2)：47～49